高等职业教育水利类"十三五"规划教材

工程水文与水利计算

主编　赵平

中国水利水电出版社
www.waterpub.com.cn
·北京·

内 容 提 要

本教材是根据水利工程专业职业教育人才培养方案和教学大纲,采取校企合作方式,由职业院校教师牵头,组织相关企业单位工程技术人员共同编制的实用性教材,主要介绍工程水文与水利计算的基本理论和方法。具体内容包括:绪论、径流形成、水文信息采集与处理、水文统计、设计径流分析计算、设计洪水分析计算、水文预报、水库特性、水库兴利调节计算、水库防洪调节计算等内容。

本教材理论知识全面,深度适中,与实践结合性强,既可作为高职院校水利类专业的教材使用,也可作为相关专业的教学参考书,还可供水利相关专业技术人员参考使用。

图书在版编目(CIP)数据

工程水文与水利计算 / 赵平主编. -- 北京 : 中国
水利水电出版社, 2019.8(2023.1重印)
高等职业教育水利类"十三五"规划教材
ISBN 978-7-5170-7884-5

Ⅰ.①工… Ⅱ.①赵… Ⅲ.①工程水文学-高等职业
教育-教材②水利计算-高等职业教育-教材 Ⅳ.
①TV12②TV214

中国版本图书馆CIP数据核字(2019)第161338号

书　　名	高等职业教育水利类"十三五"规划教材 **工程水文与水利计算** GONGCHENG SHUIWEN YU SHUILI JISUAN
作　　者	主编　赵平
出版发行	中国水利水电出版社 (北京市海淀区玉渊潭南路1号D座　100038) 网址:www.waterpub.com.cn E-mail:sales@mwr.gov.cn 电话:(010)68545888(营销中心)
经　　售	北京科水图书销售有限公司 电话:(010)68545874、63202643 全国各地新华书店和相关出版物销售网点
排　　版	中国水利水电出版社微机排版中心
印　　刷	北京市密东印刷有限公司
规　　格	184mm×260mm　16开本　13.75印张　335千字
版　　次	2019年8月第1版　2023年1月第4次印刷
印　　数	7501—10500册
定　　价	**46.00元**

前言

　　本教材是根据高等职业院校水利工程专业的培养目标和教学大纲编写而成的。

　　高职院校水利工程专业培养的是生产一线的技术人才。近年来，各高职院校都在积极探索构建现代化专业群建设，探索建立和完善专业群与产业、行业和企业的长效合作机制。鉴于此，贵州水利水电职业技术学院联合贵州省水利水电勘测设计研究院编制了本教材。本教材在传承经典、采纳成熟内容的基础上，还编入了贵州省设计洪水的计算方法以及实际工程案例，突出了岩溶发育的贵州山区设计洪水的计算特点。

　　本教材分两个部分，包括工程水文和水利计算。工程水文部分为第2~7章，在介绍径流形成、水文信息采集与处理、水文统计等知识的基础上，推求水利水电工程中所需设计的水文特征值，包括在不同资料条件下的设计年径流、设计洪水的计算以及设计暴雨等推求方法；水利计算部分为第8~10章，以调节计算为主要内容，介绍了水库特性、兴利调节计算、防洪调节计算的方法。

　　本教材由贵州水利水电职业技术学院赵平主编，采取校企合作方式，组织学校教师和企业工程技术人员联合编写，具体分工为：第2~6章、第8章由贵州水利水电职业技术学院赵平编写；第1章、第7章由贵州省水利水电勘测设计研究院钟鸣编写；第9章、第10章由贵州水利水电职业技术学院瞿泓编写；教材中具有贵州特点的水利工程项目资料及设计计算案例由贵州省水利水电勘测设计研究院石浩编写。赵平负责全书总体策划、各章节审核、全书统稿等工作，贵州省职教质量提升工程大师、贵州省水利水电勘测设计研究院向国兴研究员参与全书编审，贵州水利水电职业技术学院杨正策教授负责主审。

　　本教材在编写过程中参考了已经出版的许多相关教材或规范，已列在参考文献中，但也可能有所遗漏。在本教材即将面世之际，谨向相关作者，特别是参考文献中未列出的作者表示诚挚的谢意。

　　由于作者水平有限，书中不当之处在所难免，恳请读者批评指正，以便今后进一步完善。

作者

2019 年 5 月

目录

第1章 绪 论

教学内容：①水资源及其开发利用；②水文现象及水文学研究方法；③本课程的主要任务与内容。

教学要求：了解水资源状况、水资源的开发利用以及本课程主要任务；熟悉水文现象及其基本规律和水文学研究方法；掌握水资源的含义及其主要特点和本课程的主要内容。

1.1 水资源及其开发利用

1.1.1 水资源的含义及特点

水资源是一种自然资源，是人类赖以生存和发展不可替代的一种自然资源。各时期对水资源的含义存在着不同的理解，2012年联合国教科文组织和世界气象组织共同给出了水资源的含义："水资源是指可供利用或有可能被利用的水源，这个水源具有足够的数量和合适的质量，并满足某一地方在一段时间内具体利用的需求。"

我国《水文基本术语和符号标准》（GB/T 50095—2014）给出的水资源定义为："地表和地下可供人类利用又可更新的水。通常指较长时间内保持动态平衡，可通过工程措施供人类利用，可以恢复和更新的淡水。"

水资源是可作为资源利用的水，指地球表层可通过工程措施供人类利用，又可在较长时间内保持动态平衡，可恢复和更新的气态、液态、固态淡水。水资源具有以下普遍的特点。

（1）循环性。水资源与其他固体资源的本质区别在于其所具有的流动性，它是在循环中形成的一种动态资源。因此，水资源难以按地区或城乡的界限硬性分割，而只应按流域、自然单元进行开发、利用和管理。

（2）多用途性。水资源是具有多种用途的自然资源，水量、水能、水体均各有用途。人们对水资源的利用十分广泛，主要有：①农业（包括林、牧、副业）生产用水；②工业生产用水；③城镇居民生活用水；④水力发电用水；⑤船筏水运用水；⑥水产养殖用水；⑦水生态环境保护用水等。

（3）有限性。在一定时间、空间范围内，大气降水对水资源的补给量是有限的，这就决定了区域水资源的有限性。从水量动态平衡的观点来看，某一期间的水量消耗量接近于该期间的水量补给量，否则将会破坏水平衡，造成一系列不良的环境问题。可见，水循环是无限的，水资源的蓄存量是有限的，并非取之不竭、用之不尽。

（4）分布的不均匀性。水资源在自然界中具有一定的时间和空间分布特性。时空分布的不均匀是水资源的又一特性。我国水资源在区域上分布不均匀。总的说来，东南多，西

1

北少；沿海多，内陆少；山区多，平原少。在同一地区不同时间分布差异性也很大，一般夏多冬少。

(5) 利害两重性。水作为重要资源给人类带来各种利益，但当水量集中得过快、过多时，又会形成洪涝灾害，给人类带来严重灾难。人类在开发利用水资源的过程中，一定要用其利、避其害。

1.1.2　水资源的开发利用

水资源是一种动态资源，其特点主要表现为循环性、多用途性、有限性、分布的不均匀性和利害两重性。人们在长期的生产、生活过程中，为了自身和环境的需要在不断地认识和开发利用水资源，其开发利用包括兴水利、除水害和保护水环境。

兴水利主要指农田灌溉、水力发电、城乡给排水、水产养殖、航运等；除水害主要是防止洪水泛滥成灾；保护水环境主要是防治水污染，维护生态平衡，为子孙后代的可持续利用和发展留一片绿水青山。

水资源的开发利用主要是通过各种各样的工程措施来实现的。

(1) 按开发利用水资源的目的划分，可分为以下几种：

1) 兴利工程，包括农田灌溉、水力发电、城乡给排水、航道整治、排涝等工程。

2) 防洪工程，包括水库、堤防、分洪、滞洪等工程。

3) 水环境保护工程，包括治污工程、水土保持工程、天然林保护工程等。

(2) 按开发利用水资源的类型划分，可分为以下几种：

1) 地表水资源开发利用工程，包括蓄水、引水、扬水（提水）、调水等工程。

2) 地下水资源开发利用工程，包括管井、大口井、辐射井、渗渠等。

综上所述，无论哪种工程措施都与水资源的特性密切相关。所以，工程的规划设计、建设施工和运行管理都必须用到水资源的科学知识。

1.1.3　我国水资源状况

我国是一个干旱缺水严重的国家，淡水资源总量约 28000 亿 m^3，次于巴西、俄罗斯、美国、印尼和加拿大，居世界第 6 位，但人均只有约 2000m^3，仅为世界平均水平的 1/4、美国的 1/5，在世界上名列 121 位，是全球 13 个人均水资源最贫乏的国家之一。扣除难以利用的洪水径流和零星分布而不具开采价值的水资源，我国现实可利用的淡水资源量则更少，仅为 11000 亿 m^3 左右，人均可利用水资源量约为 800m^3，并且其分布极不均衡。地球上淡水资源量约 47 万亿 m^3，淡水资源量仅占全球水资源量的 0.134%。我国淡水资源总量占全球淡水资源量不足 6%，而人口却占 20% 以上，因此人均水资源量非常紧缺。

据监测，目前全国多数城市地下水受到一定程度的点状和面状污染，且有逐年加重的趋势。日趋严重的水污染不仅降低了水体的使用功能，还进一步加剧了水资源短缺的矛盾，对我国正在实施的可持续发展战略产生了严重影响，而且严重威胁到城市居民的饮水安全和人民群众的健康。

据预测，中国人口将在本世纪中叶达到 16 亿人，届时人均水资源量仅有 1750m^3。在充分考虑节水的情况下，预计用水总量为 7000 亿～8000 亿 m^3，要求供水能力比现在增长 1000 亿～2000 亿 m^3，全国实际可利用水资源量接近合理利用水量上限，水资源开发难度极大。

1.2 水文现象及水文学研究方法

1.2.1 水文现象及其基本规律

自然界的降水与蒸发，江河中的水位与流量以及含沙量等水文要素，均受到当地气候、地表特征以及人类经济活动等因素的影响，其变化是错综复杂的，这些水文要素变化的现象称为水文现象。

水文现象属于自然现象，是由自然界中各种水体的循环变化所形成的，如降雨、蒸发以及河流中的洪水、枯水等。它和其他自然现象一样，是许多复杂影响因素综合作用的结果。这些因素按其影响作用分为必然性因素和偶然性因素两类。其中，必然性因素起主导作用，决定着水文现象发生发展的趋势和方向；而偶然性因素起次要作用，对水文现象的发展过程起着促进和延缓作用，使发展趋势出现这样或那样的偏离。经过人们对水文现象的长期观察、观测、分析和研究，发现水文现象具有以下三种基本特点。

1. 水文现象的确定性规律

水文现象同其他自然现象一样，具有必然性和偶然性两方面，在水文学中通常称必然性为确定性，称偶然性为随机性。

河流每年都有洪水期和枯水期的周期性交替，冰雪水源河流具有以年、日为周期的水量变化，产生这些现象的基本原因是地球的公转和自转。在一条河流流域上降落一场暴雨，这条河流就会出现一次洪水过程；如果暴雨强度大、历时长、笼罩面积大，产生的洪水就大，显然，暴雨与洪水间存在因果关系。这就说明，水文现象都有其客观发生的原因和具体形成的条件，它是服从确定性规律的。但是，水文现象的确定性规律并不能用严密的数理方程表达出来。

2. 水文现象的随机性规律

河流某断面每年洪水期出现的最大洪峰流量，枯水期的最小流量或年径流量的大小是变化莫测的，具有随机性的特点。但是，通过长期观测可以发现，特大洪水流量和特小枯水流量出现的机会较小，中等洪水和枯水出现的机会较大，而多年平均年径流量却是个趋近稳定的数值。水文现象的这种随机性规律需要由大量资料统计出来，所以通常称为统计规律。

3. 水文现象的地区性规律

由于气候因素和地理因素具有地区性变化特点，因此受其影响的河流水文现象在一定程度上也具有地区性特点。若气候因素和自然地理因素相似，则其水文现象在时空上的变化规律具有相似性。若气候因素和自然地理因素不相似，则其水文现象也具有比较明显的差异性。例如，我国南方湿润地区的河流普遍水量丰沛，年内各月水量分配比较均匀；而北方干旱、半干旱地区的河流普遍水量较少，年内各月水量分配不均匀。

1.2.2　水文学的研究方法

水文学的研究方法主要有成因分析法、数理统计法、地区综合法。

（1）成因分析法。水文现象是受流域多种因素影响的结果。所以说，多种影响因素与水文现象之间存在着因果关系。这样就可以根据观测所得的水文资料，建立水文要素与其影响因素之间的定量关系，亦即从水文现象的成因出发，去研究水文要素变化的规律，称为成因分析法。这种方法可求出比较确切的成果，目前在对水文现象进行基本分析和在水文预报中得到广泛的应用。但在工程规划设计中，成因分析法有一定的局限性，不能完全满足工程设计的需要。

（2）数理统计法。由于工程设计需要水文计算预估河流未来的水文情势，而水文现象的变化，具有不重复出现的随机特性，因而可借助数理统计的原理，以频率计算为方法，根据实测的水文资料，分析水文特征值的统计规律，从而为工程规划设计提供所需要的水文数据。以这种方法计算所得的水文数据，并不能阐明水文现象的成因，也不能按时序确定它的数量大小，但在运用上可将以上两种计算方法结合起来，以期获得满意的成果。目前，在工程规划设计中，数理统计法仍是水文计算采用的主要方法。

（3）地区综合法。因为气候要素及其他地理要素具有地区性规律，水文现象也具有地区性的分布规律。所以，对水文资料短缺的地区，可借用邻近相似地区的资料，或利用分区综合分析的成果进行水文计算。例如，应用水文要素的等值线图或分区图，地区性的经验公式或图表来估算工程规划设计所需要的水文数据。由于我国幅员辽阔，许多中小河流水文资料短缺，因而使用这种方法是非常必要和可行的。

用以上三种方法解决实际问题，常常同时使用，它们相辅相成、互为补充；同时，应根据工程所在地的地区特点，遵循"多种方法、综合分析、合理选定"的原则，采用合适的方法，才能为工程规划设计提供可靠的水文依据。

1.2.3　水利计算的主要研究方法

水利计算的主要研究方法是采用基于水量平衡原理的调节计算方法。

按照研究的对象和特点，调节计算可分为兴利调节（指调节水量）、洪水调节和水能调节（既调节水量又调节水头）。通过对工程的不同方案调节计算，研究工程规模与效益之间的关系，为合理确定工程规模、效益提供依据。

调节计算方法是水利计算的核心内容，掌握调节计算方法是学习水利计算的关键。

1.3　课程的主要任务与内容

1.3.1　主要任务

天然来水可以为人类社会所利用，成为自然资源；然而来水过多或过少，反而会成为威胁人类生存和社会发展的水旱灾害。为了充分利用水资源和防治水灾害，人们兴建了大量的水利水电工程。水利水电工程从兴建到运用过程可以分为规划设计、工程建设及管理运用三个阶段,每一阶段都需要进行水文水利计算,而每个阶段水文水利计算的任务有所不同。

水利水电工程在规划设计阶段主要是确定工程规模,工程水文的任务是为工程规划设计提供设计水文数据,即设计水文特征值及水文过程等;如设计年径流、设计洪峰流量及设计洪水等。水利计算的任务是根据设计水文数据,通过调节计算、经济论证等,合理确定工程枢纽参数,如正常蓄水位、设计洪水位等;工程规模,如坝顶高程、溢洪道尺寸等;工程效益,如供水量、灌溉面积、发电量等。显然,水文计算出来的设计水文数据不合理,则会导致水利计算成果不合理。工程规模主要取决于河流的来水量或洪水量;如果对河流来水量估计过大,就会使工程设计规模太大,造成资金浪费;反之对来水量估计过小,工程设计容量不够,则导致不能充分利用水资源;特别是对河流洪水的估计偏小,将导致泄洪能力设计不足,直接关系到工程本身安全和下游人民生命财产的安全。

工程建设阶段工程水文计算的任务是为确定临时性水工建筑物的规模提供施工期设计洪水。此外,为了使施工现场不受洪水淹没,保证工作正常进行,施工期还要提供中、短期水文预报信息。

管理运用阶段工程水文计算的任务是根据水文分析计算获得未来长时期内可能出现的水文情势,再与水文预报所提供的较短期内的实时预报结合,拟定出最佳的调度运用方案。

总之,工程水文与水利计算是每个水利水电工程在规划设计、工程建设、管理运用中经常需要的一个重要环节,是实现水利水电工程措施的组成部分。兴建和管理好各种水利水电工程,都必须应用工程水文与水利计算的原理和方法以及其他有关的水文知识。因此,学好本课程对后续课程的学习以及今后从事水利工作具有重要的意义。

1.3.2 主要内容

1.3.2.1 水文学分支

水文学是研究地球上各种水体的一门科学,它研究各种水体的存在、循环和分布,探讨水体的物理和化学特性,以及它们对环境的作用,包括它们对生物的关系。

水体是指天然或人工形成的水的聚积体,包括海洋、河流(运河)、湖泊(水库)、沼泽(湿地)、冰川、积雪、地下水和大气圈中的水等。各种水体都有自己的特性和变化规律,因此,水文学可按其研究的对象分为水文气象学、河流水文学、湖泊水文学、沼泽水文学、冰川水文学、海洋水文学和地下水文学等。

各种天然水体中,河流与人类生活的关系最为密切。因此,河流水文学与其他水体水文学相比,发展得最早、最快,目前已成为内容比较丰富的一个学科。正是由于这个原因,通常所说的水文学指的就是河流水文学。河流水文学按其研究任务的不同,可划分为下列几个主要分支学科。

(1)水文学原理:研究水循环的基本规律和径流形成过程的物理机制。

(2)水文测验学及水文调查:通过适当的水文测验手段、资料整编方法、实验研究方法、水文调查方法等,收集和整理各种水文资料。

(3)水文预报:在研究水文规律的基础上,预报未来短时期的水文情势,为防汛抗旱服务。

（4）水文分析与计算：在研究水文规律的基础上，预估未来长时期的水文情势，为水资源开发利用措施的规划、设计、施工和运用提供水文数据。

1.3.2.2 水利计算

水利计算是指水资源开发和治理中，对江河等水体的径流情况、用水需求、径流调节方式、技术经济论证等问题进行的分析和计算，以便对水利水电工程的规模及其效益作出经济合理的决策。

1.3.2.3 课程主要研究内容

本课程主要内容分为两部分：一是工程水文；二是水库水利计算。

1. 工程水文的主要内容

工程水文是结合工程建设的需要，逐渐形成和发展起来的一门应用技术，即将水文知识应用于工程建设的一门学科。它主要研究所有与工程（主要是水利水电工程）的规划、设计、施工和运行有关的一切水文问题。

2. 水库水利计算的主要内容

在河流上修建水库是调节径流的一项措施。从径流调节的目的和作用来看，水利计算可分为两方面：以防止或减轻洪水灾害为目的的径流调节计算，为防洪调节计算；以拦蓄水量调节天然径流以满足用水需要的径流调节计算，为兴利调节计算，兴利调节中专门为利用水能发电而进行的调节计算，又称为水能计算。

1.3.2.4 工程水文与水利计算的关系

工程水文学是将水文学应用于水利水电工程的一门技术科学。在水利水电工程建筑或其他有关专业的教学计划所设置的课程中，它属于技术基础课，是为学习专业课打基础的。它与水利水电规划、水工建筑物、水电站等专业课有着密切的关系。水利水电工程的规划设计，主要是基本参数的选择，它关系到工程规模的大小、大坝厂房的尺寸、工程安全与造价等问题。

现以图1-1表示本课程各部分内容之间的关系。

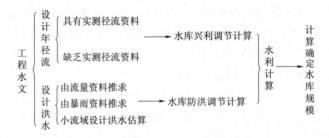

图1-1 本课程各部分内容之间的关系

复 习 思 考 题

1. 如何理解水资源的含义和特点？

2. 水资源的开发利用措施有哪些?

3. 什么是水文现象?试举例说明水文现象的基本特点。

4. 什么是水文学?什么是工程水文学?它对水利水电工程的规划设计有何重要意义?

5. 工程水文学的主要研究方法有哪些?水利计算的主要方法是什么?

第2章 径 流 形 成

教学内容：①水文循环与水量平衡；②河流与流域；③降水；④蒸发与入渗；⑤径流。

教学要求：从水循环的角度出发，了解降水、蒸发、入渗及自然地理因素对河川径流的影响。初步建立水量平衡概念，掌握流域主要特征值的概念和计算，掌握径流常用单位。

2.1 水文循环与水量平衡

2.1.1 水文循环

受地心引力作用，地球水圈是相对稳定的聚水区域，包括地球表面、岩石圈内、大气层中、生物体内储存着的各种形态（气态、液态、固态）的水体，分布在海洋、地表、地下、土壤、大气、生物体中。

地球水圈中的各种水体在不断地运动变化和相互交换着。地球上或某一区域内的各种水体，在太阳辐射和重力作用下，水分通过蒸散发、水汽输送、降水、入渗、径流等过程不断变化、迁移的现象称为水文循环，也称水分循环，简称水循环，如图 2-1 所示。

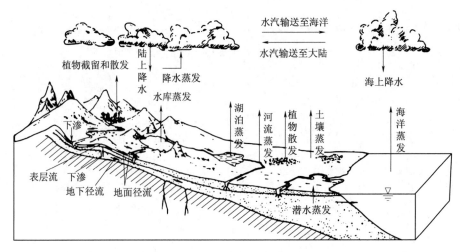

图 2-1　水文循环示意图

水文循环可分为大循环和小循环。

从海洋表面蒸发的水汽，部分被气流输送到大陆上空，冷凝成降水后落到陆面。除其中一部分重新蒸发又回到空中外，大部分则从地面和地下汇入河流重返大海，这种海陆间的水分交换过程称为大循环。

海洋表面蒸发的水分，在海洋上空凝结直接降落到海洋上，陆地上的水蒸发成水汽，冷凝后又降落到陆地上，这种局部的水文循环称为小循环。

形成水文循环的原因分为内因和外因两个方面：内因是水在常态下有固、液、汽三种状态，在一定条件下可相互转换；外因是太阳的辐射作用和地心引力。太阳辐射为液态、固态的水蒸发成气态的水汽提供了热量，并引起空气流动。地心引力使空中的水汽又以降水方式回到地面，并且形成地面、地下水汇归入海。另外，陆地的地形、地质、土壤、植被等条件，对水文循环也有一定的影响。

水文循环是地球上最重要、最活跃的物质循环之一，它对地球环境的形成、演化和人类生存都有着重大的作用和影响。水文循环使得人类生产和生活不可缺少的水资源具有再生性和时空分布不均匀性，提供了江河湖泊等地表和地下水资源。同时也造成了旱涝灾害，给水资源的开发利用增加了难度。

2.1.2 水量平衡

2.1.2.1 水量平衡原理

在水文循环过程中，任一区域在任一时段输入水量（W_i）与输出水量（W_o）之差等于其蓄水量的变化量（ΔW），这就是水量平衡原理。根据水量平衡原理，对某一区域在给定时段内，其水量平衡方程为

$$W_i - W_o = \Delta W \tag{2-1}$$

式中　W_i、W_o——给定时段内该区域输入输出的总水量；

　　　ΔW——给定时段内该区域蓄水量的变化量，$\Delta W > 0$，表示时段内区域蓄水量增加；$\Delta W < 0$，表示时段内区域蓄水量减少。

水量平衡原理是水文学的基本原理，水量平衡法是分析研究水文现象、建立水文要素之间定性与定量关系、了解其时空变化规律等的主要方法之一。式（2-1）为水量平衡方程的通用式，对不同研究对象需具体分析其输入输出的组成，写出相应的水量平衡方程式。

2.1.2.2 地球上的水量平衡

若以地球的整个大陆作为研究范围，其水量平衡方程式为

$$H_c - R - E_c = \Delta S_c \tag{2-2}$$

若以地球的整个海洋作为研究范围，其水量平衡方程式为

$$H_o + R - E_o = \Delta S_o \tag{2-3}$$

式中　H_c、H_o——大陆、海洋上的降水量；

　　　E_c、E_o——大陆、海洋上的蒸发量；

　　　　R——流入海洋的径流量，包括地面、地下径流量；

　　ΔS_c、ΔS_o——研究时段内大陆、海洋蓄水量的变化量。

在短时间内，ΔS_c 和 ΔS_o 可正可负；但对于多年平均情况，则正负可以相互抵消，

蓄水量的变化量趋于零。因此，对多年平均情况，有

大陆
$$\overline{H_c} - \overline{R} = \overline{E_c}$$
(2-4)

海洋
$$\overline{H_o} + \overline{R} = \overline{E_o}$$
(2-5)

式中 $\overline{H_c}$、$\overline{H_o}$——大陆、海洋多年平均降水量；

$\overline{E_c}$、$\overline{E_o}$——大陆、海洋多年平均蒸发量；

$\overline{R}$——多年平均流入海洋的径流量，包括地面、地下径流量。

合并式（2-4）和式（2-5），得多年平均全球水量平衡方程式（2-6）或式（2-7），即

$$\overline{H_c} + \overline{H_o} = \overline{E_c} + \overline{E_o}$$
(2-6)

或
$$\overline{H} = \overline{E}$$
(2-7)

式（2-7）表明，全球多年平均降水量与多年平均蒸发量相等。

2.2 河 流 与 流 域

2.2.1 河流及其特征

1. 河流

河流是接纳地面径流与地下径流的天然泄水道，它是水文循环的路径之一，由流动的水体和容纳水流的河槽两个要素构成。地表水与地下水可通过地面与地下途径，由高处流向低处，汇入小沟、小溪，最后汇成大小河流。

一条河流按其流经区域的自然地理和水文特点划分为河源、上游、中游、下游、河口五段。河源是河流的发源地，可能是泉水、溪涧、湖泊、沼泽或冰川，多数河流发源于山地和高原。要想确定较大河流的河源，首先要确定干流。在水系中，汇集流域径流的主干河流称为干流，汇入干流（或湖泊）的称为一级支流，汇入一级支流的支流称为二级支流，依此类推。水系常以干流命名，如长江水系、黄河水系等。由干流、支流和流域内的湖泊、沼泽或地下暗河相互连接组成的系统称为水系或河系。以河流干流为基准，根据水系干支流分布及其形状，一般将水系分为扇形水系、羽形水系、平行状水系、混合型水系等，其中前三种为基本类型，如图 2-2 所示。

 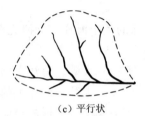

（a）扇形　　　　　　　（b）羽形　　　　　　　（c）平行状

图 2-2　水系形状示意图

一条河流划分河流上、中、下游时，有的依据地貌特征，有的则依据水文特征。上游直接连接河源，一般落差大、水流急、水流下切能力强，多急流、险滩、瀑布。中游段河道坡降变缓，下切能力减弱，旁蚀力加强，河道有弯曲，河床较为稳定，有滩地出现。下游段一般进入平原，坡降更为平缓，水流放慢，泥沙淤积，常有浅滩出现，河流多汊。河口是河流注入海洋、湖泊或上级河流的地段，内陆地区有些河流最终消失在沙漠之中，没有河口，称为内陆河。

2. 河流特征

河流特征主要包括河流纵横断面、河流长度、河道纵比降、河网密度等。

（1）河流的纵横断面。河流某一垂直于水流方向的断面称为横断面，又称为过水断面。当水流涨落变化时，过水断面的水位和面积也随之变化。河槽横断面有单式断面和复式断面两种基本形状，如图2-3所示；沿河流中心线的纵向截面，即为河道纵断面，如图2-4所示。

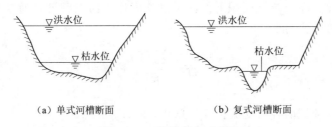

（a）单式河槽断面　　　　　　（b）复式河槽断面

图2-3　河槽横断面示意图

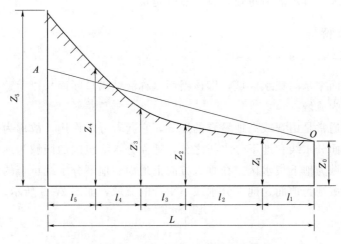

图2-4　河道平均比降计算示意图

（2）河流长度。由河源至河口沿中泓线量计的平面曲线长度称为河流长度，简称河长。用 L 表示，单位为 km，可在适当比例尺的地形图上量得。

（3）河道纵比降。河段两端的河底高程之差称为河床落差，河源与河口的河底高程之差为河床总落差。单位河长的落差称为河道的纵比降，用 J 表示，通常以千分数或小数表示。

当河道纵断面近似于直线时，河道纵比降 J 可用下式计算：

$$J = \frac{Z_{上} - Z_{下}}{l} = \frac{\Delta Z}{l} \tag{2-8}$$

式中　$Z_{上}$、$Z_{下}$——河段上、下断面河底高程，m；

　　　　l——河段的长度，m。

当河道纵断面呈折线时，可用面积包围法（如图 2-4 所示，使斜线 OA 以下的面积与原河底线以下面积相等）计算河道平均纵比降 $\overline{J}$：

$$\overline{J} = \frac{\left[(Z_0 + Z_1)l_1 + (Z_1 + Z_2)l_2 + \cdots + (Z_{n-1} + Z_n)l_n - 2Z_0 L\right]}{L^2} \tag{2-9}$$

式中　Z_1，Z_2，$\cdots$，Z_n——自出口断面起，向上沿干流底部各转折点的高程，m；

　　　l_1，l_2，$\cdots$，l_n——干流底部各转折点间的距离，m；

　　　　　　L——河道全长，km。

（4）河网密度。单位流域面积上的河道总长度称为河网密度，通常用 D 表示，单位为 km/km²，计算公式为

$$D = \frac{\sum\limits_{i=1}^{n} L_i}{F} \tag{2-10}$$

式中　$\sum\limits_{i=1}^{n} L_i$——流域内各干支流长度的总和，km；

　　　F——流域面积，km²。

河网密度越大，排水能力越强，洪水涨落越快。

2.2.2　流域及特征

2.2.2.1　流域

河流某一断面来水的集水区域，即该断面（称流域出口断面）以上地面、地下分水线包围的区域，称为流域。

流域的边界通常是山脊或高地岭脊的连线，它起着分水作用，故称为分水线。

分水线有地面分水线和地下分水线之分，地面分水线包围的区域为地面集水区，地下分水线包围的区域为地下集水区。在垂直方向上地面、地下分水线重合的流域称为闭合流域；而非闭合流域则为地面、地下分水线不重合的流域，如图 2-5 所示。

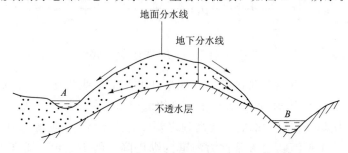

图 2-5　地面与地下分水线示意图

2.2.2.2 流域特征

流域特征主要包括几何特征和自然地理特征。

1. 流域几何特征

（1）流域面积。流域面积是指某河流某一断面以上，由地面分水线所包围的不规则图形的面积，用 F 表示，以 km^2 计。若不强调断面，则指河口断面以上的面积。

流域面积一般可在适当比例尺的地图上先勾绘出流域地面分水线，然后用求积仪或数方格的方法量出其面积，在数字化地形图上也可以用有关的专业软件量计。

在实际工作中，地下分水线需要通过专门的水文地质调查及分析判断确定。

（2）流域长度。流域长度是指流域几何中心轴的长度，用 L 表示，以 km 计。对于大致对称的较规则流域，其流域长度为河口至河源的直线长度；对于不对称流域，以流域出口为中心作若干个同心圆，求得各同心圆圆周与流域分水线相交得若干圆弧割线的中点，割线中点的连线长度即为流域长度。

（3）流域平均宽度。流域平均宽度是指流域面积与流域长度的比值，用 B 表示，以 km 计。

$$B = \frac{F}{L} \tag{2-11}$$

（4）流域形状系数。流域形状系数是指流域平均宽度与流域长度的比值，用 K_f 表示，为无量纲系数。

$$K_f = \frac{B}{L} = \frac{F}{L^2} \tag{2-12}$$

当 $K_f \approx 1$ 时，流域形状接近方形，则水流易于集中；当 $K_f < 1$ 时，流域形状则为狭长形，水流难以集中；当 $K_f > 1$ 时，流域形状则为扁形，水流也易于集中。

2. 流域自然地理特征

（1）地理位置。主要指流域所处的经纬度以及距离海洋的远近。一般是低纬度和近海地区雨水多，高纬度地区和内陆地区降水少。

（2）气候。流域的气候条件包括降水、蒸发、温度、湿度和风等。其中降水与蒸发对径流影响最大。

（3）地形。流域地形可分高山、丘陵、高原、盆地、平原等。

（4）地质与土壤特性。流域的地质构造（如地层的褶皱、断层等）、岩石和土壤的类型以及水理性（如透水性和给水性），对下渗水量及河流的泥沙都有影响。

（5）植被覆盖。流域的植被增加了地面糙率，加大了下渗水量，延长了地面径流的汇流时间，减缓了洪水。另外，还能减少水土流失，改善生态环境。植被的覆盖程度一般用植被面积占流域面积的百分比，即植被率表示。

（6）湖泊、沼泽、塘库。流域内的大面积水体对径流起调节作用，湖泊（或沼泽）率是指湖泊（或沼泽）面积占流域面积的百分比。

以上流域各种自然地理特征因素，除气候因素外，都反映了流域的物理性质，它们承受降雨并形成径流，直接影响河川径流的数量和变化，所以水文学上习惯称为流域下垫面因素。

当然，人类活动对流域下垫面影响也越来越大，如人类在改造和保护自然活动中修建水库、堰塘、引提水、梯田以及植树造林、封山育林、湿地保护、城镇化、水土流失治理、排污与水质污染和治理、河流断流等活动，明显改变了流域的下垫面条件，使河川径流发生变化，影响水量和水质。

2.3　降　　水

降水是指空中的水汽以液态或固态形式从大气到达陆面的各种水分的总称，通常表现为降雨、霜、露、雪、冰雹等，其中最主要的是降雨和降雪。在我国绝大部分地区，影响河流水情变化的是降雨，因此本课程重点讲述降雨。

降水是水循环的一个重要环节，也是陆地水资源持续不断的主要补给来源，因此降水是最为重要的气象因素。

降水量时空分布的变化规律直接影响河川径流情势，所以在工程水文与水利计算中必须研究降水，特别是降雨。

2.3.1　降水的成因与分类

（1）降水形成。由于地面暖湿气团在各种因素的影响下，迅速升入高空产生动力冷却，当温度降到露点以下时，气团中的水汽便凝结成水滴或冰晶，形成云层，云层中的水滴、冰晶，随着水汽不断凝结而增多，同时还随着气流运动，相互碰撞合并而增大，当它们的重量不能为上升气流托浮时，在重力作用下降落到地面形成降水。由此可知，源源不断的水汽输入是降水的先决条件，气流的上升运动产生动力冷却是形成降水的必要条件。

（2）降水的两个基本条件。①空气中要有一定量的水汽；②空气要有动力上升冷却。

（3）降水分类。按空气上升冷却的原因，降雨可分为以下 4 种类型：锋面雨、地形雨、对流雨、台风雨。

1）锋面雨。因冷气团温度低、湿度小，而暖气团温度高、湿度大，当冷气团和暖气团相遇时会在接触带形成不连续面，称为锋面。当冷气团势力强大，侵入暖气团下部时，暖气团被迫抬升，形成的降雨叫冷锋雨，如图 2-6（a）所示。冷锋雨一般强度大、历时短、雨区范围小，常伴有雷电。当暖气团势力强大时，暖气团将沿界面爬升于冷气团之上，形成的降雨叫暖锋雨，如图 2-6（b）所示。暖锋雨一般强度小、历时长、雨区范围大。

（a）冷锋雨　　　　　　　　　　　（b）暖锋雨

图 2-6　锋面雨示意图

2）地形雨。当气团移动时遇到山岭的阻碍，被迫沿山坡上升，因动力冷却而形成降雨，称为地形雨。地形雨多集中在山地的迎风坡面，由于水汽大部分已在迎风坡凝结降落，而且空气过山后下沉时温度增高，因此背风坡面雨量锐减。

3）对流雨。夏季地面受热，温度升高，近地面气层的空气受热膨胀上升，上层冷空气在周围下沉予以补充，引起上、下对流。上升的湿热气流冷却而凝结致雨，称为对流雨。对流雨一般强度大、范围小、历时短，并常伴有雷电，又称雷阵雨。

4）台风雨。台风雨是由热带海洋上的风暴带到大陆上来的狂风暴雨。在赤道附近洋面上某些地方，由于温度高、湿度大，常形成剧烈的空气漩涡并向副热带或温带移动，它所经之处，多大风暴雨，这是一种灾害性天气。我国7—9月台风活动非常频繁。

我国气象部门按12h或24h的降雨量将降雨分为小雨、中雨、大雨、暴雨、大暴雨和特大暴雨，其划分标准详见表2-1。

表 2-1　　　　　　　　　　　降雨强度等级分级表　　　　　　　　　　单位：mm

等级	12h降雨量	24h降雨量
小雨	0.2～5.0	<10
中雨	5～15	10～25
大雨	15～30	25～50
暴雨	30～70	50～100
大暴雨	70～100	100～200
特大暴雨	>100	>200

2.3.2　点降雨特性及其分析方法

点雨量即一个雨量观测站承雨器（口径为20cm）所在地点的降雨。

1. 点雨量特性

（1）降雨量。降雨量是指一定时段内降落在单位水平面积上的雨水深度，单位为 mm。

（2）降雨历时。降雨历时是指一场降雨从开始到结束所经历的时间，常以 h 为单位。

（3）降雨强度。降雨强度是指单位时间内的降水量，单位用 mm/min 或 mm/h 表示。

（4）降雨面积。降雨面积是指降雨所笼罩的水平面积，单位用 km^2 表示。

（5）降雨中心。降雨中心是指一次笼罩面积上降雨量最为集中且范围较小的局部地点。

2. 点降雨特性的分析方法

（1）降雨过程线。降雨在时程上的分配可用降雨强度过程线表示。常以时段雨量为纵坐标，时段时序为横坐标，采用柱状图表示，如图2-7所示。

（2）降雨累积曲线。降雨过程也可用降雨量累积曲线表示。此曲线横坐标为时间，纵坐标代表自降雨开始到各时刻降雨量的累积值，如图2-8所示。

（3）强度历时曲线。记录一场降雨过程，选择不同历时，统计不同历时内的最大平均降雨强度，并以平均雨强为纵坐标、历时为横坐标点绘曲线，即平均雨强-历时曲线，如图2-9所示。

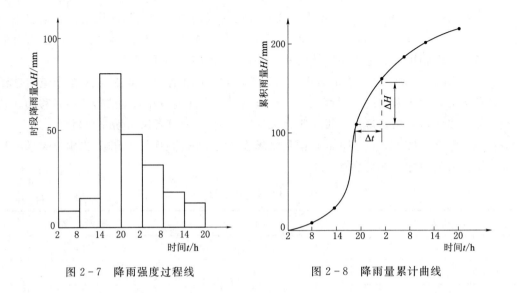

图 2-7　降雨强度过程线　　　　　图 2-8　降雨量累计曲线

2.3.3　面雨量特性及其分析方法

面雨量是指一定区域面积上的平均雨量。

1. 面雨量特性

（1）降雨量等值线图。降雨量等值线图是表示某一地区或流域的次降雨量或时段（如小时、天、月、年）降雨量地理分布的常用工具。它的具体做法是：在地形图上将各雨量站相同起讫时间内的时段雨量标注在相应的地理位置上，根据直线内插的原理，考虑地形对降雨的影响，勾绘出等值线。

（2）平均雨量-面积曲线。对一场暴雨，从等雨量线图上的暴雨中心算起，分别量取不同等雨量线所包围的面积，并计算各面积内的平均雨量。以雨量为纵坐标、面积为横坐标绘制曲线，如图 2-10 所示。曲线表示不同笼罩面积所对应的平均雨量。可以看出，平均雨量随笼罩面积的增大而减小。

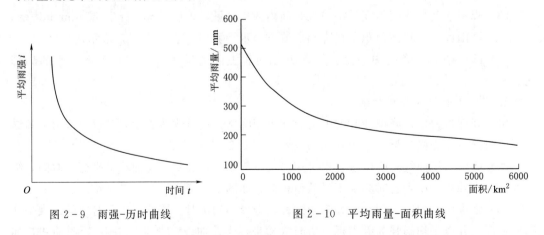

图 2-9　雨强-历时曲线　　　　　图 2-10　平均雨量-面积曲线

（3）平均雨量-历时-面积曲线。平均雨量-面积曲线通常反映一场雨或某一时段降雨在面积上的分布情况，如果将一场雨的不同时段的平均雨量-面积曲线绘在同一张图上，以反映各时段降雨在面积上的分布情况，如图 2-11 所示。由图可知，当降雨历时一定时，暴雨所笼罩的面积越大，则平均雨量越小；当暴雨所笼罩的面积一定时，历时越长，雨量越大。

2. 流域内平均雨量的计算方法

（1）算术平均法。当流域内地形变化不大，雨量站数目较多、分布较均匀时，有

$$H_F = \frac{H_1 + H_2 + \cdots + H_n}{n} = \frac{1}{n}\sum_{i=1}^{n} H_i \qquad (2-13)$$

式中　H_F——流域平均降雨量，mm；

H_i——流域内各雨量站雨量（$i=1,2,\cdots,n$），mm；

n——雨量站数目。

（2）泰森多边形法（垂直平分线法）。当流域地形起伏大、雨量站分布不均匀时多用此法，如图 2-12 所示。先在流域平面图上将就近的各相邻雨量站用直线连接，构成若干个三角形，然后作三角形各边的垂直平分线。这些垂直平分线将流域划分成若干部分面积，每部分面积内正好有一个雨量站。

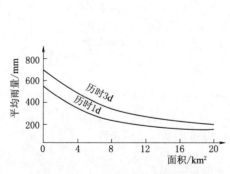

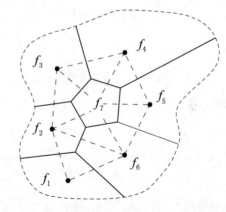

图 2-11　平均雨量-历时-面积曲线　　图 2-12　泰森多边形法（垂直平分线法）示意图

$$H_F = \frac{H_1 f_1 + H_2 f_2 + \cdots + H_n f_n}{F} = \frac{1}{F}\sum_{i=1}^{n} H_i f_i = \sum_{i=1}^{n} A_i H_i \qquad (2-14)$$

式中　f_i——流域内各多边形的面积（$i=1,2,\cdots,n$），km^2；

F——流域面积，km^2；

A_i——各雨量站的面积权重系数，$A_i = \dfrac{f_i}{F}$，$\sum_{i=1}^{n} A_i = 1.0$。

该方法适用于雨量站分布不均匀、地形起伏比较大的流域，是生产实践中应用比较广泛的一种方法。

（3）等雨量线法。如果降雨在地区或流域上分布很不均，地形起伏大，则宜用等雨量线法计算面雨量。等雨量线法也属于以面积作为权重的一种加权平均方法。具体做法为：先根据流域内各雨量站的雨量资料绘制等雨量线图，如图 2-13 所示，并量计出流域内相邻两条等雨量线间的面积 f_i，则流域平均降雨量计算式为

$$H_F = \frac{1}{F} \sum_{i=1}^{n} \frac{1}{2}(H_i + H_{i+1}) f_i = \frac{1}{F} \sum_{i=1}^{n} \overline{H}_i f_i \qquad (2-15)$$

式中　f_i——流域内相邻两条等雨量线间的面积，km^2；

　　　$\overline{H}_i$——相邻两条等雨量线间的平均雨量，mm；

　　　n——等雨量线的数目。

如果降雨在地区上或流域上分布很不均匀，地形起伏大，则宜用等雨量线法计算面雨量。

【例 2-1】 某流域内设有 5 个雨量站，如图 2-14 所示。某日各站的降雨量观测值分别为 25.0mm、35.0mm、30.0mm、45.0mm、50.0mm，各雨量站控制面积分别为 20km^2、25km^2、30km^2、30km^2、27km^2。试用算术平均法和泰森多边形法计算流域平均降雨量。

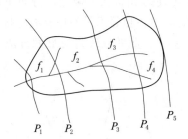
图 2-13　等雨量线法示意图

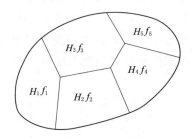
图 2-14　泰森多边形法

解　算术平均法：

$$H_F = \frac{1}{n} \sum H_i = \frac{1}{5}(25.0 + 35.0 + 30.0 + 45.0 + 50.0) = 37.0 (\text{mm})$$

$$F = \sum_{i=1}^{n} f_i = 20 + 25 + 30 + 30 + 27 = 132 (\text{km}^2)$$

$$H_F = \frac{1}{F} \sum_{i=1}^{n} H_i f_i = \frac{1}{132}(20 \times 25.0 + 25 \times 35.0 + 30 \times 30.0 + 30 \times 45.0 + 27 \times 50.0)$$
$$= 37.7 (\text{mm})$$

2.4　蒸 发 与 下 渗

2.4.1　蒸发

蒸发是水文循环及水量平衡的基本要素之一，对径流有直接影响。蒸发过程是水由液态或固态转化为汽态的过程，是水分子运动的结果。流域的蒸发分为以下几种。

1. 水面蒸发

水面蒸发是指江、河、水库、湖泊和沼泽等地表水体水面上的蒸发现象。水面蒸发是在充分供水条件下的蒸发。

水面蒸发的主要影响因素有温度、湿度、风速和水面大小等。

　　水面蒸发常用水面蒸发器进行观测，蒸发器都属于小型蒸发器皿，它们的蒸发条件与实际水体有一定差异。因此，必须把蒸发器皿测得的蒸发量 $E_{器}$ 乘以折算系数 k，才能得到实际水体的水面蒸发量 E，换算关系为

$$E = kE_{器} \qquad\qquad (2-16)$$

式中　E——天然水面蒸发量，mm；

　　　$E_{器}$——蒸发器实测蒸发量，mm；

　　　k——蒸发器折算系数。

　　折算系数随蒸发器皿的直径而异，当蒸发器皿直径超过 3.5m 时，其值近似等于 1.0。折算系数还与月份和所在地区有关。

　　2. 土壤蒸发

　　土壤蒸发是指水分从土壤中逸出的物理过程，也是土壤失水干化的过程。土壤是一种有孔介质，它不仅有吸水和持水能力，而且具有输送水分的能力。因此，土壤蒸发除了受气象因素影响外，还受土壤含水量、土壤结构、土壤色泽等因素的影响。

　　对于某一种土壤，当气象条件一定时，土壤蒸发量的大小与土壤的供水条件有关。在一定的气候和下垫面条件下，充分供水时的蒸发量或蒸发率称为蒸发能力。水面蒸发始终按蒸发能力进行，而土壤所含水量可能饱和，也可能不饱和，因此蒸发过程较复杂。土壤水分按照其所受的作用力不同可以分为束缚水、毛管水和重力水。毛管悬着水达到最大时的土壤含水率，称为田间持水量。它是土壤蒸发供水条件充分与不充分的分界点。

　　湿润土壤蒸发大体上可分为 3 个阶段：第一阶段，土壤充分供水，土壤按蒸发能力蒸发，此时气象条件是影响土壤蒸发的主要因素；第二阶段，当土壤含水量降至田间持水量以下时，土壤蒸发随土壤含水量的减少而减少；第三阶段，土壤蒸发的数量小而稳定，与气象因素和土壤含水量的关系已不密切。

　　3. 植物散发

　　植物散发是指植物根系从土壤中吸取水分，通过其自身组织输送到叶面，再由叶面散发到空气中的过程，也称为蒸腾。它既是水分的蒸发过程，也是植物的生理过程。由于植物散发是在土壤—植物—大气之间发生的现象，因此植物散发受气象因素、土壤水分状况和植物生理条件的影响。不同的植物散发量不同，同一种植物在不同的生长阶段散发量也不同。

　　由于植物生长在土壤中，因而植物散发和土壤蒸发总是同时存在的，两者合称为陆面蒸发，它是流域蒸发的主要组成部分。

　　4. 流域总蒸发

　　流域总蒸发是流域内所有的水面、土壤以及植被蒸发与散发的总和。目前采用的方法是从全流域综合角度出发，用水量平衡原理来推算流域总蒸发量。

$$E_{总} = H + R - \Delta W \qquad\qquad (2-17)$$

式中　$E_{总}$——计算时段内的全流域蒸发量，mm；

　　　H——计算时段内的全流域平均降水量，mm；

　　　R——计算时段内的全流域平均径流量，mm；

　　　ΔW——计算时段始末流域蓄水变化值，mm。

当流域蓄水量变化不大或时段较长时，上式可简化为

$$\overline{E}_总=\overline{H}-\overline{R} \qquad (2-18)$$

2.4.2 下渗

下渗是指降落到地面上的降水从地表渗入土壤的运动过程，作为降雨径流形成过程中的一项重要环节，下渗不仅直接影响到地面径流量的大小，也影响到土壤含水量的增长以及地下径流量的形成。

下渗过程按水分所受的作用力及运动特征，可分为三个阶段。

（1）渗润阶段。下渗水分主要是在分子力的作用下，被土壤颗粒吸附而形成薄膜水。若土壤十分干燥，这一阶段十分明显。

（2）渗漏阶段。入渗的雨水在毛管力和重力作用下，沿土壤孔隙向下做不稳定运动，并逐步充填土壤孔隙，直到全部孔隙被水充满而饱和，此时毛管力消失。

（3）渗透阶段。当土壤孔隙被水充满而饱和时，水分在重力作用下呈稳定流动。

下渗率变化规律常用霍顿公式表示：

$$f_t=(f_0-f_c)e^{-\beta t}+f_c \qquad (2-19)$$

式中　f_t——t 时刻的下渗能力，mm/h；

　　　f_0——初始下渗率，mm/h；

　　　f_c——稳定下渗率，mm/h；

　　　β——递减指数。

下渗能力（容量）随时间变化的曲线如图 2-15 所示。

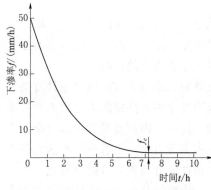

图 2-15　下渗能力（容量）曲线

下渗率（下渗强度）—单位面积上、单位时间内渗入土壤中的水量，常以 mm/min 或 mm/h 计；下渗能力（容量）—充分供水条件下的下渗率；下渗能力（容量）曲线—下渗能力（容量）随时间变化的过程线

2.5　径　　流

2.5.1　径流的形成过程

流域上的降雨量除去各种损失后，经由地面和地下汇入河网，最终形成流域出口断面的水流称为河川径流，简称径流。径流随时间的变化过程称为径流过程，它是水文学研究的核心。根据径流途径的不同，可以把径流分为地面径流和地下径流。我国大部分地区的河流是以降雨补给为主，本课程主要介绍流域降雨形成的径流。

由降雨到形成流域出口断面的径流是一个很复杂的过程，为了便于分析，一般都把它概化为流域产流和汇流两个过程。

1. 产流过程

产流过程是扣损过程，即求净雨过程。

降雨开始时，除了很少一部分降落在河流水面直接形成径流外，其他大部分则降落到

流域坡面的各种植物枝叶表面，滞留在植物表面的雨水称为植物截留，植物截留的雨量在雨后最终被蒸发掉。

降雨满足植物截留量后落到地面上的雨水，开始下渗充填土壤孔隙，随着表层土壤含水量的增加，土壤的下渗能力也逐渐减小，当降雨强度超过土壤的下渗能力时，产生超渗雨，地面就开始积水，并沿坡面流动，在流动过程中有一部分水量要流到低洼的地方并滞留其中，称为填洼量。还有一部分将以坡面漫流的形式流入河槽形成径流，称为坡面漫流。下渗到土壤中的雨水，按照下渗规律由上往下不断深入。通常由于流域土壤上层比较疏松，下渗能力强，下层结构紧密，下渗能力弱，这样便在表层土壤孔隙中形成一定的水流沿孔隙流动，最后注入河槽，这部分径流称为壤中流（或表层流）。壤中流在流动过程中是极不稳定的，往往和地面径流穿插流动，难以划分，实际水文分析中常把壤中流归入地面径流，如图 2-16 所示。

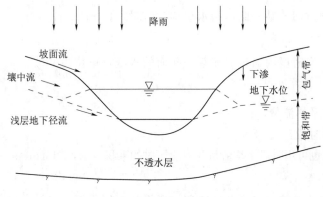

图 2-16　径流形成过程示意图

若降雨延续时间较长，继续下渗的雨水经过整个包气带土层，渗透到地下水库中，经过地下水库的调蓄缓缓渗入河槽，形成浅层地下径流。另外，在流出流域出口断面的径流中，还有与本次降雨关系不大、来源于流域深层地下水的径流，它比浅层地下径流更小、更稳定，通常称为基流。

由上述可知，一次降雨形成的河川径流包括地面径流、壤中流和浅层地下径流三部分，总称为径流量，也称产流量。降雨量与径流量之差称为损失量；它主要包括储存于土壤孔隙中间的下渗量、植物截留量、填洼量和雨期蒸散发量等。

2. 汇流过程

净雨沿坡面从地面和地下汇入河网，然后再沿着河网汇集到流域出口断面，这一完整的过程称为流域汇流过程。前者称为坡地汇流，后者称为河网汇流。

（1）坡地汇流过程。坡地汇流分为三种情况：一是超渗雨满足了填洼后产生的地面净雨沿坡面流到附近河网的过程，称为坡面漫流；二是表层流净雨沿坡面向表层土壤孔隙流入河网，形成表层流径流，表层流与地面径流有时能相互转化；三是地下净雨向下渗透到地下潜水面或深层地下水体后，沿水力坡度最大的方向流入河网，称为坡地地下汇流。深层地下水汇流很慢，所以降雨以后，地下水流可以维持很长时间，较大河流可以终年不断，是河川的基本径流，即基流。

（2）河网汇流过程。各种成分径流经坡地汇流注入河网，从支流到干流，从上游向下游，最后流出流域出口断面，这个过程称为河网汇流或河槽集流过程。坡地水流进入河网后，使河槽水量增加，水位升高，这就是河流洪水的涨水阶段。在涨水段，由于河槽储蓄一部分水量，所以对任一河段，下断面流量总小于上断面流量。随降雨和坡地漫流量的逐渐减少直至完全停止，河槽水量减少，水位降低，这就是退水阶段。这种现象称为河槽调蓄作用。

实际上，降雨、产流和汇流，是从降雨开始到水流流出流域出口断面经历的全过程，它们在时间上并无截然的分界，而是同时交错进行的。

2.5.2　径流的表示方法和度量单位

1. 流量 Q

单位时间内通过河流某一断面的水量称为流量，以 m^3/s 计。

2. 径流总量 W

径流总量指一定时段内通过河流某一断面的水量，单位为 m^3。

$$W = \overline{Q}T \tag{2-20}$$

式中　$\overline{Q}$——时段平均流量，m^3/s；

　　　T——计算时段，s。

径流总量单位也可用时段平均流量与对应历时的乘积表示，如 $(m^3/s) \cdot d$、$(m^3/s) \cdot$ 月。

3. 径流深 R

径流深指将径流总量平铺在流域面积上所得的水层水深，以 mm 计，按下式计算：

$$R = \frac{W}{1000F} = \frac{\overline{Q}T}{1000F} \tag{2-21}$$

式中　W——时段内径流量，m^3；

　　　$\overline{Q}$——时段内平均流量，m^3/s；

　　　T——计算时段，s；

　　　F——流域面积，km^2。

4. 径流模数

径流模数指单位流域面积上所产生的流量，以 $m^3/(s \cdot km^2)$ 或 $L/(s \cdot km^2)$ 计。

$$M = \frac{1000Q}{F} \tag{2-22}$$

式中　Q——流量，m^3/s；

　　　F——流域面积，km^2。

5. 径流系数 α

径流系数指流域某时段径流深与形成该径流深相应的流域平均降水量的比值。

$$\alpha = \frac{R}{H} \tag{2-23}$$

因 $R < H$，所以 $\alpha < 1$。

【例 2－2】 已知某小流域集水面积 $F=130\text{km}^2$，多年平均降雨量 $\overline{H}_F=915\text{mm}$，多年平均径流深 $\overline{R}=745\text{mm}$。求该流域多年平均径流量 $\overline{W}$、多年平均流量 $\overline{Q}$、多年平均径流模数 $\overline{M}$、多年平均蒸发量 $\overline{E}$ 及多年平均径流系数 α。

解 直接代入公式计算：

$$\overline{W}=1000RF=1000\times745\times130=9685(\text{万 m}^3)$$

$$\overline{Q}=\frac{W}{T}=\frac{9685\times10^4}{31.536\times10^6}=3.07(\text{m}^3/\text{s})$$

$$\overline{M}=\frac{\overline{Q}}{F}=\frac{3.07}{130}=23.6\times10^{-3}[\text{m}^3/(\text{s}\cdot\text{km}^2)]=23.6[\text{L}/(\text{s}\cdot\text{km}^2)]$$

$$\alpha=\frac{\overline{R}}{\overline{H}_F}=\frac{745}{915}=0.81$$

$$\overline{E}=\overline{H}-\overline{R}=915-745=170(\text{mm})$$

2.5.3 流域水量平衡

在河流水资源开发利用中，根据水量平衡原理，一定时段的流域水量平衡方程可表示为

$$R=H-E-\Delta W-\Delta V \tag{2-24}$$

式中 R——时段内流域径流深，mm；

H——时段内流域平均降水量，mm；

E——时段内流域总蒸散发量，mm；

ΔW——时段内流域蓄水量的变化量，其值可正可负，$\Delta W>0$ 表示时段内流域蓄水量增加，反之，$\Delta W<0$ 表示时段内流域蓄水量减少，mm；

ΔV——当地面与地下分水线不重合时，时段内流出（指非出口断面处）的地下水量与外区流入的地下水量的差值，即流出为正，流入为负，mm。

对于闭合流域，式（2－24）中，$\Delta V=0$，流域内产生的地面、地下径流量都从流域出口断面流出，于是闭合流域的水量平衡方程式为

$$R=H-E-\Delta W \tag{2-25}$$

在实际工作中常取时段为一年，则式（2－25）中各个要素以年为时段的值，该式称为闭合流域的年水量平衡方程式。

对于多年平均情况，$\dfrac{1}{n}\sum\Delta W\rightarrow0$，故水量平衡方程为

$$\overline{R}=\overline{H}-\overline{E} \tag{2-26}$$

式中 $\overline{R}$——流域多年平均年径流深，mm；

$\overline{H}$——流域多年平均年降水量，mm；

$\overline{E}$——流域多年平均年蒸散发量，mm。

复 习 思 考 题

1. 试述水量平衡原理。
2. 河流与流域有哪些主要特征?
3. 什么叫闭合、非闭合流域?
4. 试述流域平均降雨量的几种计算方法及适用条件。
5. 流域总蒸发包括哪些? 下渗的变化规律是怎样的?
6. 试述降雨形成径流的过程。

习 题

1. 某水文站流域面积 $F = 54500 \text{km}^2$，多年平均降雨量 $H = 1650 \text{mm}$，多年平均流量 $Q = 1680 \text{m}^3/\text{s}$。求多年平均径流量 W、多年平均径流深 R、多年平均径流模数 M、多年平均径流系数 α、多年平均蒸发量 E。

2. 某流域雨量站分布如图 2 - 17 所示，根据地形图用求积仪量得流域面积为 87.5km^2。已知某次暴雨各雨量站的观测雨量以及由泰森多边形求得的各个雨量站代表面积见表 2 - 2。

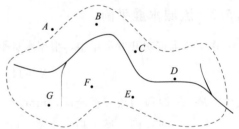

求: (1) 画出流域的泰森多边形。

(2) 分别用算术平均法和泰森多边形法计算该次暴雨的流域平均降雨量。

图 2 - 17 某流域雨量站分布

表 2 - 2　　　　　某次暴雨各雨量站观测雨量及各雨量站代表面积

雨量站	A	B	C	D	E	F	G
雨量/mm	70.9	76.1	68.3	58.9	61.8	81.2	71.6
各雨量站代表面积/km^2	6.5	10.0	8.9	23.1	8.8	11.8	18.4

第3章 水文信息采集与处理

教学内容： ①水文测站与站网；②降水与蒸发的观测；③水位与流量的测算；④泥沙测算；⑤水文资料的收集。

教学要求： 了解降水、蒸发、水位、泥沙等主要观测项目的观测方法，掌握流速仪测算流量的方法，掌握泥沙计量单位，了解水文调查的方法，了解水文年鉴及水文手册的查用方法。

3.1 水文测站与站网

3.1.1 水文测站与站网概述

水文测站是为经常收集水文数据而在河、渠、湖、库上或流域内设立的各种水文观测场所的总称。

在流域一定地点（或断面）按统一标准对所需要的水文要素作系统观测以获取信息并整理为即时观测信息，这些指定地点称为测站。

水文测站可观测的水文要素有水位、流量、泥沙、降水、蒸发、水温、冰凌、水质、地下水位等。只观测上述要素中的一项或少数几项的测站，则按其主要观测要素分别称之为水位站、流量站（也称水文站）、雨量站、蒸发站等。

根据测站功能和性质不同，河流水文测站主要分为基本站、专用站两大类。基本站是水文主管部门为各地的水文情况而设立的，是为国民经济各方面的需求服务的；专用站是为某种专门目的或用途由各部门自发设立的。这两种站是相辅相成的，专用站在面上辅助基本站，而基本站在时间序列上辅助专用站。

在一定地区或流域内，按一定原则，由一定数量的水文测站构成的水文资料收集系统称为水文站网。它必须按照统一的规划合理布局，既要能收集到大范围内的基本水文资料，满足水利水电工程建设、环境保护及其他国民经济建设的需要，又要做到经济、合理。

3.1.2 水文测站的设立

水文测站的设立包括选择测验河段和布设测验断面。

1. 测验河段的选择

测验河段是为测量水文要素，按照一定技术要求，在河流上选择对水位—流量关系稳定性起控制作用，并设有相应测验设施的河段。

（1）测验河段应符合的基本条件。必须满足设站的目的要求，即规定了测验河段要在站网规划的河段范围内选择，便于进行水文测验和水文资料整编，同时保证成果有一定的精度。

（2）选择测验河段具体要求。根据设站的目的和要求，在野外选择测验河段时，应该根据河流特性灵活掌握、慎重选择，一般考虑以下条件：

1）河床稳定而有规则，水流不致漫溢出河道的堤岸，不生长水草。

2）选择测验河段应在干支流汇合口上游附近所引起的变动回水范围以外，并离开运转频繁的码头。

3）对于平原河流，应尽量选择顺直、稳定、水流集中、便于布设测验设施的河段，顺直河段长度应不少于洪水主槽宽度的 3～5 倍；对于山区河流，在保证测验工作安全的前提下，尽可能选在急滩、石梁、卡口等的上游处。

4）一般设置在建筑物的下游，并且要避开水流紊动的影响。

2．测验断面的布设

在测验河段内进行水文要素测验的河渠横断面称为测验断面。水文测站只有布设测验断面，才能观测各种水文要素。根据不同用途，测验断面可分为以下几种，如图 3－1 所示：

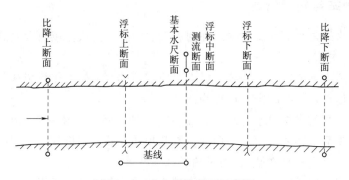

图 3－1　水文测站断面示意图

（1）基本水尺断面。用于观测水位而设置的断面称为基本水尺断面。它一般设在测验河段的中央，且与断面平均流向垂直。

（2）流速仪测流断面。用流速仪法测定流量而设置的断面称为流速仪测流断面。一般与基本水尺断面重合。

（3）浮标测流断面。用浮标法测流量而设置的上、中、下三个断面称为浮标测流断面。浮标中断面可与流速仪测流断面或基本水尺断面重合。在浮标中断面的上、下游相等距离处布设上、下浮标断面。

（4）比降断面。为观测河段水面比降和分析河床糙率而设置的断面称为比降断面。比降断面有比降上断面和比降下断面。比降上下断面应布设在基本水尺断面的上下游；测流断面应在比降上下断面的中间，以便推算河床糙率。

3．布设基线

在测验河段进行水文测验时，为推求测验垂线在断面上的起点距而在岸上设置的线段称为基线，也叫基本测量线段。基线应垂直于测流断面，且起点应在断面起点桩上。其长度视河宽而定，为满足测量精度的要求，一般基线长度应不小于河宽的 0.6 倍。此外，还应按要求设置水准点，测定测站高程及修建各种观测水文要素的设施。

3.2 降水与蒸发的观测

3.2.1 降水观测

降水量的观测场地选在四周空旷平坦的地方，避开局部地形地物的影响，观测降水的仪器一般采用 20cm 口径的雨量器和自记雨量计。

1. 雨量器

雨量器是直接观测在某一时段内的液态和固态降水总量的仪器。它由承雨器、漏斗、储水瓶和量雨杯等组成，如图 3-2 所示。

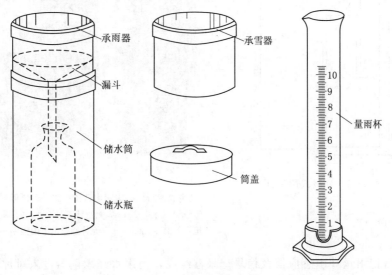

图 3-2 雨量器

一般采用定时分段观测，通常以早上 8 时作为日分界点。在少雨季节，采用 1 段或 2 段制进行观测，遇暴雨时应随时增加观测段次；多雨季节应选用自记雨量计。常用两段制为每日 8 时、20 时观测，雨季采用四段制为每日 8 时、14 时、20 时、2 时，八段制为每日 8 时、11 时、14 时、17 时、20 时、23 时、2 时、5 时，汛期降雨量大时还要增加观测次数，如十二段制、二十四段制。

若用雨量器观测降雪，可将漏斗和储水瓶取出只留外筒作为承雪器具，在规定的观测时间内用备用外筒替换，并将换下来的外筒加盖带回室内加温融化后测量，计算降水量和降水强度。

2. 自记雨量计

自记雨量计多采用虹吸式自记雨量计（图 3-3）或翻斗式自记雨量计（图 3-4）。

虹吸式自记雨量计的工作原理为：雨水由承雨器进入浮子室后将浮子升起并带动自记

笔在自计钟外围的记录纸上作出记录。当浮子室内雨水储满时，雨水通过虹吸管排出到储水瓶，同时自记笔又下降到起点，继续随雨量增加而上升，这样降雨过程便在记录纸上绘出。

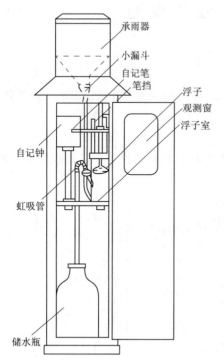

图 3 - 3　虹吸式雨量计

图 3 - 4　翻斗式雨量传感器

［主要技术指标：1. 承雨口径：$\phi200$ 刃口角 40°～45°；2. 分辨力：1mm；3. 测量精度：≤±3％；4. 雨强范围：0.01～4mm/min（允许通过最大雨强 8mm/min）］

翻斗式自记雨量计由感应器及信号记录器组成，当雨水经承雨器进入对称小翻斗的一侧，且接满 0.1mm 的雨量时，使小翻斗向一侧倾倒，水即注入储水箱内。同时，另一侧处于进水状态。当小翻斗倾倒一次，即接通一次电路，向记录器输送一个脉冲信号，记录器控制自记笔将雨量记录下来。自记式雨量计的记录系统可以将机械记录装置的运动变换成电信号，用导线或无线电将信号传到控制中心的接收器，实现有线远传或无线遥测。

3.2.2　降水资料整理

降水资料整理内容有以下几项：

（1）编制逐日降水量表。日降水量以每日 8 时作为日分界，即以今日 8 时至明日 8 时的降水量作为今日的日降水量。另外，还包括月、年统计值，年最大 1d 降水量及连续 3d、7d、15d、30d（包括无降水之日在内）的年最大降水量。

（2）汛期降水量摘录表。摘录各次较大的降雨过程，一般与洪水水文要素摘录表列入的洪水过程配套摘录。

（3）各时段最大降水量表。摘录年最大 1h、2h、3h、6h、12h、24h 降水量等。

3.2.3 蒸发观测

流域总蒸发包括水面蒸发、土壤蒸发和植物散发三部分。但土壤蒸发、植物散发的施测比较困难，一般只在试验站进行。水文气象部门普遍观测的为水面蒸发。以下仅对水面蒸发观测作一介绍。

1. 水面蒸发的观测仪器与方法

水面蒸发量常用蒸发器进行观测。水文气象部门常用的蒸发器有20cm口径的小型蒸发器、80cm口径蒸发器和改进后的 E-601 型蒸发器。20cm 口径的小型蒸发器和80cm 口径蒸发器，易于安装，观测方便；但因暴露在空间，水体很小，受周围气象因子变化影响很大，特别是太阳辐射强烈时，小水体升温很高，测得的蒸发量和天然水体实际蒸发量形成很大差异，目前只在少数站使用。

改进后的 E-601 型蒸发器埋入地表，使仪器内水体和仪器外土壤之间的热交换接近自然水体情况，且设有水圈，有助于减轻溅水对蒸发的影响，并起到增大蒸发面积的作用，所以测得的蒸发量和天然水体实际蒸发量比较接近，E-601 型蒸发器是水文气象站网水面蒸发观测的标准仪器，如图 3-5 所示。

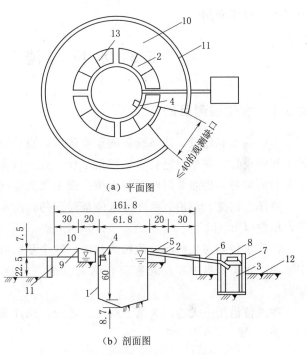

(a) 平面图

(b) 剖面图

图 3-5 E-601 型蒸发器结构和安装（单位：cm）
1—蒸发桶；2—水圈；3—溢流桶；4—测针座；5—溢流嘴；6—溢流胶管；7—放置溢流桶的箱；8—箱盖；9—水圈排水孔；10—土圈；11—土圈防坍墙；12—地面；13—水圈上缘的撑挡

蒸发量以每日 8 时为日分界。每日 8 时观测时，用测针测出蒸发器内的水面高度，日蒸发量为该日降水量加上观测的蒸发器水面高度之差。观测资料分析表明，当蒸发器的直径超过 3.5m 时，蒸发器观测的水面蒸发量与天然水体的蒸发量才基本相同。故各种蒸发器观测值应乘以一个折算系数，才能作为天然水面蒸发量的估计值，即

$$E = K E_器 \tag{3-1}$$

式中 E——天然水面蒸发量，mm；

$E_器$——蒸发器实测水面蒸发量，mm；

K——水面蒸发折算系数。

对于水面蒸发折算系数 K，在实际工作中，应根据当地资料分析采用，《水利水电工程水文计算规范》（SL/T 278—2020）给出了利用水面蒸发观测资料计算蒸发量的规定。

2. 水面蒸发资料整理

水面蒸发资料整理主要是针对测得的蒸发资料编制逐日蒸发量表,其中还包括蒸发量的月、年统计值等。

由于缺乏土壤蒸发、植物散发资料,实际工作中常用流域水量平衡方程,根据实测降水量、径流量资料推算流域总蒸发量。我国已绘制了全国及各地范围的多年平均蒸发量等值线图,可供查用。

3.3　水位与流量的测算

3.3.1　水位观测目的

水位是水利建设、防汛抗旱的重要依据,直接应用于堤防、水库、堰闸、灌溉、排涝等工程的设计,并据以进行水文预报工作。在水文测验中,进行其他项目如流量、泥沙、水温的测验时,也需要同时观测水位,作为水流情况的重要标志。

海洋、河流、湖泊、水库等水体某时刻的自由水面相对于某一固定基面的高程称为水位,单位以 m 计。

计算水位和高程的起始面称为基面。这个基面可采取海滨某地的多年平均海平面或假定平面。水文资料中涉及的基面有绝对基面(标准基面)、假定基面、测站基面和冻结基面。

我国曾沿用过大连、大沽、黄海、吴淞、珠江等基面,现在统一规定的基面为青岛黄海基面。

3.3.2　水位观测

水位观测中常用的观测设备有水尺和自记水位计两种类型。

(1) 水尺。水尺是观测河流或其他水体水位的标尺,是测站观测水位的基本设施,可分为直立式、倾斜式、悬锤式和矮桩式等,如图 3-6 所示。

水位的观测包括基本水尺和比降水尺的水位。基本水尺的观测,是当水位变化缓慢时(日变幅在 0.12m 以内),每日 8 时和 20 时各观测一次(称二段制观测,8 时是基本时);枯水期日变幅在 0.06m 以内,用一段制观测;日变幅在 0.12~0.24m 时,用四段制观测;汛期可采用八段制、十二段制等。比降水尺观测的目的是计算水面比降、分析河床糙率等,其观测次数视需要而定。

(2) 自记水位计。自记水位计是自动记录水位变化过程的仪器,具有记录完整、连续、节省人力的优点。较常用的自记水位计类型有浮筒式自记水位计、水压式自记水位计和超声波式水位计等。

3.3.3　水位资料的整理

水位观测资料整理工作的内容包括日平均水位、月平均水位、年平均水位的计算。

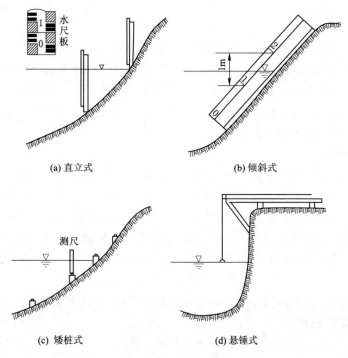

(a) 直立式　　　　　　　　　(b) 倾斜式

(c) 矮桩式　　　　　　　　　(d) 悬锤式

图 3-6　水尺示意图

1. 日平均水位的计算

日平均水位的计算方法主要为算术平均法和面积包围法。

（1）算术平均法。一日内水位变化缓慢，或水位变化虽较大但观测是等时距时可用算术平均法计算：

$$\overline{Z}=\frac{1}{n}(Z_0+Z_1+\cdots+Z_n) \qquad (3-2)$$

（2）面积包围法。适用于水位变化大，一日内观测为不等时距时，可将本日 0 时至 24 时的水位过程线所包围的面积，除以 24h 得日平均水位。如图 3-7 所示。用下式计算日平均水位：

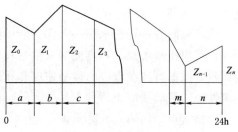

图 3-7　面积包围法

$$\overline{Z}=\frac{1}{48}\left[Z_0a+Z_1(a+b)+Z_2(b+c)+\cdots+Z_{n-1}(m+n)+Z_nn\right] \qquad (3-3)$$

式中　Z_0、Z_1、Z_2、$\cdots$、Z_n——各次观测的水位，m；

　　　a、b、c、$\cdots$、m、n——相邻两次水位的时距，h。

2. 月、年平均水位的计算

$$月平均水位=\frac{月总数（即全月各日平均水位之和）}{月总日数} \qquad (3-4)$$

$$年平均水位=\frac{年总数（即全年各日平均水位之和）}{年总日数} \qquad (3-5)$$

3.3.4　流速仪法测流

流量是单位时间内流过河渠或管道某一横断面的水量，以 m^3/s 计。流量是反映河流水资源和水量变化的基本数据，在水利水电工程规划设计和管理运行中都具有重要意义。

测量流量的方法很多，有流速面积法、水力学法、化学法、物理法、直接法、ADCP等。常用的方法为流速面积法，其中包括流速仪测流法、浮标测流法、比降面积法等，用得较多的是流速仪测流法和浮标测流法。

3.3.4.1　测流原理

通过实测断面上的流速和过水断面面积来推求流量的方法称为流速面积法。其测定流量的原理为：由水力学可知，流量等于断面平均流速与水流断面面积的乘积。天然河流因受边界条件影响，断面内的流速分布很不均匀，流速随横向及垂直方向位置的不同而变化，因此用垂线将水流断面分成若干部分，然后测定部分流速 v_i 和部分面积 f_i，两者的乘积即为部分面积上的流量 q_i，最后可求得全断面的流量：

$$Q = \sum q_i \tag{3-6}$$

采用流速面积法进行流量测验主要包括过水断面测量、流速测量及流量计算三部分工作。

3.3.4.2　过水断面测量

过水断面是河流、渠道或管道内能排泄水流的横断面。其测量包括在断面上布置若干条测深垂线，施测各垂线的水深、起点距并观测水位，用施测时的水位减去水深，即得各测深垂线处的河底高程。

（1）布置测深垂线。断面测量时测深垂线的数目及其分布要达到能控制断面形状的变化，以求能正确绘制出断面图。一般原则是：测深垂线的位置应在能控制河床变化的转折点处；主槽部分较滩地密。

（2）施测各垂线的水深。水深一般用测深杆、测深锤或测深铅鱼等直接测量，超声波测深仪可间接测水深。超声波测深仪是利用超声波具有定向反射的特性，使超声波从发射到回收，根据声波在水中的传播速度和往返经过的时间计算水深，具有精度好、工效高、适应性强、劳动强度小，且不易受天气、潮汐和流速大小的限制等优点。

（3）起点距的测定。起点距是指测验断面某一垂线至基线上的起点桩之间的水平距离。测定起点距的方法很多。中小河流可在断面上架设钢丝缆索，如图 3-8 所示，每隔适当距离做上标记，并事先测量好它们的位置，测量水深的同时，直接在断面索上读出起

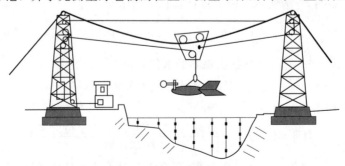

图 3-8　断面索法示意图

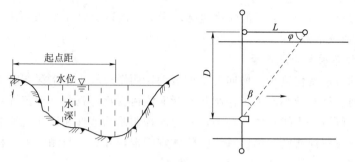

图 3-9　断面测量示意图

点距，称此法为断面索法。大河上常用仪器测角交会法，包括经纬仪交会法、平板仪交会法及六分仪交会法，基本原理是相同的。如以经纬仪测角交会法为例，将经纬仪安置在岸上基线终点处，如图 3-9 所示，测出断面桩与测深垂线的水平夹角 φ，按式 $D=L\tan\varphi$ 来计算。目前最先进的是全球定位仪法（GPS）。它是利用全球定位系统接收天空视场中的三颗人造定点卫星的特定信号来确定其在地球上所处位置的坐标，优点是使用和携带都很方便，定位快速、准确，且不受天气情况的干扰。

各测深垂线的水深及起点距测得后，各垂线间的部分面积及全断面面积即可求出。

3.3.4.3　流速测量

1. 流速仪及测速原理

流速仪是测量水流流速的仪器，式样及种类很多，最常用的是转子式流速仪，有旋杯式和旋桨式两种，如图 3-10 所示。转子式流速仪由感应水流的旋转器（旋杯或旋桨）、记录信号的计数器和保持仪器头部正对水流的尾翼等三部分组成。其工作原理是：当流速仪放入水流中，水流作用到流速仪的转子时，由于它们在迎水面的各部分受到水压力不同而产生压力差，以致形成转动力矩，使转子产生转动。

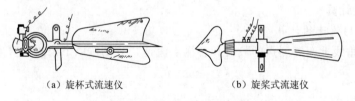

（a）旋杯式流速仪　　　　　　　（b）旋桨式流速仪

图 3-10　转子式流速仪量示意图

流速仪转子的转速 n 与流速 v 之间存在着一定的函数关系 $v=f(n)$。大量试验证明其关系相当稳定，可以通过检定水槽的试验确定。利用这一关系，在野外测量中，记录转子的转速就可以算出水流的流速，流速越大，转速越快。

由于水流任意一点流速具有脉动现象，用流速仪测量某点流速是指测点时均流速。计算公式为

$$v=K\frac{N}{T}+C \tag{3-7}$$

式中　v——水流速度，m/s；

　　　N——流速仪在 T 历时内的总转数；

T——测速历时，s，为了消除流速脉动影响，测速历时 T 一般不少于 100s；

K、C——流速仪常数。

2. 测速垂线布设与测点选择

天然河流的流速变化复杂，横向上主槽最大，两岸边较小；水深方向上水面附近流速最大，然后向河底逐渐减小。为了控制测流断面流速变化，就要合理布置垂线数目及垂线上的测点数。一般测速垂线布置宜均匀，并应能控制断面地形和流速沿河宽分布的主要转折点。主槽垂线应较河滩密。测速垂线的位置宜固定，并尽量与测深垂线相一致。垂线上测点应依据水深的大小按表 3-1 的规定布设。

表 3-1　　　　　　　　　　垂线上流速测点分布位置

测点数	相 对 水 深 位 置	
	畅 流 期	冰 期
一点	0.6 或 0.5，0.0，0.2	0.5
二点	0.2，0.8	0.2，0.8
三点	0.2，0.6，0.8	0.15，0.5，0.85
五点	0.0，0.2，0.6，0.8，1.0	
六点	0.0，0.2，0.4，0.6，0.8，1.0	
十一点	0.0，0.1，0.2，0.3，0.4，0.5，0.6，0.7，0.8，0.9，1.0	

注　1. 相对水深为仪器入水深与垂线水深之比，在冰期相对水深应为有效相对水深。

2. 表中所列五点、六点、十一点法供特殊要求时选用。

测速垂线上测速点数目和位置的布设应根据水深而定，同样需要考虑资料精度要求，节省人力与时间。一般可用一点法（即在水面以下相对水深为 0.6 或 0.5 的位置）、二点法（相对水深为 0.2 及 0.8）、三点法（相对水深为 0.2、0.6 及 0.8）。在特殊情况下，可采用多点法（如五点法），以能测出垂线平均流速为准。

3.3.4.4　流量计算

1. 垂线平均流速的计算

根据各条垂线上布置测点的数目和各测点流速，分别按以下公式计算垂线平均流速：

一点法
$$v_m = v_{0.6} \tag{3-8}$$

二点法
$$v_m = \frac{1}{2}(v_{0.2} + v_{0.8}) \tag{3-9}$$

三点法
$$v_m = \frac{1}{3}(v_{0.2} + v_{0.6} + v_{0.8}) \tag{3-10}$$

五点法
$$v_m = \frac{1}{10}(v_{0.0} + 3v_{0.2} + 3v_{0.6} + 2v_{0.8} + v_{1.0}) \tag{3-11}$$

式中　　　　　　　　　v_m——垂线平均流速，m/s；

$v_{0.0}$、$v_{0.2}$、$v_{0.6}$、$v_{0.8}$、$v_{1.0}$——水面、0.2、0.6、0.8 相对水深及河底流速。

2. 部分平均流速的计算

（1）岸边部分。由距岸边第一条测速垂线所构成的岸边部分（左岸和右岸），按下列公式计算：

$$v_1 = \alpha v_{m1} \tag{3-12}$$

$$v_n = \alpha v_{mn} \tag{3-13}$$

式中　v_{m1}、v_{mn}——距离两岸最近的两条垂线的平均流速；

　　　　α——岸边流速系数，其值视岸边情况而定。斜坡岸边 $\alpha = 0.67 \sim 0.75$，一般取 0.70，陡岸 $\alpha = 0.80 \sim 0.90$，死水边 $\alpha = 0.60$。

（2）中间部分。由相邻两条测速垂线与河底及水面所组成中间部分，中间部分平均流速为相邻两垂线平均流速的平均值，即

$$v_i = \frac{1}{2}\left[v_{m(i-1)} + v_{mi}\right] \tag{3-14}$$

3. 部分面积计算

部分面积是相邻两测深或测速垂线间或岸边垂线与水边线间的水道断面面积。部分面积的计算，两个岸边部分按三角形计算，中间部分按梯形计算。

4. 部分流量计算

部分流量等于部分平均流速与部分面积的乘积，即

$$q_i = v_i f_i \tag{3-15}$$

5. 断面流量计算

断面流量为断面上各部分流量之和，即

$$Q = \sum q_i \tag{3-16}$$

【例 3-1】　某一水文站施测流量，岸边系数 α 取 0.7，按流速仪测算法计算断面流量、断面面积、断面平均流速。

解　计算成果见表 3-2。

表 3-2　　　　　　　　　某站测深测速记录及流量计算

施测时间：1988 年 5 月 10 日 3 时 44 分至 4 时 18 分														
流速仪牌号及公式：LS251 型 $v = 0.2557N/T + 0.0068$														
垂线编号		起点距/m	垂线水深/m	仪器位置		测速记录		流速/(m/s)				测深垂线间		部分面积/m²	部分流量/(m³/s)
测深	测速			相对	测点深/m	总历时 T/s	总转数 N	测点	垂线平均	部分平均	平均水深/m	间距/m	面积/m²		
左水边		10.0	0.00												
										0.69	0.50	15.0	7.50	7.50	5.18
1	1	25.0	1.00	0.6	0.60	125	480	0.99	0.99						
										1.04	1.40	20.0	28.00	28.00	29.12
2	2	45.0	1.80	0.2	0.36	116	560	1.24	1.10						
				0.8	1.44	128	480	0.97							
										1.17	2.00	20.0	40.00	40.00	46.80
3	3	65.0	2.21	0.2	0.44	104	560	1.38	1.24						
				0.6	1.33	118	570	1.24							
										1.14	1.90	15.0	28.50	35.25	40.19
				0.8	1.77	111	480	1.11							
4		80.0	1.60												
										1.35	5.0	6.75			
5	4	85.0	1.10	0.6	0.66	110	440	1.03	1.03						
										0.72	0.55	18.0	9.90	9.90	7.13
右水边		103.0	0.00												
断面流量 128.4m³/s			断面面积 120.6m²			断面平均流速 1.06m/s				水面宽 93.0m		平均水深 1.30m			

35

3.3.5　流量资料整编

3.3.5.1　水位-流量关系

水位观测比较容易，水位随时间的变化过程易于获得，而流量的测算相对要复杂得多，人力、物力消耗大且费时，单靠实测流量不可能获得流量随时间变化过程的系统资料。因此，通常是根据每年一定次数的实测流量成果，建立实测流量与其相应水位之间的关系，通过水位-流量关系把实测的水位过程转化为流量过程，从而获得系统的流量资料，供防汛抗旱、水利工程规划设计和管理以及国民经济各个部门使用。水位-流量关系通常为曲线形式，按其影响因素分为稳定的和不稳定的两类。

1. 稳定的水位-流量关系曲线

在河床稳定、测站控制良好的情况下，其水位-流量关系是稳定的单一曲线。通常将

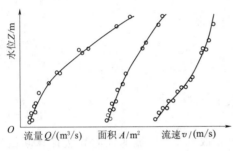

图 3-11　稳定的水位与流量关系

水位-流量关系曲线绘制在方格纸上，如果点子密集呈带状分布，则通过点群中心可以定出单一水位-流量关系曲线，同时绘出水位-过水断面积及水位-平均流速关系曲线，作为分析水位-流量关系曲线的辅助，借助它们可以使水位-流量关系曲线定线合理；因为同一水位条件下，流量应为断面面积与断面平均流速的乘积。如图 3-11 所示。

2. 不稳定的水位-流量关系曲线

天然河道中，洪水涨落、断面冲淤、回水以及结冰和生长水草等，都会影响水位-流量关系的稳定性，通常表现为同一水位在不同的时候对应不同的流量，水位-流量关系图点群分布散乱，无法定出单一曲线。例如，在天然河道中，由于河床冲淤、变动回水、洪水涨落等因素的影响，使水位-流量关系点据分布散乱，无法定出单一曲线。

另外，利用水位-流量关系曲线由水位查求流量时，经常会遇到高水和低水部分的延长问题。因为流量施测时，经常会因故未能测得最大洪峰流量或最枯流量，使得水位-流量关系曲线在高水和低水部分缺乏定线依据，通常可以采用一些间接方法进行延长。例如，高水延长可根据流速、面积曲线延长或用水力学（曼宁公式）方法延长；低水延长可用断流水位法等。但高水延长部分一般不应超过当年实测流量所占水位变幅的 30%，低水延长部分一般不应超过 10%。

3.3.5.2　流量资料整编

水位-流量关系曲线确定后，由实测的水位过程记录资料在相应的水位-流量关系曲线上查求流量，并绘制流量过程线。流量资料整编的主要内容如下。

（1）计算日平均流量，编制逐日平均流量表。当一日中水位变化不大，可以由日平均水位查求日平均流量；当水位变化较大，先由瞬时水位查得瞬时流量，然后用面积包围法计算日平均流量，计算方法与日平均水位计算方法相同。然后编制逐日平均流量表，并进行月年统计，计算出年平均流量、年径流量、年径流深、年径流模数，统计出年最大流

量、年最小流量等。

（2）编制洪水流量摘录表。根据前面摘录的洪水水位过程，完成流量过程的摘录，并与洪水水位摘录表汇总于同一表中，称为洪水水文要素摘录表。

3.4 泥 沙 测 算

河流泥沙对于河流的水情及河流的变迁有重大的影响。泥沙资料也是一项重要的水文资料。河流中的泥沙，按其运动形式可分为悬移质、推移质和河床质三类。悬移质泥沙悬浮于水中并随之运动；推移质泥沙受水流冲击沿河底移动或滚动；河床质泥沙则相对静止而停留在河床上。三者随水流条件的变化而相互转化。三者特性不同，测验及计算方法也各异，本节主要介绍悬移质泥沙测算。

3.4.1 泥沙的计量单位

1. 含沙量 ρ

单位体积浑水中所含干沙的质量，以 kg/m^3 计。

2. 输沙率 Q_s

单位时间内通过河流某断面的干沙质量，以 kg/s 或 t/s 计。若用 Q 表示断面流量，以 m^3/s 计，则有

$$Q_s = \rho Q \tag{3-17}$$

3. 输沙量 W_s

某时段内通过河流某断面的干沙质量，以 kg 或 t 计。若时段为 T 以 s 计，W_s 以 kg 计，则

$$W_s = Q_s T \tag{3-18}$$

4. 侵蚀模数 M_s

单位流域面积上的输沙量，以 t/km^2 计。若 W_s 以 t 计，F 为计算输沙量的流域或区域面积，以 km^2 计，则

$$M_s = \frac{W_s}{F} \tag{3-19}$$

3.4.2 悬移质泥沙测验

1. 测点含沙量测验

河流中悬移质泥沙的测算主要是测定水流中的含沙量，推求输沙率、断面平均含沙量等。由于过水断面上各点的含沙量不同，因此，泥沙测验与流量测验原理相似，要在断面上布置测沙垂线，测沙垂线数目原则上少于测速垂线数目，并且在测速垂线中挑选若干条兼作测沙垂线。悬移质含沙量测验的采样仪器种类较多，最常用的采样仪器有横式采样器（图 3-12）和瓶式采样器（图 3-13）。

测验时，先用悬移质采样器在各测点处取得水样，水样常用烘干法处理。将水样经测量体积、沉淀、烘干及称重等步骤，再根据测点水样的体积 $V(m^3)$ 和干沙重 $W_s(kg)$，计算各测点的含沙量：

37

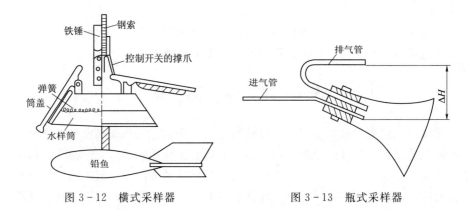

图 3 - 12　横式采样器　　　　　图 3 - 13　瓶式采样器

$$\rho = \frac{W_s}{V} \qquad\qquad (3-20)$$

2. 垂线平均含沙量计算

根据各条垂线上布置测点的数目和各测点流速，分别按以下公式计算垂线平均含沙量：

一点法

$$\rho_m = C\rho_{0.6} \qquad\qquad (3-21)$$

二点法

$$\rho_m = \frac{\rho_{0.2}v_{0.2} + \rho_{0.8}v_{0.8}}{v_{0.2} + v_{0.8}} \qquad\qquad (3-22)$$

三点法

$$\rho_m = \frac{\rho_{0.2}v_{0.2} + \rho_{0.6}v_{0.6} + \rho_{0.8}v_{0.8}}{v_{0.2} + v_{0.6} + v_{0.8}} \qquad\qquad (3-23)$$

五点法

$$\rho_m = \frac{\rho_{0.0}v_{0.0} + 3\rho_{0.2}v_{0.2} + 3\rho_{0.6}v_{0.6} + 2\rho_{0.8}v_{0.8} + \rho_{1.0}v_{1.0}}{10v_m} \qquad (3-24)$$

式中　　　　　　　　　C——一点法的系数，由多年实测资料分析确定，无资料时暂用 0.6；

ρ_m——垂线平均含沙量，kg/m^3 或 g/m^3；

v_m——垂线平均流速，m/s；

$\rho_{0.0}$、$\rho_{0.2}$、$\rho_{0.6}$、$\rho_{0.8}$、$\rho_{1.0}$——水面、0.2、0.6、0.8 相对水深及河底的含沙量，kg/m^3 或 g/m^3；

$v_{0.0}$、$v_{0.2}$、$v_{0.6}$、$v_{0.8}$、$v_{1.0}$——水面、0.2、0.6、0.8 相对水深及河底的流速，m/s。

3. 断面输沙率计算

断面输沙率 Q_s 的计算方法与流速仪测流时计算流量的方法类似，先根据垂线平均含沙量求部分面积平均含沙量，再与部分面积的部分流量相乘，即得部分面积的输沙率。最后相加得断面输沙率。取沙样的同时测速，有了各点的含沙量，可用相应点的流速加权计算垂线平均含沙量。

$$Q_s = \rho_{m1}q_0 + \frac{\rho_{m1} + \rho_{m2}}{2}q_1 + \frac{\rho_{m2} + \rho_{m3}}{2}q_2 + \cdots + \frac{\rho_{m(n-1)} + \rho_{mn}}{2}q_{n-1} + \rho_{mn}q_n \qquad (3-25)$$

式中　　　　　　　Q_s——断面输沙率，kg/s；

ρ_{mi}——各条测沙垂线的平均含沙量，kg/m^3，$i = 1, 2, \cdots, n$；

q_0、q_1、$\cdots$、q_n——以测沙垂线分界的部分流量，m^3/s。

4. 计算断面含沙量

断面平均含沙量：计算求得断面输沙率后，可用下式计算出断面平均含沙量 $\bar{\rho}$，单位以 kg/m^3 计：

$$\bar{\rho}=\frac{Q_s}{Q} \qquad (3-26)$$

式中，Q_s、Q 意义同前。

3.4.3 单沙与断沙的关系

以上求的悬移质输沙率是测验当时的输沙情况，而工程上往往需要一定时段内的输沙总量及输沙过程。如果要用上述测验方法求出输沙过程是很困难的。但从实践中发现，当断面比较稳定，断面平均含沙量与断面上某一垂线平均含沙量之间有稳定关系，可通过多次实测资料分析建立其相关关系；这种与断面平均含沙量有稳定关系的断面上有代表性的垂线或测点含沙量称为单位含沙量，简称单沙；相应地，把断面平均含沙量简称为断沙。如图 3-14 所示为某站单沙与断沙关系线。

利用绘制的单沙与断沙关系，由各次单沙实测资料推求相应的断沙和输沙率，可进一步计算日平均输沙率、年平均输沙率及年输沙量等。经常性的泥沙取样工作可只在选定的垂线（或其上的一个测点）上进行，如果点群偏离平均关系的相对误差不超过±10%，该垂线即可作为固定的单沙测验位置。这样便大大地简化了测验工作。

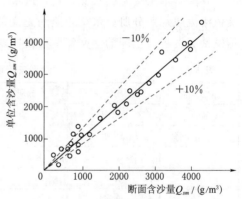

图 3-14 某站单位含沙量与断面含沙量的关系图

单沙的测次，平水期一般每日定时取样 1 次；含沙量变化小时可 5~10d 取样 1 次；含沙量有明显变化时可每日取 2 次以上；对于较大洪峰过程，取样次数应不少于 7~10 次。

3.4.4 推移质泥沙的测算

推移质泥沙粒径较粗，沿河底移动，总量一般比悬移质少。推移质泥沙测验主要观测推移质输沙率 Q_b，单位为 kg/s。目前，天然河流推移质的测验开展较少。采集推移质的仪器有压差式采样器与网式采样器。压差式采样器适用于采集沙质、小砾石推移质；网式采样器通常用来采集卵石、砾石推移质。

1. 基本输沙率计算

推移质测验时，将仪器放到各测沙垂线（与悬移质测沙垂线重合）的河底处，收集一定历时的沙样，计算各取样垂线的单位宽度推移质输沙率，即基本输沙率。

$$q_b=W_b/tb_k \qquad (3-27)$$

式中 q_b——垂线基本输沙率，kg/(s·m)；

　　　W_b——采样器取得的干沙质量，kg；

t——取样历时，即在河底停放采样器的历时，s；

b_k——采样器的进口宽度，m。

2. 断面输沙率计算

用相邻垂线基本输沙率的均值，乘以两垂线间的距离求得部分输沙率，再将各部分输沙率累加得断面输沙率。

3.5　水文资料的收集

水文资料是水文分析计算的依据。因此，在进行水文分析计算前，应尽可能收集有关水文资料，使资料更加充分。收集水文资料可借助水文年鉴、水文手册和水文图集、水文数据库等。

3.5.1　水文年鉴

我国基本水文站的水文资料，以水文年鉴形式逐年刊布。按大区或大流域分卷，每卷又依河流或水系分册。水文年鉴的正文部分有水位、流量、泥沙、水温、冰凌、降水量、蒸发量等资料。全国的水文年鉴按流域划分共有 10 卷 74 册，见表 3-3。

表 3-3　　　　　　　　　　　全国各流域水文年鉴卷、册表

卷号	流域	分册数	卷号	流域	分册数
1	黑龙江	5	6	长江	20
2	辽河	4	7	浙闽台	6
3	海河	6	8	珠江	10
4	黄河	9	9	藏滇国际河流	2
5	淮河	6	10	内陆河湖	6

3.5.2　水文手册和水文图集

由于众多的中小河流未设立水文测站，缺乏进行工程设计与管理的实测水文资料，各地区水文部门编制的水文手册和水文图集是在分析研究本地区所有水文站资料的基础上编制出来的，载有本地区各种水文特征值等值线图及计算各种径流资料特征值的地区经验公式。利用水文手册和水文图集可以估算缺乏实测水文观测资料地区的水文特征值。

3.5.3　水文资料数据库

我国在 20 世纪 90 年代以后基本不再刊印水文年鉴，水文测验与整编成果的存储方式改为水文数据库。我国水文数据库由基本水文数据库和若干专用水文数据库所组成，基本水文数据库存储项目为：水文、水质及地下水等资料的整编成果；专用水文数据库存储如防汛抗旱专用数据库、水资源专用数据库等。水文数据库综合运用了水文资料整编技术、计算机网络技术和数据库技术，利用水文数据库可以实现水文资料整编、校验、存储、处理的自动化，形成以网络传输、查询、浏览为主的全面水文信息服务系统。

复 习 思 考 题

1. 什么叫水文站网？水文测站的任务及类别是什么？

2. 计算日平均水位有哪些方法？

3. 日平均水位、日平均流量、日降水量、日水面蒸发量的日分界是如何规定的？

4. 为什么要建立水位-流量关系？什么是稳定的水位-流量关系？什么是不稳定的水位-流量关系？

习　　题

1. 某站一次流速仪测流成果如表 3-4、图 3-15 所示。按照所给资料进行计算，并将计算成果填入表中。岸边系数 $\alpha=0.70$，测流期平均水位为 28.31m，流速仪公式为 $v=0.698N/T+0.013$。

表 3-4　　　　　　　　　　　某河流速仪测流断面流量计算表

垂线编号		起点距 /m	垂线 水深 /m	仪器位置		测速记录		流速/(m/s)			测深垂线间			部分 面积 /m²	部分 流量 /(m³/s)
测深	测速			相对	测点深 /m	总历 时 T /s	总转 数 N	测点	垂线 平均	部分 平均	平均 水深 /m	间距 /m	面积 /m²		
左水边		45	0												
1	1	55	2.5	0.2		150	210								
				0.8		132	150								
2	2	63	3.0	0.2		105	160								
				0.6		110	150								
				0.8		115	140								
3	3	72	1.5	0.6		120	150								
右水边		80	0												
断面流量		(m³/s)				断面面积		(m²)			断面平均流速		(m/s)		

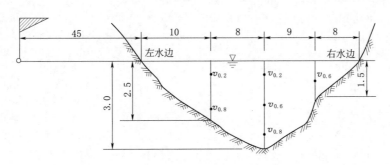

图 3-15　某河测站横断面及测流资料

2. 某河测站测流段比较稳定，测算得各级水位的断面平均流速和断面面积见表 3-5，试计算各断面流量，绘制该站的水位-流量关系曲线，并延长至 5.5m 水位时的流量。

表 3-5　　　　　　　　某测站各级水位的断面平均流速和断面面积表

水位 /m	平均流速 /(m/s)	断面面积 /m²	流量 /(m³/s)	水位 /m	平均流速 /(m/s)	断面面积 /m²	流量 /(m³/s)
0	0	0		3.5	1.9	356	
1.2	0.7	64		4.0	2.1	460	
2.0	1.2	136		4.2	2.1	514	
2.5	1.4	208		4.5	2.2	600	
3.10	1.8	300		5.0	2.3	730	

第4章 水 文 统 计

教学内容：①水文统计的任务；②概率的基本概念；③随机变量及其频率分布；④频率计算；⑤频率分析。

教学要求：了解水文统计的任务，掌握水文统计的基本概念；掌握频率计算和分析方法；掌握直线相关的计算法和图解法。

4.1 水 文 统 计 的 任 务

4.1.1 水文现象的统计规律

水文现象是一种自然现象，它的产生、发展和演变过程，既有必然性的一面，又有偶然性的一面。例如，每条河流每年必然会发生一个最大的洪峰流量，它是由水文循环所决定的，因此是必然的；而各年的最大洪峰流量数量是多少、何时发生，这又是未知的，带有一定的偶然性（数学上称为随机性）。因此，水文现象也是一种随机现象。

对于随机现象，从表面上看似乎是无规律的，但分析大量实测水文资料后知道，它是遵循一定规律的，如河流某断面年径流量的多年平均值是一个比较稳定的数值，在长期过程中，河流每年的径流量接近于多年平均值的年份较多，而特大值或特小值出现的年份则比较少。随机现象的这种规律性，只有通过对水文要素进行大量的观测、统计、分析后才能发现，故称为统计规律。

4.1.2 水文统计及其任务

数学中研究随机现象统计规律的学科称为概率论，而由随机现象的一部分试验资料去研究总体现象的数字特征和规律的学科称为数理统计学。

在水利水电工程建设的全过程中，需要掌握河流未来的水文情势，为工程的规划设计、施工和管理运行提供合理的水文依据。而从目前的水文预报技术水平来看，要想解决中长期的定量水文预报是很难做到的。因此，水文上解决此类问题的主要方法是用数理统计法，研究分析水文资料的统计规律，并根据这一规律对河流未来时期的水文情势作出较为科学的预估。

因此，水文统计的任务就是将数学上的概率论和数理统计知识应用到水文上来，通过分析研究大量实测水文资料，寻找其统计规律，并由其统计规律对河流未来的水文情势作出概率预估，为水利水电工程建设和运行提供合理的水文数据。

4.2 概 率 的 基 本 概 念

4.2.1 事件

事件是概率论中最基本的概念。所谓事件是指随机试验的结果。事件可以是数量性质的，即试验结果可直接测量或计算事件发生的数量，如某河年径流量的数值、抽一张扑克牌的点数等。但也可以是属性性质的，如天气的风、雨、阴以及出生婴儿的性别等。

自然界中的事件可分为以下三种。

（1）必然事件。在一定条件下必然要发生的事情，称为必然事件。例如，一条河流上游发生的洪水必流向下游，天然河流中洪水发生后水位必然上涨。

（2）不可能事件。在一定条件下绝不可能发生的事情，称为不可能事件。例如，晴空万里条件下要发生倾盆大雨是不可能的事件。

（3）随机事件。在一定条件下，某事件可能发生也可能不发生，即事情的发生与否是随机的，则称为随机事件。例如，天上有云，可能下雨也可能不下雨；又如，河流某断面每年出现的最大洪峰可能大于某一个数值，也可能小于某一个数值，事先不能确定。

随机事件在结果中可能出现也可能不出现，但其出现（或不出现）可能性的大小则有所不同。为比较这种可能性的大小，必须赋予一种数量标准，这个数量标准就是事件的概率。

4.2.2 概率

随机事件的概率定义用下式表示：

$$P(A) = \frac{k}{n} \tag{4-1}$$

式中　$P(A)$——一定条件下出现随机事件 A 的概率；

　　　　n——在试验中所有可能的结果总数；

　　　　k——有利于 A 事件的可能结果数。

因为有利的可能结果数介于 $0 \sim n$ 之间，即 $0 \leqslant k \leqslant n$。所以，$0 \leqslant P(A) \leqslant 1$；对必然事件，$k = n$，$P(A) = 1$；对不可能事件，$k = 0$，$P(A) = 0$。上述计算概率的公式只适用于古典型随机试验，即试验的所有可能结果都是等可能的，而且试验可能结果的总数是有限的。显然，水文事件一般不能归结为古典型事件。例如，某条河流某断面的流量出现不小于 $20\text{m}^3/\text{s}$ 的概率是多少就是一个复杂的随机事件。而复杂的随机事件无法直接计算概率，因此，下面将引出频率这一重要概念。

4.2.3 频率

设随机事件 A 在 n 次随机试验中实际出现了 m 次，则

$$P(A) = \frac{m}{n} \tag{4-2}$$

P 为事件 A 在 n 次试验中出现的频率，简称为事件 A 的频率。

实践证明，当试验次数 n 较少时，事件的频率很不稳定，有时大，有时小；但当试验次数 n 无限增多时，事件的频率就趋近于一个稳定值，这个稳定值便是事件的概率。如掷硬币试验，从理论上讲，事件正面（或反面）出现的概率为 0.5，普丰和皮尔逊就曾做过掷硬币试验 4040 次、12000 次和 24000 次，分别统计正面出现的次数并计算频率。由表 4－1 可知，随着试验次数的增多，频率越来越接近于事件的概率 0.5。

表 4－1   频 率 试 验 数 据 表

试验者	掷币次数	出现正面次数	频率
普丰（Buffon）	4040	2048	0.5080
皮尔逊（K. Pearson）	12000	6019	0.5016
皮尔逊（K. Pearson）	24000	12012	0.5005

综上所述，频率与概率既有区别又有联系。概率是反映事件发生可能性大小的理论值，是客观存在的；频率是反映事件发生可能性大小的试验值，当试验次数不大时，具有不确定性，但当试验次数充分大时，频率趋于稳定值概率。正是这种必然的联系，为解决实际问题带来了很大的方便。

4.3 随机变量及其概率分布

4.3.1 随机变量

概率论的重要基本概念，除"事件"和"概率"外，还有"随机变量"。所谓随机变量是指表示随机试验结果的一个数量，也就是说，若随机事件的每次试验结果可用一个数值 x 来表示，x 随试验结果的不同而取得不同的数值，但在一次试验中，究竟出现哪一个数值则是随机的，将这种随试验结果而发生变化的变量称为随机变量。水文现象中的随机变量，一般是指某种水文特征值，如某站的年降水量、年径流量或洪峰流量等。

随机变量可分为两大类型：离散型随机变量和连续型随机变量。

1. 离散型随机变量

若随机变量仅能取得区间内某些间断的离散数值，则称为离散型随机变量，如掷一粒骰子，出现的点数只可能取得 1、2、3、4、5、6 共 6 种可能值，而不能取得相邻两数间的任何中间值。

2. 连续型随机变量

若随机变量可以取得一个有限区间内的任何数值，则称为连续型随机变量。例如，某河流量可以在零和极限流量间变化，因而流量可以等于零与极限流量间的任何实数值。为叙述方便，今后用大写字母代表随机变量，其取值用相应的小写字母来代表，如某随机变量为 X，而它种种可能值记为 x，即 $X=x_1, X=x_2, \cdots, X=x_n$，一般将 $x_1, x_2, \cdots, x_n$ 称为系列。

3. 总体与样本

随机变量的所有可能取值的全体，称为总体。从总体中随机抽取的一部分观测值称为样本，样本中所包含的项数称为样本容量。水文现象的总体通常是无限的，它是指自古迄今以至未来长远岁月中的无限水文系列。显然，水文变量的总体是未知的。

总体是一个无限的系列，样本是有限的观测系列。表 4-2 为某站的逐年降水量样本资料。

表 4-2　　　　　　　　　　　　某站逐年降水量统计表　　　　　　　　　　单位：mm

年份	年降水量	年份	年降水量	年份	年降水量	年份	年降水量	年份	年降水量
1940	476	1953	285	1966	549	1979	841	1992	556
1941	486	1954	528	1967	702	1980	386	1993	526
1942	905	1955	583	1968	563	1981	565	1994	548
1943	207	1956	618	1969	612	1982	623	1995	627
1944	472	1957	388	1970	760	1983	558	1996	672
1945	513	1958	609	1971	658	1984	585	1997	514
1946	598	1959	817	1972	528	1985	784	1998	346
1947	580	1960	464	1973	802	1986	561	1999	530
1948	436	1961	626	1974	554	1987	488	2000	491
1949	229	1962	446	1975	643	1988	543	2001	512
1950	328	1963	457	1976	592	1989	629	2002	726
1951	331	1964	641	1977	586	1990	410	2003	545
1952	430	1965	481	1978	745	1991	663		

4.3.2　随机变量的频率分布

表 4-2 是年降水量资料，是一种随机变量。表面看起来似乎杂乱无章，没有什么"规律"，但它究竟有没有规律呢？如何去寻求规律呢？这就需要对资料进行整理和统计分析，才能探求它的规律。现以表 4-2 的年降水量资料为例进行分析说明。

【例 4-1】 已知某站 1940—2003 年共 64 年的年降水量资料，试分析该系列的统计规律。

解 （1）分组统计。选用适当的组距 $\Delta H = 100\text{mm}$，将年降水量分组，并统计各组出现的次数和累积次数，统计结果列于表 4-3 中的①、②、③、④栏。

表 4-3　　　　　　　　　　　　某站年降水量分组频率计算表

序号	年降水量量分组		各组出现次数/年	累计出现次数/年	各组频率/%	累积频率/%
	下限值	上限值				
①	②		③	④	⑤	⑥
1	900	999	1	1	1.6	1.6
2	800	899	3	4	4.7	6.3

序号	年降水量量分组		各组出现次数/年	累计出现次数/年	各组频率/%	累积频率/%
	下限值	上限值				
①	②		③	④	⑤	⑥
3	700	799	5	9	7.8	14.1
4	600	699	12	21	18.7	32.8
5	500	599	23	44	36.0	68.8
6	400	499	12	56	18.7	87.5
7	300	399	5	61	7.8	95.3
8	200	299	3	64	4.7	100.0
总和			64		100.0	

（2）计算频率和累积频率。计算各组的频率，按式（4-2）计算填入表中第⑤栏，累积频率是不小于某随机变量累积出现的频率，即第④栏累积频率的次数除以总次数，或将第⑤栏数值依次累加，即得累积频率填入第⑥栏，并核对第⑤栏的总和是否等于100%。

（3）绘图。以表4-3中的第②栏与第⑤栏为横坐标和纵坐标绘成年降水量频率分布直方图，如图4-1所示。

为了便于分析，可将图4-1转向变成图4-2（a），当表4-3中的年降水量资料无限增多时，频率则趋近于概率，年降水量分组的组距无限缩小，则频率分布直方图就变成一条光滑的曲线；根据表4-3中第②栏各组的值以及第⑤栏和第⑥栏中的值绘制的曲线，可近似作为该站年降水量的频率分布曲线和累积频率曲线，如图4-2（a）、（b）的虚线所示，累积频率即是累积次数发生的频率，累积频率曲线是由频率分布曲线的积分求得。

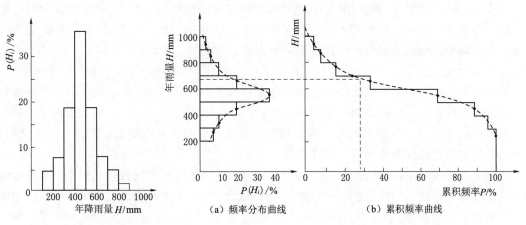

图4-1 年降水量频率
        分布直方图

图4-2 频率分布曲线和累积频率曲线
（a）频率分布曲线　　（b）累积频率曲线

本例在累积频率曲线上查得，年降水量大于660mm的累积频率 $P=27\%$，这就是说平均起来，在100年内该站可能有27年的降水量超过660mm。

实际应用时，累积频率曲线在水文计算中习惯上称为频率曲线。

4.3.3 随机变量的统计参数

从统计数学的观点来看，随机变量的概率分布曲线或分布函数较完整地描述了随机现象，然而在许多实际问题中，随机变量的分布函数不易确定，或有时不一定都需要用完整的形式来说明随机变量，而只要知道个别代表性的数值，能说明随机变量的主要特征就够了。例如，某地的年降水量是一个随机变量，但有时只需了解该地年降水量的概括情况，而不需要知道各年降水量为多少，那么，就可以用多年平均年降水量这个数量指标来反映。这种能说明随机变量统计规律的某些数字特征，称为随机变量的统计参数。

水文现象的统计参数反映其基本的统计规律，能概括水文现象的基本特性和分布特点，也是频率曲线估计的基础。水文计算中常用的统计参数有以下几个。

1. 均值

设某水文变量的观测系列（样本）为 x_1，x_2，…，x_n，则其均值为

$$\overline{x} = \frac{x_1 + x_2 + \cdots + x_n}{n} = \frac{1}{n}\sum_{i=1}^{n} x_i \qquad (4-3)$$

均值表示系列的平均情况，可以说明这一系列总体水平的高低。例如，甲河多年平均流量 $Q_{甲} = 2460 \, \text{m}^3/\text{s}$，乙河多年平均流量 $Q_{乙} = 20.1 \, \text{m}^3/\text{s}$，说明甲河的水资源比乙河丰富，均值不但是频率曲线方程中的一个重要参数，而且是水文现象的一个重要特征值。将式（4-3）两边同除以 $\overline{x}$，则得

$$\frac{1}{n}\sum_{i=1}^{n} \frac{x_i}{\overline{x}} = 1, 令 \ K_i = \frac{x_i}{\overline{x}}$$

K_i 称为模比系数，可得

$$\frac{K_1 + K_2 + \cdots + K_n}{n} = \frac{1}{n}\sum_{i=1}^{n} K_i = 1 \qquad (4-4)$$

式（4-4）说明，当把变量 x 的系列用其相对值即用模比系数 K 的系列表示时，则其均值等于 1，这是水文统计中的一个重要特征，即对于以模比系数 K 所表示的随机变量，在其频率曲线的方程中，可以减少一个均值 $\overline{x}$ 参数。

2. 均方差

从以上分析可知，均值能反映系列中各变量的平均情况，但不能反映系列中各变量值集中或离散的程度。例如，两个系列为：甲，5、10、15；乙，1、10、19。这两个系列的均值相同，都等于 10，但其离散程度不相同。直观地看，甲系列变化范围在 5～15 之间，而乙系列的变化范围则增大到 1～19 之间。

研究离散程度是以均值为中心来进行的。因此，离散特征参数可用相对于分布中心的离差来计算，设以平均数 $\overline{x}$ 代表分布中心，随机变量与分布中心的离差为 $x_i - \overline{x}$，因为随机变量的取值有些是大于 $\overline{x}$ 的，有些是小于 $\overline{x}$ 的，故离差有正有负，其平均值为零。为了使离差的正值和负值不致相互抵消，一般取 $(x_i - \overline{x})^2$ 的平均值的开方作为离散程度的计量标准，称为均方差。

$$\sigma = \sqrt{\frac{\sum_{i=1}^{n}(x_i - \overline{x})^2}{n}} \qquad (4-5)$$

如果各变量取值 x 距离 $\overline{x}$ 较远，则 σ 大，即此变量分布较分散；如果 x 离 $\overline{x}$ 较近，则 σ 小，变量分布比较集中。

按式（4-5）计算出上述两个系列的均方差为

$$\sigma_甲 = \sqrt{\frac{(5-10)^2 + (10-10)^2 + (15-10)^2}{3}} = 4.08$$

$$\sigma_乙 = \sqrt{\frac{(1-10)^2 + (10-10)^2 + (19-10)^2}{3}} = 7.53$$

显然，甲系列的离散程度小，乙系列的离散程度大。

3. 变差系数

均方差虽然能说明系列的离散程度，但对均值不相同的两个系列，用均方差来比较其离散程度就不合适了。例如，两个系列为：甲，5、10、15，$\overline{x}=10$；丙，995、1000、1005，$\overline{x}=1000$。按式（4-5）计算它们的均方差 σ 都等于 4.08，说明这两个系列的绝对离散程度是相同的，但因其均值一个是 10，另一个是 1000，它们对均值的相对离散程度就不相同了，第一系列中的最大值和最小值与均值之差都是 5，相当于均值 $5/10=1/2$；而在第二系列中，最大值和最小值与均值之差虽然也都是 5，但只相当于均值的 $5/1000=1/200$，在近似计算中，这种差距甚至可以忽略不计。

为了避免以均方差衡量系列离散程度的这种缺点，数理统计中用均方差与均值之比作为衡量系列相对离差程度的一个参数，称为变差系数 C_v，又称为离差系数或离势系数，变差系数为一个无量纲的数，用小数表示，其计算式为

$$C_v = \frac{\sigma}{\overline{x}} = \frac{1}{\overline{x}} \sqrt{\frac{\sum\limits_{i=1}^{n}(x_i - \overline{x})^2}{n}} = \sqrt{\frac{\sum\limits_{i=1}^{n}(K_i - 1)^2}{n}} \tag{4-6}$$

从式（4-6）可以看出，变差系数 C_v 可以理解为变量 x 换算成模比系数 K 以后的均方差。

在上面两系列中，甲系列的 $C_v = 4.08/10 = 0.408$，丙系列 $C_v = 4.08/1000 = 0.00408$，说明了甲系列的变化程度远比丙系列大。

C_v 值越大，系列的离散程度越大。

对水文现象来说，C_v 的大小反映了河川径流在多年中的变化情况。例如，由于南方河流水量充沛，丰水年和枯水年的年径流相对来说变化较小，所以南方河流的 C_v 比北方河流要小。

4. 偏态系数

变差系数只能反映系列的离散程度，但它不能反映系列在均值两侧的对称程度。在水文统计中，主要采用偏态系数 C_s 作为衡量系列不对称（偏态）程度的参数，其计算式为

$$C_s = \frac{\dfrac{\sum\limits_{i=1}^{n}(x_i - \overline{x})^3}{n}}{\sigma^3} = \frac{\sum\limits_{i=1}^{n}(x_i - \overline{x})^3}{n\sigma^3} \tag{4-7}$$

式（4-7）右端的分子、分母同除以 $\overline{x}^3$，得

$$C_s = \frac{\sum_{i=1}^{n}(K_i - 1)^3}{nC_v^3} \qquad (4-8)$$

偏态系数也为一无量纲数。当系列对于 $\overline{x}$ 对称时，$C_s=0$，此时随机变量大于均值与小于均值的出现机会相等，亦即均值所对应的频率为 50%。当系列对于 $\overline{x}$ 不对称时，$C_s \neq 0$，其中，若正离差的立方占优势时，$C_s>0$，称为正偏；若负离差的立方占优势时，$C_s<0$，称为负偏。正偏情况下，随机变量大于均值比小于均值出现的机会小，亦即均值所对应的频率小于 50%，负偏情况下则刚好相反。

例如，有一个系列：300，200，185，165，150，其均值 $\overline{x}=200$，均方差 $\sigma=52.8$，按式（4-8）计算得 $C_s=1.59>0$，属正偏情况，从该系列可以看出，大于均值的只有 1 项，小于均值的则有 3 项，但 C_s 却大于 0，这是因为大于均值的项数虽少，其值却比均值大得多，离差的 3 次方就更大；而小于均值的各项离差的绝对值都比较小，3 次方所起的作用不大。

从总体分布的密度曲线来看，就会更加清楚，如图 4-3 所示。

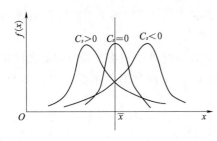

图 4-3　C_s 对密度曲线的影响

$C_s=0$，正态分布，随机变量在均值两侧对称分布；

$C_s>0$，正偏分布，取值大于均值的机会比取值小于均值的机会少；

$C_s<0$，负偏分布，取值大于均值的机会比取值小于均值的机会多。

C_s 越大，随机系列不对称的程度越大。

因式（4-6）、式（4-7）及式（4-8）中均为有矩计算，通常称为矩法公式。矩法公式适用于估计总体分布的统计参数，它们与样本的参数不一定相等。然而，总是希望由样本计算出来的统计参数与总体分布参数更为接近，因此需将上述公式加以修正，这就是无偏估计公式，或渐近无偏估计公式。

根据上述定义，将式（4-3）、式（4-6）及式（4-8）作出以下修正：

$$\overline{x} = \frac{1}{n}\sum_{i=1}^{n}x_i \qquad (4-9)$$

$$C_v = \sqrt{\frac{\sum_{i=1}^{n}(K_i-1)^2}{n-1}} \qquad (4-10)$$

$$C_s = \frac{\sum_{i=1}^{n}(K_i-1)^3}{(n-3)C_v^3} \qquad (4-11)$$

以上三式称为无偏估计式。实际上，后两个公式估计出的 C_v 和 C_s，并不是精确的无偏估计公式，仍然是有偏的（渐近无偏）。

必须指出，并不是说用上述无偏估计公式计算出来的参数就能代表总体分布参数，而是说用很多个同容量的样本资料，由上述三式计算出来的统计参数的均值，可望等于总体分布参数。在现行水文频率分析计算中，当用矩法估计参数时，都是用式（4-9）及式（4-10）初步估计出均值和变差系数。由于 C_s 的计算误差太大，一般不用公式直接计算，而是假定 C_s 为 C_v 的某一倍数再适线确定。

【例 4-2】 从表 4-2 降水量资料中，选取具有代表性的短系列 1978—2001 年共 24 年的降水资料，见表 4-4 中①、②栏，试计算该样本资料的统计参数。

表 4-4　　　　　　　　　某站年降水量统计参数及频率计算表

年份	H_i /mm	序号 m	H_i /mm	$K_i = \dfrac{H_i}{\overline{H}}$	K_i-1		$(K_i-1)^2$	$(K_i-1)^3$	$P=\dfrac{m}{n+1}\times100\%$
					+	−			
①	②	③	④	⑤	⑥	⑦	⑧	⑨	⑩
1978	745	1	841	1.47	0.47		0.2209	0.1038	4
1979	841	2	784	1.37	0.37		0.1369	0.0507	8
1980	386	3	745	1.31	0.31		0.0961	0.0298	12
1981	565	4	672	1.18	0.18		0.0324	0.0058	16
1982	623	5	663	1.16	0.16		0.0256	0.0041	20
1983	558	6	629	1.10	0.10		0.0100	0.0010	24
1984	585	7	627	1.10	0.10		0.0100	0.0010	28
1985	784	8	623	1.09	0.09		0.0081	0.0007	32
1986	561	9	585	1.02	0.02		0.0004	0.0000	36
1987	488	10	565	0.99		0.01	0.0001	0.0000	40
1988	543	11	561	0.98		0.02	0.0004	0.0000	44
1989	629	12	558	0.98		0.02	0.0004	0.0000	48
1990	410	13	556	0.97		0.03	0.0009	0.0000	52
1991	663	14	548	0.96		0.04	0.0016	−0.0001	56
1992	556	15	543	0.95		0.05	0.0025	−0.0001	60
1993	526	16	530	0.93		0.07	0.0049	−0.0003	64
1994	548	17	526	0.92		0.08	0.0064	−0.0005	68
1995	627	18	514	0.90		0.10	0.0100	−0.0010	72
1996	672	19	512	0.90		0.10	0.0100	−0.0010	76
1997	514	20	491	0.86		0.14	0.0196	−0.0027	80
1998	346	21	488	0.85		0.15	0.0225	−0.0034	84
1999	530	22	410	0.72		0.28	0.0784	−0.0220	88
2000	491	23	386	0.68		0.32	0.1024	−0.0328	92
2001	512	24	346	0.61		0.39	0.1521	−0.0593	96
合计	13703		13703	24	1.8	1.8	0.9526	0.0737	

解

（1）将样本系列按从大到小的顺序排列，即将表中第②栏由大到小排队后列入第④栏。

（2）进行验算：$\sum K_i = 24$。

（3）由表 4-4 中资料代入公式计算统计参数。

由式（4-9），年降水量均值为

$$\overline{H} = \frac{1}{n} \sum_{i=1}^{n} H_i = \frac{1}{24} \times 13703 = 571 (\text{mm})$$

由式（4-10），年降水量变差系数为

$$C_v = \sqrt{\frac{\sum_{i=1}^{n} (K_i - 1)^2}{n-1}} = \sqrt{\frac{0.9526}{24-1}} = 0.20$$

由式（4-11），年降水量偏差系数为

$$C_s = \frac{\sum_{i=1}^{n} (K_i - 1)^3}{(n-3)C_v^3} = \frac{0.0737}{(24-3) \times 0.20^3} = 0.44$$

4.3.4 抽样误差

作为随机变量，水文特征值的总体有无限多个，而实测资料系列往往仅是一个有限的样本，可看作是随机抽样获取的。由随机抽取的样本来估计总体分布参数总有一定的误差，这种误差与计算误差不同，它是由随机抽样引起的，所以称为抽样误差。

当总体为皮尔逊-Ⅲ型（简称 P-Ⅲ型）分布且用矩法公式估计时，样本参数的均方误公式如下：

$$\sigma_{\overline{x}} = \frac{\sigma}{\sqrt{n}} \qquad (4-12)$$

$$\sigma_\sigma = \frac{\sigma}{\sqrt{2n}} \sqrt{1 + \frac{3}{4}C_s^2} \qquad (4-13)$$

$$\sigma_{C_v} = \frac{C_v}{\sqrt{2n}} \sqrt{1 + 2C_v^2 + \frac{3}{4}C_s^2 - 2C_vC_s} \qquad (4-14)$$

$$\sigma_{C_s} = \sqrt{\frac{6}{n}\left(1 + \frac{3}{2}C_s^2 + \frac{5}{16}C_s^4\right)} \qquad (4-15)$$

表 4-5 列出了 P-Ⅲ型分布当 $C_s = 2C_v$ 时各统计参数的抽样误差。从表中可以看出，样本均值 $\overline{x}$ 和变差系数 C_v 的均方误相对较小，而偏态系数 C_s 的均方误则很大。例如，当 $n=100$ 时，C_s 的相对误差在 $40\% \sim 126\%$；当 $n=10$ 时，则 C_s 的相对误差在 126% 以上，

超出了 C_s 本身的数值。在水文设计中，一般资料系列都少于 100 年，由资料直接根据矩法公式计算 C_s 的相对误差太大，难以满足实际要求。因此，实际工作中，一般不直接使用矩法估算的参数，而是广泛采用适线法。

表 4 - 5 　　　　　　　　　　样本统计参数的均方误（相对误差）　　　　　　　　　　%

C_v	$\overline{x}$				C_v				C_s			
	100	50	25	10	100	50	25	10	100	50	25	10
0.1	1	1	2	3	7	10	14	22	126	178	252	390
0.3	3	4	6	10	7	10	15	23	51	72	102	162
0.5	5	7	10	16	8	11	16	25	41	58	82	130
0.7	7	10	14	22	9	12	17	27	40	56	80	126
1.0	10	14	20	23	10	14	20	32	42	60	85	134

4.4　频　率　计　算

4.4.1　经验频率曲线

1. 经验频率计算

经验频率计算公式最早按下式计算：

$$P=\frac{m}{n}\times100\%$$ 　　　　　　　　（4 - 16）

式中　　P——不小于某一变量 x 的经验频率，%；

　　　　m——变量 x_i 按由大到小排列的序号；

　　　　n——观测的总次数，即资料总年份。

式（4 - 16）中，当采用的资料为总体 n 时，计算 P 值是合理的。而采用样本系列去估算总体变化的规律，就不符合实际情况了。即当 $m=n$ 时，则 $P=100\%$，以表 4 - 3 资料为例，$x>200\text{mm}$，这时 $P=100\%$，就意味着某站控制的地区今后再也不会出现年降水量 $x<200\text{mm}$，这是不切实际的，因而对式（4 - 16）提出了不少改进公式，我国常用下式计算经验频率：

$$P=\frac{m}{n+1}\times100\%$$ 　　　　　　　　（4 - 17）

当变量总个数 n 为已知时，序号 $m=1$、2、3、…相应的 P 值可用式（4 - 17）计算。表 4 - 3 中，年降水量不小于 200mm 的经验频率 $P=98.5\%$，$P<100\%$，这就是说，某站今后的年降水量还会有小于 200mm 的可能，这就切合实际且易被人们所理解了。

在表 4 - 3 中，把年降水量进行分组统计，是为了便于说明随机变量的统计规律。在实际工作中，实测水文系列仅有几十年，一般不采用分组计算经验频率。

2. 经验频率曲线的绘制

经验频率曲线是根据某一水文要素的实测资料，经过频率计算点绘的累积频率曲线，在水文计算中习惯称为经验频率曲线，如图 4-2（b）中的光滑虚线所示。该曲线点绘在等分直角坐标格纸上，则曲线两端陡峭，难以外加延长。为了克服外延的困难，把等分格的横坐标改为中间密两边疏的分格，以表示频率的大小，这种格纸称为几率格纸，又叫海森几率格纸。图 4-4 中的"⊙"为点绘在几率格纸上的经验频率点子，虚线为通过点群中心目估绘制的经验频率曲线。该曲线两端坡度较缓，变成一条较为平坦的光滑曲线。

【例 4-3】 应用［例 4-2］的资料，选用 1978—2001 年降水量资料，计算各变量相应的经验频率，并绘制经验频率曲线。

解 （1）将年降水量由大到小排列，用式（4-17）求出各变量的经验频率，填入表 4-4 中第⑩栏。

（2）根据表 4-4 第④栏与第⑩栏相对应的数值，在几率格纸上点绘经验频率点子，并目估通过点群中心绘制经验频率曲线，见图 4-4 中的虚线。

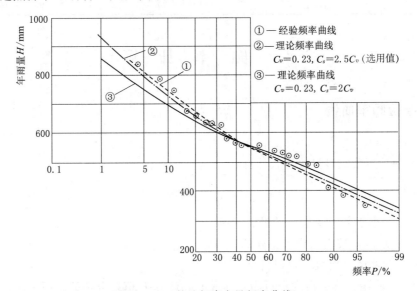

图 4-4　某站年降水量频率曲线

4.4.2　经验频率曲线存在的问题及对策

由于经验频率曲线是目估过点群中心绘制的，因此曲线的形状会因人而异，尤其在经验点分布较散乱时更是如此。这样，由一定的频率 P 在曲线上查得随机变量取值 x，就会有所不同。另外，由于样本系列长度有限，通常 $n<100$ 年，据此绘出的经验频率曲线往往不能满足工程设计的需要。水利工程设计洪水大部分是稀遇洪水，设计频率大都为 1%、0.1%、0.01%等，一般在经验频率曲线上查不出相应的 x_P 值。若将曲线延长，则因无点子控制任意性更大，会直接影响设计成果的正确性。另外，经验频率曲线仅为一条曲线，在分析水文统计规律的地区分布规律时很难进行地区综合。正是由于以上原因，经验频率曲线在实用上受到一定的限制。为了克服经验频率曲线的上述缺点，使设计成果标准统一，便于综合比较，实际工作中常常采用数理统计中已知的频率曲线来拟合经验点，这种曲线人们习惯上称为理论频率曲线。

4.4.3 理论频率曲线

迄今为止，国内外采用的理论分布线已有 10 余种，根据以往的资料配合情况和工程实践来看，比较符合我国实际水文现象的是皮尔逊Ⅲ型分布曲线，简称为 P-Ⅲ型分布。

P-Ⅲ型分布的概率密度曲线是一条一端有限，另一端无限、单峰、正偏态曲线，统计学上称为伽玛分布，如图 4-5 所示，其概率密度函数为

$$f(x) = \frac{\beta^{\alpha}}{\Gamma(\alpha)}(x-a_0)^{\alpha-1}e^{-\beta(x-a_0)}$$

$$(4-18)$$

式中　$\Gamma(\alpha)$ ——α 的伽玛函数；

　　α、β、a_0 ——P-Ⅲ型分布的形状、尺度和位置参数，$\alpha>0$，$\beta>0$。

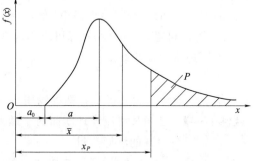

图 4-5　P-Ⅲ型概率密度曲线

当三个参数确定以后，密度函数就随之确定了，可以证明，α、β、a_0 与随机变量总体分布的三个统计参数 $\overline{x}$、C_v、C_s 具有下列关系：

$$\alpha = \frac{4}{C_s^2}$$

$$(4-19)$$

$$\beta = \frac{2}{\overline{x}C_v C_s}$$

$$(4-20)$$

$$a_0 = \overline{x}\left(1-\frac{2C_v}{C_s}\right)$$

$$(4-21)$$

工程上，一般是需要求出指定频率 P 所对应的随机变量取值 x_P，即求出的 x_P 要满足下式：

$$P = P(x \geqslant x_P) = \frac{\beta^{\alpha}}{\Gamma(\alpha)}\int_{x_P}^{\infty}(x-a_0)^{\alpha-1}e^{-\beta(x-a_0)}dx$$

$$(4-22)$$

从式（4-22）可以看出，x_P 取决于频率 P 及 α、β、a_0 这三个参数，并且当 α、β 和 a_0 这三个参数已知时，则 x_P 只与 P 有关。而 α、β 和 a_0 与分布参数 $\overline{x}$、C_v、C_s 有关，因此只要三个分布参数已知，x_P 仅与 P 有关，也就是说，可以由 P 来计算唯一的 x_P 值，但是，直接用积分式（4-22）进行计算非常繁杂，实际做法是通过变量转换来解决。

令　　　　　　　　　　　　$$\Phi = \frac{x-\overline{x}}{\overline{x}C_v}$$

$$(4-23)$$

式中　Φ——离均系数，可以证明其均值为零，均方差为 1。

根据式（4-23），则

$$x = \overline{x}(1+C_v\Phi)$$

$$dx = \overline{x}C_v d\Phi$$

代入式（4-22）得

$$P(\Phi \geqslant \Phi_P) = \int_{\Phi_P}^{\infty} f(\Phi, C_s) \mathrm{d}\Phi \qquad (4-24)$$

因为 $\overline{x}$ 和 C_v 两个参数都包含在 Φ 中，式（4-24）的被积函数只含有一个待定参数 C_s。所以，只要假定一个 C_s 值，便可通过积分式（4-24）求出 P 与 Φ_P 之间的关系。如果给定若干 C_s 值，可以做出 Φ_P 和 P 的对应数值表，见附表1。在水文频率分析计算时，由已知的 P、C_s 值，查附表1得 Φ_P 值，再取不同的 P 值得出不同 Φ_P 值，然后根据已知的 $\overline{x}$、C_v 值，利用式（4-25）即可求出与各种频率 P 相对应的 x_P 值。根据 P 和 x_P 值就可以绘制理论频率曲线了。

$$x_P = \overline{x}(1 + C_v \Phi_P) \qquad (4-25)$$

如果三个统计参数已确定，就可以用式（4-25）计算水文设计值。

【例 4-4】 已知某河流设计断面的年最大洪峰流量系列的 $\overline{Q}_m = 1000 \mathrm{m}^3/\mathrm{s}$，$C_v = 0.5$，$C_s = 1.5$，求 $P = 1\%$ 的洪峰流量。

解 由 $C_s = 1.50$ 及 $P = 1\%$ 查附表1得 $\Phi_P = 3.33$。$P = 1\%$ 的年最大洪峰流量设计值为

$$Q_{m,P=1\%} = \overline{Q}_m(1 + C_v \Phi_P) = 1000 \times (1 + 3.33 \times 0.5) = 2665 (\mathrm{m}^3/\mathrm{s})$$

如果令 $K_P = (1 + C_v \Phi_P)$，式（4-25）就改写为

$$x_P = K_P \overline{x} \qquad (4-26)$$

式中　K_P——指定频率的模比系数。

当 C_s 等于 C_v 的倍数时，也制成了 P-Ⅲ型分布模比系数 K_P 查用表，见附表2。在进行频率计算时，由已知的 C_v 及 C_s/C_v 比值，可以从附表2中查出与各种频率 P 相对应的 K_P 值，然后再利用式（4-26）计算出各种频率的 x_P 值，就可以绘制理论频率曲线了。

【例 4-5】 由［例 4-2］的计算成果知，$\overline{H} = 571 \mathrm{mm}$，$C_v = 0.20$，选择 $C_s = 2C_v$，用 P-Ⅲ型曲线的模比系数 K_P 值表，推求不同的 P（%）值相应的 H_P 值。

解 已知 $C_s = 2C_v = 2 \times 0.20 = 0.4$，查附表2求出不同 P（%）的 K_P 值，并列表 4-6 计算 H_P 值。

表 4-6　　　　　　　　　　　某站年降水量频率计算表

$P/\%$	①	1	2	5	10	20	50	75	90	95	99
$K_P(=\Phi_P C_v + 1)$	②	1.52	1.45	1.35	1.26	1.16	0.99	0.86	0.75	0.70	0.59
$H_P\ (=K_P \overline{H})$	③	868	828	771	719	662	565	491	428	400	337

根据表 4-6 中①、③栏数值在图 4-4 中绘制的频率曲线，就是上述的理论频率曲线。

4.4.4　频率计算方法——适线法

根据前面可知，绘制理论频率曲线的主要目的是为了解决经验频率曲线的外延问题。

我国水文界目前普遍选用的理论频率曲线为 P-Ⅲ型曲线,它是由三个统计参数($\overline{x}$、C_v、C_s)决定的,三个参数从理论上讲应是总体的统计参数,但水文变量的总体是无法知道的,通常只能由样本资料用矩法公式求出其三个统计参数,而样本统计参数都具有抽样误差,这就使得由样本统计参数确定的 P-Ⅲ型曲线不能很好地反映总体的分布规律。生产上通常采用调整样本的统计参数及相应 P-Ⅲ型曲线来拟合样本的经验频率点据,以尽可能减少参数估计的抽样误差和系统误差,进一步探求总体的概率分布,这个过程在水文上称为适点配线法,简称适线法。适线法的计算步骤如下:

(1)计算经验频率。先将样本系列的变量,由大到小按序排列,用公式 $P = \dfrac{m}{n+1} \times 100\%$ 计算各变量 x_i 对应的 P_i,并在几率格纸上点绘经验频率点。

(2)计算统计参数。

$$\overline{x} = \frac{1}{n} \sum_{i=1}^{n} x_i$$

$$C_v = \sqrt{\frac{\sum (K_i - 1)^2}{n-1}}$$

选用 $C_s = nC_v$(n 为 C_s/C_v 的比值)。

(3)查附表 2 推求各种 P_i 对应的 K_P 值。

(4)计算各种对应的设计值 $x_P = K_P \overline{x}$。

(5)点绘理论频率点据,即将各种 P_i 和对应的 x_P 点绘在同一张几率格纸上连成光滑的曲线。

适线即由统计参数初值 $\overline{x}$、C_v、C_s 查附表 2,按式(4-26)计算并绘制第一条 P-Ⅲ型曲线,判断与经验点据配合情况如何,若配合良好,则表明该线就是所求频率曲线。若配合不好,则要依据三个统计参数对 P-Ⅲ型曲线的影响进行分析,合理地调整参数,再次适线,直至曲线与经验点配合最佳为止。最终适线的 P-Ⅲ型曲线要能通过点群中心。图 4-6 所示为频率计算适线法框图。

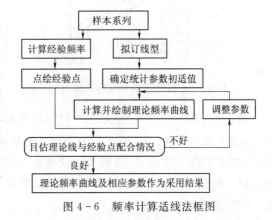

图 4-6 频率计算适线法框图

需要说明的是,根据实际经验,调整参数适线时,一般调整最多的为偏态系数 C_s,其次是变差系数 C_v,必要时也可以对均值 $\overline{x}$ 作适当调整。

均值 $\overline{x}$、变差系数 C_v、偏态系数 C_s 是 P-Ⅲ型曲线方程式中的参数,参数值的变化,必然会影响理论频率曲线的形状和位置。为了使理论频率曲线与经验频率点据较好地配合,可调整参数改变曲线的位置,以期达到配合经验点据的要求。为了克服在适线中调整参数的盲目性,则需了解参数对曲线形状的影响,以便有针对性地调整参数。

4.4.5 统计参数对频率曲线的影响

1. 均值 $\bar{x}$ 对频率曲线的影响

（1）当 C_v 和 C_s 不变时，由于均值不同，频率曲线的位置也不同，均值大的频率曲线位于均值小的频率曲线之上，如图 4 - 7 所示。

（2）均值大的频率曲线比均值小的频率曲线陡。

2. 变差系数 C_v 对频率曲线的影响

为了消除均值的影响，以模比系数 K 为变量绘制频率曲线，如图 4 - 8 所示。

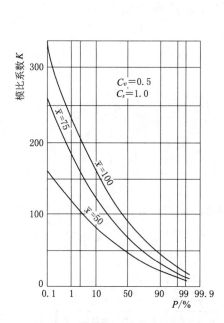

图 4 - 7 均值对频率曲线的影响

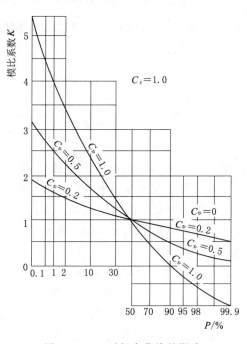

图 4 - 8 C_v 对频率曲线的影响

图 4 - 8 中 $C_s = 1.0$。当 $C_v = 0$ 时，说明随机变量的取值都等于均值，故频率曲线为 $K = 1$ 的一条水平线。C_v 越大，说明随机变量相对于均值越离散，因而，频率曲线越偏离 $K = 1$ 的水平线。随着 C_v 的增大，频率曲线的偏离程度也随之增大，显得越来越陡。C_v 越大时，均值（即图中 $K = 1$）对应的频率越小，频率曲线的中部越向左偏，且上段越陡，下段越平缓。

3. 偏态系数 C_s 对频率曲线的影响

图 4 - 9 所示为 $C_v = 0.1$ 时，各种不同的 C_s 值对频率曲线的影响。从图中可以看出，正偏情况下，C_s 越大时，均值（图中 $K = 1$）对应的频率越小，频率曲线的中部越向左偏，且上段越陡，下段越平缓。

【例 4 - 6】 选用表 4 - 2 中，1978—2001 年降水量资料，试求 $P = 20\%$、$P = 50\%$、$P = 80\%$ 的设计年降水量 H_P。

解 根据已知资料，在前面算例〔例 4 - 2〕、〔例 4 - 3〕、〔例 4 - 5〕中已算得初步

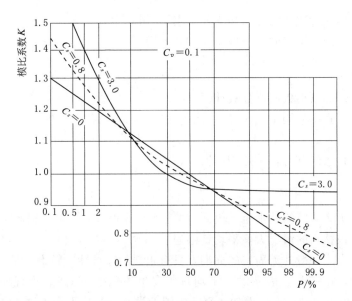

图 4-9　C_s 对频率曲线的影响

成果。

$\overline{H} = 571\text{mm}$，$C_v = 0.20$，采用 $C_s = 2C_v = 0.40$ 作为初试值，已绘制出理论频率曲线，如图 4-4 所示。

若初试值参数所绘的理论频率曲线与经验频率点据配合不好，则可在抽样误差范围内，调整 C_v、C_s 值，一般不调整 $\overline{H}$。重新进行理论频率计算，见表 4-7。表中③、④栏系调整后的 C_v、C_s 值。

表 4-7　　　　　　　　　　某站年降水量频率适线计算表

$P/\%$		1	2	5	10	20	50	75	90	95	99
$C_v = 0.20$　K_P	②	1.52	1.45	1.35	1.26	1.16	0.99	0.86	0.75	0.70	0.59
$C_s = 2C_v$　H_P		868	828	771	719	662	565	491	428	400	337
$C_v = 0.23$　K_P	③	1.61	1.53	1.41	1.30	1.19	0.98	0.84	0.72	0.66	0.55
$C_s = 2C_v$　H_P		919	874	805	742	679	560	480	411	377	314
$C_v = 0.23$　K_P	④	1.64	1.54	1.41	1.31	1.19	0.98	0.84	0.73	0.66	0.57
$C_s = 2.5C_v$　H_P		936	879	805	748	679	560	480	417	377	325

根据表 4-7 的计算结果，可以根据①栏 P（%）与③、④栏 H_P，点绘理论频率曲线。其中参数为 $\overline{H} = 571\text{mm}$，$C_v = 0.23$、$C_s = 2.50C_v$ 的理论频率曲线与经验频率点据配合较好，作为选用的理论频率曲线，如图 4-4 中的点划线所示。

从选定的理论频率曲线上或由计算表 4-7 中，即可查出设计年降水量为 $H_{P=20\%} = 679\text{mm}$、$H_{P=50\%} = 560\text{mm}$、$H_{P=80\%} = 457\text{mm}$。

4.4.6　频率与重现期的关系

由于频率比较抽象，工程上常用重现期代表频率。重现期就是指某随机变量在长期过程中平均多少年出现一次，又称"多少年一遇"，用 T 表示。

（1）当研究暴雨或洪水时，一般 $P < 50\%$，则

$$T = \frac{1}{P} \tag{4-27}$$

式中，T 以年计；P 以小数或百分数计。

例如，当设计频率采用 $P = 1\%$ 时，代入式（4-27）得 $T = 100$ 年，则称此洪水为百年一遇的洪水。

（2）当研究枯水问题时，一般 $P \geqslant 50\%$，则

$$T = \frac{1}{1-P} \tag{4-28}$$

例如，对于 $P = 80\%$ 的枯水年，由式（4-28）算得 $T = 5$ 年，称此为 5 年一遇的枯水，表示不大于该枯水的情况大概平均 5 年遇上一次。

由于洪水的发生一般并无固定的周期，具有很强的随机性，频率只是多年中的平均出现的机会。例如，$P = 1\%$，表示洪水平均每年发生的概率为 1%。重现期也是指在多年中，平均多少年可以出现一次。例如，百年一遇的洪水，是指不小于这样的洪水在长时期内平均 100 年发生一次，而不能理解为恰好每隔 100 年遇上一次。对于某具体的 100 年来说，超过这样的洪水可能出现几次，也可能一次都不出现。

4.5 相 关 分 析

前面分析的是一种随机变量的变化规律。实际上我们还经常遇到两种或两种以上的随机变量，这些变量之间存在一定的联系。例如，降水和径流，上、下游的洪水，水位与流量等，它们之间都存在一定的联系。研究分析两个或两个以上随机变量之间的关系，称为相关分析。

4.5.1 相关关系的概念

两个随机变量之间的关系有三种情况。

（1）完全相关，即函数相关。如果两个变量 x、y，每给定一个 x 的值，都有一个完全确定的 y 值与之相对应，则这两个变量 x、y 之间的关系就是完全相关，即函数关系。其函数关系的形式可以是直线，也可以是曲线，如图 4-10 所示。

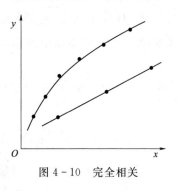

图 4-10 完全相关

（2）零相关，即没有关系。如果两个变量 x、y 之间互不相关或相互独立，则这两个变量 x、y 之间的关系就是零相关或没有关系，如图 4-11 所示。

（3）统计相关，即具有相关关系，两个变量之间的关系介于完全相关和零相关之间，则称为相关关系。在水文计算中，由于影响水文现象的因素错综复杂，有时为简便起见，只考虑其中最主要的一个因素而略去其次要因素。例如，径流与相应的降雨量之间的关系，流量与相应水位

之间的关系等。如果把它们的对应数值点绘在方格纸上，便可看出这些点子虽有些散乱，但其关系有一个明显的趋势，这种趋势可以用曲线或直线来配合，如图 4-12 所示。

在相关分析中，只研究两种变量之间的相关关系称为简单相关。研究三种或三种以上变量的相关关系称为复相关。在水文计算中，简单的直线相关应用较多，本节着重介绍简单直线相关。

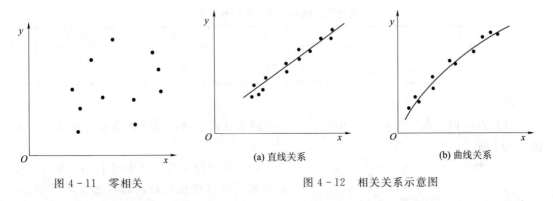

图 4-11 零相关

(a) 直线关系　　(b) 曲线关系

图 4-12 相关关系示意图

4.5.2 简单直线相关

4.5.2.1 相关图解法

设 x、y 两种变量，同步观测值有 n 对，以变量 y 为纵坐标，为待求变量，称为倚变量；以变量 x 为横坐标，为主要影响因素，称为自变量。将对应的相关点 (x_i, y_i) 点绘在方格纸上，如图 4-13 所示。

分析图上相关点 (x_i, y_i) 的分布趋势，点群呈现密集的带状分布，通过点群中心目估定出相关线。其相关直线方程式为

$$y = a + bx \qquad (4-29)$$

式中　x——自变量；

　　　y——倚变量；

　　a、b——待定常数。

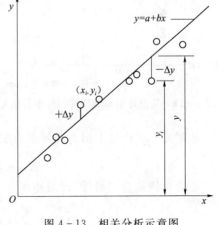

图 4-13 相关分析示意图

在相关图解法中，a 是直线在纵坐标上的截距，b 是直线的斜率，可用图解定线求出 a、b 这两个待定系数。

在图解定线时，应注意以下几点。

（1）相关点均匀分布在相关线的两侧，即相关线两侧点据的正离差之和与负离差之和大致相等。

（2）相关线通过同步资料的均值点，即 $(\bar{x}、\bar{y})$ 相关点。

（3）个别偏离相关线的点，要进行个别处理，查明偏离的原因。若未发现问题，定线时还要适当兼顾。

在图上确定相关线的位置后，并求得相关线的直线方程式，就可以利用 x 系列插补延长 y 系列中缺测年份的资料。

【**例 4 - 7**】 某设计雨量站有 13 年（1991—2003 年）实测年降水量资料。同一气候区、自然地理条件相似区域内的一邻近雨量站有 64 年（1940—2003 年）降水量资料。两站年降水量同步观测资料系列见表 4 - 8。试用直线相关图解法延长设计雨量站的年降水量系列。

表 4 - 8 某地设计站和参证站年降水量表

年份	①	1991	1992	1993	1994	1995	1996	1997	1998	1999	2000	2001	2002	2003	总和	平均
参证站 x/mm	②	663	556	526	548	627	672	514	346	530	491	512	726	545	7256	558
设计站 y/mm	③	728	596	599	610	773	847	496	412	652	560	535	717	560	8085	622

解

（1）点绘相关点。由表 4 - 8 中的②、③栏同步年雨量站，点绘在普通方格纸上，如图 4 - 14 所示。

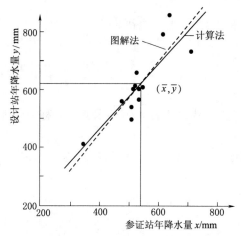

图 4 - 14 某设计站和参证站年降水量相关图

（2）绘制相关线。分析图 4 - 14 所示的点群分布呈直线变化趋势，即可通过点群中心，目估绘制一条过 $\bar{x}$、$\bar{y}$（558、622）的直线。

（3）求直线方程式。根据目估所绘的直线，在图 4 - 14 上可算得参数 $a=8$，$b=1.11$，则方程式为 $y=1.11x+8$。

（4）插补设计站年雨量系列 y_i。即根据方程式 $y=1.11x+8$，以参证站年雨量资料 x_i 插补设计站缺测年份的年雨量 y_i。

4.5.2.2 相关计算法

如果相关点据分布较散，目估定线存在一定任意性，为减少任意性，最好采用计算法来确定相关线的方程。

从图 4 - 14 可以看出，观测点与配合的直线在纵轴方向的离差为

$$\Delta y_i = y_i - \hat{y}_i = y_i - a - bx_i$$

要使直线拟合"最佳"，须使离差 Δy_i 的平方和为"最小"，即

$$\sum_{i=1}^{n}(\Delta y_i)^2 = \sum_{i=1}^{n}(y_i - \hat{y}_i)^2 = \sum_{i=1}^{n}(y_i - a - bx_i)^2 \qquad (4-30)$$

为极小值。

欲使式（4-30）取得极小值，可分别对 a 及 b 求一阶导数，并使其等于零，即令

$$\begin{cases} \dfrac{\partial \sum\limits_{i=1}^{n}(y_i - a - bx_i)^2}{\partial a} = 0 \\[4mm] \dfrac{\partial \sum\limits_{i=1}^{n}(y_i - a - bx_i)^2}{\partial b} = 0 \end{cases}$$

可得

$$b = \frac{\sum\limits_{i=1}^{n}(x_i - \overline{x})(y_i - \overline{y})}{\sum\limits_{i=1}^{n}(x_i - \overline{x})^2} = r\frac{\sigma_y}{\sigma_x} \tag{4-31}$$

$$a = \overline{y} - b\overline{x} = \overline{y} - r\frac{\sigma_y}{\sigma_x}\overline{x} \tag{4-32}$$

$$r = \frac{\sum\limits_{i=1}^{n}(x_i - \overline{x})(y_i - \overline{y})}{\sqrt{\sum\limits_{i=1}^{n}(x_i - \overline{x})^2 \sum\limits_{i=1}^{n}(y_i - \overline{y})^2}} = \frac{\sum\limits_{i=1}^{n}(K_{x_i} - 1)(K_{y_i} - 1)}{\sqrt{\sum\limits_{i=1}^{n}(K_{x_i} - 1)^2 \sum\limits_{i=1}^{n}(K_{y_i} - 1)^2}} \tag{4-33}$$

式中　　σ_x、σ_y——x、y 系列的均方差；

　　　　$\overline{x}$、$\overline{y}$——x、y 系列的均值；

　　　　r——相关系数，表示 x、y 之间关系的密切程度。

将式（4-31）、式（4-32）代入式（4-29），得

$$y - \overline{y} = r\frac{\sigma_y}{\sigma_x}(x - \overline{x}) \tag{4-34}$$

式（4-34）称为 y 倚 x 的回归方程式。它的图形称为 y 倚 x 的回归线，如图 4-14 所示实线。

$r\frac{\sigma_y}{\sigma_x}$ 是回归线的斜率，一般称为 y 倚 x 的回归系数，并记为 $R_{y/x}$，即

$$R_{y/x} = r\frac{\sigma_y}{\sigma_x} \tag{4-35}$$

要注意的是，由回归方程所定的回归线只是观测点平均关系的配合线，观测点不会完全落在此线上，而是分布于两侧，说明回归线只是在一定标准情况下与实测点的最佳配合线。

以上讲的是 y 倚 x 的回归方程，即 x 为自变量，y 为倚变量，应用于由 x 求 y。若由 y 求 x，则要应用 x 倚 y 的回归方程，同理可推得 x 倚 y 的回归方程为

$$x - \overline{x} = R_{x/y}(y - \overline{y}) \tag{4-36}$$

其中

$$R_{x/y} = r\frac{\sigma_x}{\sigma_y} \tag{4-37}$$

由以上推导可知，回归线只是对相关点据拟合最佳的一条线，或者说是过点群中心的线，以 y 倚 x 的回归线来看，对于某一 x_i，本来有许多 y_i 与之对应，而在回归线上所对应的值 $\hat{y_i}$ 只不过是许多 y_i 的一个平均数。因此，回归线只反映一种平均关系，由此关系将 x 代入回归方程计算的 $\hat{y}$ 值和实际出现的数值通常是不一样的，即存在着误差。为了衡量这种误差的大小，常用均方误来表示，如用 S_y 表示 y 倚 x 回归线的均方误，y_i 为观测值，$\hat{y_i}$ 为回归线上对应值，n 为观测项数，则

$$S_y = \sqrt{\frac{\sum\limits_{i=1}^{n}(y_i - \hat{y_i})^2}{n-2}} \qquad (4-38)$$

同样地 x 倚 y 回归线的均方误为

$$S_x = \sqrt{\frac{\sum\limits_{i=1}^{n}(x_i - \hat{x_i})^2}{n-2}} \qquad (4-39)$$

需要指出，回归线的均方误 S_y 与变量的均方差 σ_y 从性质上讲是不同的，前者是由观测点与回归线之间的离差求得的，而后者则由观测值与它的均值之间的离差求得，根据统计学上的推理，可以证明两者具有下列关系：

$$S_y = \sigma_y \sqrt{1-r^2} \qquad (4-40)$$

$$S_x = \sigma_x \sqrt{1-r^2} \qquad (4-41)$$

由回归方程式计算出的 $\hat{y_i}$ 值，仅是许多 y_i 的一个"最佳"拟合或平均趋势值。按照

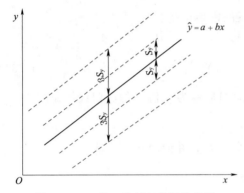

图 4-15 y 倚 x 的回归线误差范围

误差原理，这些可能的取值 y 落在回归线两侧一个均方误范围内的概率为 68.3%，落在 3 个均方误内的概率为 99.7%，如图 4-15 所示。但是在讨论上述误差时，没有考虑样本的抽样误差。事实上，只要用样本资料来估计回归方程中的参数，抽样误差就必然存在。

【例 4-8】 仍用［例 4-7］的资料，用相关计算法求 y 倚 x 的回归方程式。

解 按表 4-9 的顺序，依次计算④、⑤、⑥、⑦、⑧、⑨、⑩栏，并求出总和。

表 4-9　　　　　某设计站、参证站年降水量相关计算表

年份	参证站 x/mm	设计站 y/mm	K_{x_i}	K_{y_i}	$K_{x_i}-1$	$K_{y_i}-1$	$(K_{x_i}-1)^2$	$(K_{y_i}-1)^2$	$(K_{x_i}-1)(K_{y_i}-1)$
①	②	③	④	⑤	⑥	⑦	⑧	⑨	⑩
1991	663	728	1.19	1.17	0.19	0.17	0.036	0.029	0.032
1992	556	596	1.00	0.96	0.00	-0.04	0.000	0.002	0.000
1993	526	599	0.94	0.97	-0.06	-0.03	0.004	0.001	0.002
1994	548	610	0.98	0.98	-0.02	-0.02	0.000	0.000	0.000
1995	627	773	1.12	1.24	0.12	0.24	0.014	0.058	0.029
1996	672	847	1.20	1.36	0.20	0.36	0.040	0.130	0.072
1997	514	496	0.92	0.80	-0.08	-0.20	0.006	0.040	0.016
1998	346	412	0.62	0.66	-0.38	-0.34	0.144	0.116	0.129
1999	530	652	0.95	1.05	-0.05	0.05	0.003	0.003	-0.003
2000	491	560	0.88	0.90	-0.12	-0.10	0.014	0.010	0.012

年份	参证站 x/mm	设计站 y/mm	K_{x_i}	K_{y_i}	$K_{x_i}-1$	$K_{y_i}-1$	$(K_{x_i}-1)^2$	$(K_{y_i}-1)^2$	$(K_{x_i}-1)(K_{y_i}-1)$
①	②	③	④	⑤	⑥	⑦	⑧	⑨	⑩
2001	512	535	0.92	0.86	−0.08	−0.14	0.006	0.020	0.011
2002	726	717	1.30	1.15	0.30	0.15	0.090	0.023	0.045
2003	545	560	0.98	0.90	−0.02	−0.10	0.000	0.010	0.002
总和	7256	8085	13.00	13.00	0.00	0.00	0.357	0.442	0.347
平均	558	622							

将⑧、⑨栏总和代入均方差公式分别计算：

$$\sigma_x = \overline{x}\sqrt{\frac{\sum\limits_{i=1}^{n}(K_{x_i}-1)^2}{n-1}} = 558 \times \sqrt{\frac{0.357}{13-1}} = 96(\text{mm})$$

$$\sigma_y = \overline{y}\sqrt{\frac{\sum\limits_{i=1}^{n}(K_{y_i}-1)^2}{n-1}} = 622 \times \sqrt{\frac{0.442}{13-1}} = 119(\text{mm})$$

计算相关系数：

$$r = \frac{\sum\limits_{i=1}^{n}(K_{x_i}-1)(K_{y_i}-1)}{\sqrt{\sum\limits_{i=1}^{n}(K_{x_i}-1)^2 \sum\limits_{i=1}^{n}(K_{y_i}-1)^2}} = \frac{0.347}{\sqrt{0.357 \times 0.442}} = 0.87$$

计算结果表明，两个变量间的关系比较密切。

计算直线方程中的参数 a、b，建立直线方程：

$$b = r\frac{\sigma_y}{\sigma_x} = 0.87 \times \frac{119}{96} = 1.078$$

$$a = \overline{y} - r\frac{\sigma_y}{\sigma_x}\overline{x} = \overline{y} - b\overline{x} = 622 - 1.078 \times 558 = 20$$

所以直线方程为

$$y = 1.078x + 20$$

用 $y=1.078x+20$ 将设计站年降水量系列延长，计算过程略。

对照图解法与计算法求得直线方程，可以看出两者差别较小。但计算法所定直线是通过点群中心的，而图解法由于是目估定线，总会有一定的定线误差，因此在点子较少或分布较散时，最好用相关计算法。

另外，复相关与曲线相关也是水文上常用的相关形式。但由于它们的相关分析比较复杂，通常实际工作中都采用图解法定相关线。比如，水位与流量关系就是一种最常见的曲线相关，而后面将要学习的降雨径流相关（$H-P_a-R$）则属于复相关。

复　习　思　考　题

1. 举例说明水文现象变化的必然性和偶然性。

2. 概率与频率有什么联系和区别？

3. 什么是随机变量？总体与样本指的是什么？

4. 在水文计算中常用的是哪三个统计参数？它们是如何计算的？各统计参数说明水文系列的什么特性？各统计参数的变化对频率曲线的形状有什么影响？

5. 频率与重现期有何关系？当 $P=20\%$ 和 80% 时，T 均为 5 年，说明是何含义？

6. 什么是适线法？在适线时应注意什么问题？

7. 进行相关分析时如何选择参证站？同步系列指的是什么？在什么情况下才能进行相关分析？

习　　题

1. 某站年降水量资料表见表 4-10，用适线法，求 $P=10\%$、$P=50\%$、$P=90\%$ 时的设计年降水量。

表 4-10　　　　　　　　某测站 1975—2005 年降水量资料表

年份	年降水量/mm	年份	年降水量/mm
1975	960.6	1991	1010.5
1976	950.4	1992	1009.2
1977	1875.2	1993	1269.4
1978	1112.6	1994	1240.0
1979	889.9	1995	1199.0
1980	1129.0	1996	1133.3
1981	1031.6	1997	1119.0
1982	990.2	1998	914.8
1983	911.9	1999	1213.8
1984	1195.6	2000	1388.0
1985	801.2	2001	1044.4
1986	1015.7	2002	1235.4
1987	1149.0	2003	1148.1
1988	1035.0	2004	1025.8
1989	659.3	2005	1032.1
1990	1171.8		

2. 已知某流域甲站和乙站的年径流量在成因上具有联系，且具有 15 年同步期观测资料，见表 4 - 11，试作相关分析。

表 4 - 11　　　　　　　某流域甲站和乙站 15 年同步期观测资料表

年份	甲站 x_i/(m³/s)	乙站 y_i/(m³/s)
1985	32.8	140.0
1986	19.4	69.7
1987	30.6	108.0
1988	30.6	114.0
1989	25.3	103.0
1990	30.2	111.0
1991	38.0	138.0
1992	29.8	109.0
1993	28.5	120.0
1994	31.3	121.0
1995	18.7	85.2
1996	37.8	124.0
1997	41.3	161.0
1998	21.2	89.9
1999	35.6	136.0

第5章 设计径流分析计算

教学内容：①年径流量；②具有长期实测径流资料时设计年径流的计算；③具有短期实测径流资料时设计年径流的计算；④缺乏实测径流资料时设计年径流的计算。

教学要求：熟悉年径流的概念、表示方法、特征、影响因素及计算任务。了解年径流资料审查的内容，掌握设计年径流及设计年径流年内分配的计算方法。

5.1 年 径 流 量

5.1.1 年径流的特性

在一个年度内，通过河流出口断面的水量，称为该断面以上流域的年径流量。它可以用年平均流量、年径流深、年径流总量或年径流模数表示。

年径流量在水文年鉴中是以日历年统计的，而在水文水利计算中通常是按水文年度或水利年度进行统计计算的。水文年度的起止日期是根据水文现象的循环变化规律来划分的，在我国南方，水文年度从一年的雨季来临河水上涨开始，到次年的汛期来临前结束；对于北方春汛河流，则以融雪情况来划分水文年度。水利年度是以水库蓄泄周期来划分的，以水库开始蓄水的时间为起点，到第二年水库供水结束止，水利年度的划分应视来水与用水的具体情况而定。

通过对年径流观测资料的分析，可以得出年径流的变化具有以下特性：

（1）年径流具有以年为周期的汛期与枯季交替变化的规律，但各年汛、枯期有长有短，发生时间有迟有早，水量也有大有小，基本上年年不同，具有偶然性。

（2）年径流量在年际间变化很大，有些河流年径流量的最大值可达到平均值的 2～3 倍，最小值仅为平均值的 1/5～1/10。年径流量的最大值与最小值之比，长江、珠江为 4～5；黄河、海河为 14～16。年径流量的年际变化，也可以由年径流量的变差系数 C_v 来反映，C_v 越大，年径流量的年际变化越大。例如，淮河流域大部分地区在 0.6～0.8，华北平原一般超过 1.0，部分地区可达 1.4 以上。

（3）年径流量在多年变化中有丰水年组和枯水年组交替出现的现象。例如，黄河陕县曾出现过连续 11 年（1922—1932 年）的枯水年组，而后的 1935—1949 年则基本上是丰水年组。

5.1.2 影响年径流的因素

在水文分析与计算中，研究影响年径流量的因素具有重要意义。通过对影响因素分析研究，可从物理成因方面深入探讨径流的变化规律；在径流资料短缺时可利用径流与有关因素之间的关系来推求径流特征值；可对计算成果作分析论证。

研究影响年径流量的因素，可从流域水量平衡方程式入手：

$$R = H - E - \Delta W \tag{5-1}$$

影响因素中，前两项属于流域气候因素，后一项则主要取决于流域下垫面因素以及人类活动情况。

1. 气候因素对年径流的影响

在气候因素中，年降水量与年蒸发量对年径流量的影响程度，随流域所在地区不同而有差异。

湿润地区，年降水量与年径流量之间具有较密切的关系，说明年降水量对年径流量起着决定性作用，而流域蒸发的作用就相对较小。

干旱地区，降水量少，且大部分耗于蒸发，年降水量与年径流量的关系不很密切，年降水和年蒸发都对年径流量起着相当大的作用。

对于以冰雪补给为主的河流，年径流量主要取决于前一年的降雪量和当年的气温变化情况。

2. 流域下垫面因素对年径流的影响

流域下垫面因素包括地形、土壤、地质、植被、湖泊、沼泽和流域面积等。这些因素对年径流的作用，一方面通过流域蓄水增量影响着年径流，另一方面通过对年降水和年蒸发等气候因素的影响，间接地影响年径流。

（1）地形。地形通过对气候因素里的降水、蒸发、气温的影响，来间接对年径流量产生作用。地形对降水的影响主要表现在山地对水汽的抬升和阻滞作用，使迎风坡降水量增大。气温随地面高程的增加而降低，因而蒸发量较少。

（2）湖泊。湖泊一方面通过蒸发的影响而间接影响年径流量的大小，另一方面通过对流域蓄水量的调节而影响年径流量的变化。

在干旱地区，由于水面蒸发量和陆面蒸发量相差很大，湖泊对减少年径流量的作用较显著。

在湿润地区，由于水面蒸发量和陆面蒸发量相差较小，湖泊对年径流量的影响较小。较大的湖泊增大了流域的调节作用，对年径流量的变化发生作用。

（3）流域大小。一般流域面积较大，径流量的变化相对较小。原因有两方面：一是流域面增大时，地下蓄水量相应增加，从而地下径流相对稳定；二是随着流域面积增加，流域内部各地径流的不同期性愈加显著，调节作用更为明显。

3. 人类活动对年径流的影响

人类活动对年径流的影响，包括直接与间接两个方面。

（1）直接影响。如跨流域引水，将本流域的水量引到另一流域，或将另一流域的水量引到本流域，直接减少（或增加）本流域的年径流量。

（2）间接影响。如修水库、塘堰等水利工程，旱地改水田，坡地改梯田，植树造林，种植牧草等措施，主要通过改变下垫面性质而影响年径流量。一般来说，这些措施都使蒸发增加，从而使年径流量减少。

5.1.3 设计年径流分析计算的目的和任务

年径流计算的目的是为水利水电工程规划设计和运行管理以及水资源供需分析等提供主要依据即来水资料。河流某断面符合一定设计标准的年径流就称为设计年径流。设计年径流计算任务就是分析和预测工程使用期限内的年径流及其变化，为合理确定水利水电工程规模提供正确的水文依据。

由于水利水电工程调节性能的差异和采用的径流调节计算方法不同，要求提供的设计年径流的形式也有所不同，一般可归纳为下述两大类。

（1）设计的长期年、月径流量系列。这种形式的来水，通过长系列资料反映未来长时期内年径流量的年际年内变化规律。

（2）代表年的年、月径流量。具体又分为设计代表年和实际代表年。这种形式的来水，通过丰、平、枯水年的来水过程，反映未来不同年型的来水情况。

推求上述两种形式的来水，统称为设计年径流计算。

在实际工作中，所遇到的水文资料情况有三种：①具有长期实测径流资料；②具有短期实测径流资料；③缺乏实测径流资料。本章分别针对各种资料条件介绍设计年径流的分析计算方法。

径流年内分配计算主要包括典型年的选择及设计年径流的年内分配计算。设计年径流的年内分配计算有同倍比法和同频率法。

5.2 具有长期实测径流资料时设计年径流的分析计算

具有长期实测径流系列是指设计代表站断面有实测径流资料系列，其长度不小于规范规定的年数，即不应小于 30 年。

设计年径流分析计算一般有以下三个步骤：

（1）应对实测径流资料进行审查。

（2）运用数理统计方法推求设计年径流量。

（3）用代表年法推求径流年内分配过程。

5.2.1 径流资料审查

径流资料系列是径流分析计算的依据，直接影响着工程设计的精度。但径流资料系列数据是长期采集而成的，资料数据采集方法、选用参数、断面淤积等因素都可能影响其可靠性，人类长期活动也影响径流资料系列年际间的匹配对应关系。径流资料系列有限，有限的样本资料反映总体情况的程度，以及测站资料与设计流域的相似程度等，直接影响着设计年径流分析计算的精度和工程设计的合理性。因此，对所使用的径流资料必须慎重审查，审查内容包括鉴定年径流量系列的可靠性、一致性和代表性。

5.2.1.1 可靠性分析

可靠性就是资料数据应满足的适用精度，即接近实际数值的程度。

在水利水电工程规划设计中，首先要对水文基本资料进行必要的审查、复核，在审查、复核资料时，重点要放在大水年和小水年的水文资料上。要注意了解水尺位置、零点高程、水准基面的变动，水位、流量观测情况，比降、糙率、浮标系数的采用，断面的冲淤变化，水位与流量关系曲线的定线和高水延长方法等。可通过历年水位与流量关系曲线的比较（特别是高水部分）、上下游及干支流的水量平衡，水位、流量过程线的对照，降雨径流关系的分析等进行审查。

5.2.1.2 一致性分析

一致性是指资料数据在人类活动条件下，年际间资料数据及其规律的匹配程度。

随着人类活动对水文水资源情势影响的不断加深，水文分析与计算中必须分析研究人类活动的影响，对资料系列进行还原或还现的分析计算，以确保满足水文资料系列的一致性要求。常用成因分析法和数理学方法进行资料还原。

1. 成因分析法

成因分析法一般采用分项调查法，也可采用降雨径流模式法等方法。集水面积较大时，可根据人类活动影响的地区差异分区调查计算。

（1）分项调查法。分项调查法以水量平衡为基础，当社会调查资料比较充分，各项人类活动措施和指标都落实时，可获得较满意的结果。一般根据各项措施对径流的影响程度，逐项还原或对其中的主要影响项目进行还原。

一般情况下，工农业用水中农业灌溉是还原计算的主要项目，应详细计算，工业用水量可通过工矿企业的产量、产值及单产耗水量调查分析而得。蓄水工程的蓄变量可按水位和容积曲线推求。跨流域引出水量为直接还原水量，跨流域引入水量只计算其回归水量，水土保持措施对径流的影响可根据资料条件分析计算。

（2）降雨径流模式法。当人类活动影响措施难以调查或调查资料不全时，可采用降雨径流模式法直接推求天然径流量。首先，建立受人类活动影响不显著条件下的降雨径流模式，再采用人类活动对径流有显著影响期间的降水资料，推求天然径流量。

2. 数理学方法

（1）相关分析法。对于有比较明显前后期变化的水文系列，可采用相关分析法进行一致性改正。选择受人类活动影响较小、观测系列前后基本出于"同一总体"且与设计站资料有较好成因关系的测站作为参证站，分时段建立参证站与设计站水文要素的相关关系，对不同时段的相关点据分开定线（相关线），然后将其修正到同一基础上（天然状态或现状），使资料基础趋于一致。

（2）双累积曲线法。本方法同样适用于资料系列明显发生前后变化的情况。将设计站与参证站的资料系列按时间顺序累积值对应点据绘于图上，双累积曲线的坡度存在拐点，表明资料系列一致性已被破坏，近期最大斜率即为反映系列受环境综合影响的实际程度，可按此将系列修正至现状条件。

（3）时间序列提取趋势项法。对于资料系列中存在渐变因素作用而有趋势变化的情况，可采用时间序列提取趋势法。本方法的原理是将水文系列看成由自然因素造成的随机波动和人类活动导致的方向性变化共同作用的结果，即为随机项与趋势项之和（如果有周期项和突变项，则为四项之和），将趋势项从时间序列中分割出来，即可完成系列的一致性修正工作。

5. 2. 1. 3　代表性分析

代表性是选择的资料系列这个样本对设计流域这个总体的反映程度。

应用数理统计法进行水文分析计算时，计算成果的精度决定于样本对总体的代表性，代表性高，抽样误差就小。因此，资料系列代表性审查对衡量水文分析计算成果的精度具有重要意义。一般地，对降雨及径流来说，丰平枯雨（水）段越齐全，其代表性也越高。对暴雨及洪水来说，系列中若既包括大中暴雨（洪水），又包括小暴雨（洪水），其就具有较高的代表性。水文系列代表性分析常用以下方法：

（1）周期性分析。年径流系列中每年的径流值都在其均值的上下变动，并有丰水年组与枯水年组交替出现的现象。对于 n 年径流系列，应着重检验其是否包括丰平枯水段，且丰枯水段是否大致对称分布。

（2）长系列参证变量的比较分析。在气候一致区或水文相似区内，以观测期更长的水文站或气象站的年径流系列或年降水量系列作为参证变量，系列长度为 N 年，与设计代表站年径流系列有 n 年同步观测期，且参证变量的 N 年系列统计特征（主要是均值和变差系数）与其自身的 n 年系列的统计特征接近，则说明参证变量的 n 年系列在 N 年系列中具有较好的代表性，从而也可说明设计代表站 n 年的年径流系列也具有较好的代表性；反之，则说明代表性不足。

（3）差积曲线法。检查系列的代表性，常用模比系数作差积曲线。现以年径流为例，说明计算步骤。

1）计算年径流的模比系数：

$$K_i = \frac{Q_i}{\overline{Q}} \tag{5-2}$$

式中　K_i——第 i 年年径流模比系数；

　　　Q_i——第 i 年年径流量，m^3/s；

　　　$\overline{Q}$——多年平均年径流量，m^3/s。

2）将逐年的 K_i-1 从资料开始年份累积到终止年份，绘制逐年 $\sum(K_i-1)$ 与对应年份的关系曲线，即为年径流模比系数差积曲线。

当差积曲线的坡度向下时表示枯水期，向上时表示丰水期，水平时则表示接近于平均值的平水期。若差积曲线呈现长时期连续下降时，就表示长时期的连续干旱；反之则表示连续多水，坡度越大表示丰枯程度越严重。

（4）累计平均过程线法。水文系列平均值是随系列长度的增长而逐步趋于稳定的，绘制均值与年数的关系曲线能很好地反映这种特性。现以年径流为例说明计算步骤。

1）计算历年径流的累计平均均值：

$$\overline{Q}_{i+j} = \frac{\sum(q_i + q_{i+1} + q_{i+2} + \cdots + q_{i+j})}{j+1} \tag{5-3}$$

式中　$\overline{Q}_{i+j}$——第 i 年至第 $i+j$ 年的年径流累计平均均值，m^3/s；

　　　q_i——第 i 年的年径流量，m^3/s；

　　　q_{i+j}——第 $i+j$ 年的年径流量，m^3/s；

　　　$j+1$——累计年数。

2）将逐年的 Q_{i+j} 从资料开始年份累计到终止年份，绘制逐年 Q_{i+j} 与对应年份的关系曲线，即为年径流累计平均过程线。

这种累计均值曲线的波动幅度需多长的年数才能比较稳定，主要取决于丰枯变化的程度和长短，且与起讫年份有关。

5.2.2　设计年径流的分析计算

1. 径流频率分析

（1）统计时段选取。径流的统计时段可根据工程计算的要求确定，选用年、期等。对于水电工程，年径流量和枯水期径流量决定着发电效益，可采用年或枯水期作为统计时段；而灌溉工程则要求灌溉期或灌溉期各月作为统计时段等。

以年作为统计时段时，为了不使水文循环的完整过程遭到干扰，起讫时间往往不用日历年的起讫日期，而用水文年度来划分，即取每年枯水期结束、汛期开始时为起讫点。在水利计算中也有应用水利年的，即以水库开始蓄水和水库库空的时间为起讫点，以便计算水库充蓄、弃泄和耗用水量间的平衡关系，设计的长期年、月径流系列见表 5-1。

表 5-1　　　　　　　　　　　设计的长期年、月径流系列

年度	3 月	4 月	5 月	6 月	7 月	8 月	9 月	10 月	11 月	12 月	1 月	2 月	$Q_年$ /(m³/s)	W_4 /[(m³/s)·月]
（1）	（2）	（3）	（4）	（5）	（6）	（7）	（8）	（9）	（10）	（11）	（12）	（13）	（14）	（15）
1957—1958	11.3	7.53	18.4	8.01	2.39	6.17	15.6	7.21	1.4	1.29	1.13	3.85	7.02	7.67
1958—1959	1.48	9.74	3.96	23.3	16.7	27.1	47	13	2.18	1.08	0.44	0.32	12.2	3.32
1959—1960	0.48	2.2	13.9	12.8	2.66	2.18	59.4	1.02	3.18	0.96	6	5.09	9.16	11.2
1960—1961	14.8	14.4	3.39	13.2	2.27	44.8	22.3	1.52	0.85	1.09	2.05	18.3	11.6	5.51
...	...	...	...	...	...	...	...	...	...	...	...	...	...	...
1969—1970	14.5	4	6.41	15.4	23	4.21	8.67	1.37	0.42	0.33	1.02	2.31	6.8	3.14
1970—1971	22.8	5.98	15.3	35.7	6.19	0.44	10.9	3.79	3.65	4.25	1.77	3.16	9.49	12.8
1971—1972	30.04	8.38	8.17	23.2	0.65	0.04	12.3	7.89	1.09	1.44	16.8	6.99	11.3
...	...	...	...	...	...	...	...	...	...	...	...	...	...	...
1978—1979	7.52	9.9	6.88	10.6	5.03	9.44	7.69	2.2	1.23	0.61	0.48	0.72	5.19	3.04
1979—1980	3.75	7.18	10.6	1.57	13	43.4	14.7	1.71	0.74	0.58	0.62	3.26	8.43	3.65
1980—1981	19.7	10.4	24.1	10.6	7.16	17.3	7.25	3.57	2.04	1.54	1.44	1.82	8.91	6.84

（2）频率分析。有关频率分析采用的公式及频率曲线线型选择已在前文详细叙述。

（3）参数估计方法。径流的均值、变差系数 C_v 和偏态系数 C_s 一般采用矩法计算，然后用适线法调整确定 C_v 和 C_s。有关 P-Ⅲ 型的参数估计在第 4 章中作过详细叙述，其基本原理适用于径流频率计算，只是在适线拟合点群趋势时，径流频率曲线一般侧重考虑水平年、枯水年的点据。

这种类型的设计年径流成果主要是为了配合水利计算中的长系列操作法。通过历年的来水过程和用水过程进行径流调节计算，求出水库每年所需的兴利库容，然后将水库各年

的兴利库容进行频率计算，求出符合某一设计保证率的兴利库容，具体方法将在第9章中介绍。另外，这种方法在实际工程中，主要适用于大型水利水电工程的规划设计，对于中小型水利水电工程，由于资料条件的限制，通常采用实际代表年或设计代表年的年、月径流量。

【例5-1】 根据表5-1的资料计算该站设计年径流及最小4个月设计年径流。

解

通过对实测径流资料审查和对不同计算时段的径流量进行统计选样后，得到各计算时段的长期径流量系列，然后用第4章介绍的适线法分别进行频率计算，从而推求出指定设计保证率的设计年径流量和其他控制时段的设计径流量。根据表5-1资料经适线法频率计算，求得该站年平均流量及最小4个月水量的设计成果，见表5-2。

表5-2　　　　　　　　　　　　某站径流量频率计算成果表

名　　称	统计参数			设　计　值		
	均值	C_v	C_s/C_v	$P=10\%$	$P=50\%$	$P=90\%$
年平均流量 $\overline{Q}_{年,P}$	8.97m³/s	0.30	2.0	12.6m³/s	8.7m³/s	5.74m³/s
最小4个月水量 $W_{4,P}$	8.45(m³/s)·月	0.65	2.0	15.8(m³/s)·月	7.35(m³/s)·月	2.62(m³/s)·月

在频率适线过程中，应尽量照顾大部分点据分布趋势，侧重于考虑中下部平水年和枯水年的点群分布定线；C_s/C_v 值除特殊地区外，一般可采用2～3，但最终应以适线结果为准。另外，对于实测资料系列中的特殊年份，由于其年径流量值比其他枯水年数值小得多，常称为特小值。它对于枯水年段的适线影响较大，因此应对其出现的重现期进行认真的分析考证，然后合理地延长修正其经验频率，重新绘点适线，使设计成果尽量合理。

2. 设计径流成果合理性分析

设计径流成果的合理性可通过上下游、干支流及邻近流域的径流量对比分析，按照水量平衡原理、水文要素地区变化规律等进行分析检验。

（1）年径流量均值的检查。影响多年平均年径流量的主要因素是气候因素，而气候因素具有地区分布规律，所以多年平均年径流量也具有地区分布规律，将设计站与上下游站和邻近流域的多年平均径流量进行比较，便可以判断所得成果是否合理。若发现不合理现象，应查明原因，作进一步的分析论证。

（2）年径流量变差系数 C_v 的检查。反映径流年际变化程度的年径流量变差系数 C_v 值也具有相应的地区分布规律，我国许多单位对一些流域绘有年径流量 C_v 值等值线图，可以检查年径流量 C_v 值的合理性。但是，这些等值线图一般根据大中流域的资料绘制，与某些具有特殊下垫面条件小流域的年径流量 C_v 可能并不协调，在检查时应深入分析。一般来说，小流域的调蓄能力较小，它的年径流量 C_v 值变化比大流域大。

（3）年径流量偏态系数 C_s 的检查。可利用 C_s/C_v 值的地理分布规律来检查 C_s 值的合理性，但 C_s/C_v 值是否具有地理分布规律还有待进一步研究，尚无公认的结果，在我国 C_s/C_v 值一般采用2～3。

5.2.3　设计年径流年内分配

天然河流径流量除显示出年际变化外，还表现有年内季节性变化，这种季节性变化称为径流年内分配。径流年内分配极为复杂，因此，从实测年份中选出某些年的径流年内分配作为典型，然后予以缩放作为工程设计使用的年内分配。

1. 代表年的选择

在实测资料中选择代表年，可按以下原则进行：

(1) 选择与设计年水量或某一时段内设计水量相近的年份作为代表年。这是因为与设计水量相近，使得代表年径流形成的条件不至于和设计年内分配的形成条件相差太远。这样，用代表年的径流分配情况去代表设计情况的可能性也比较大。

(2) 选择对工程运行较不利的年份作为代表年。这是因为目前对径流年内分配的规律还研究得不充分，从安全角度，选择对工程运行较不利的年份作为典型年。所谓对工程运行不利，就是根据这种分配，计算所得的工程效益较低。如对灌溉工程而言，如果代表年灌溉需水季节的径流量比较枯，非灌溉季节的径流量相对比较大，这种分配需要较大的蓄水库容才能保证供水。

年径流量接近设计年径流量的实测径流过程线可能不止一条，这时，应选择其中较不利的过程线，使工程设计偏于安全，究竟何种过程线较不利，往往要经过水利调节计算来判别，以一项原则为主，适当考虑另一项原则。一般来说，对于灌溉工程，选择灌溉需水季节径流比较枯的年份；对于水电工程，则选择枯水期较长、径流又较枯的年份。

2. 设计年径流的年内分配计算

设计年径流年内分配计算主要有同倍比法和同频率法两种方法。

(1) 同倍比法。按工程性质和要求，如由灌溉期、通航期或水库调节期，选定起控制作用的某一时段 t 的平均流量为控制，以其设计值与典型过程的数值之比，缩放典型过程的逐时段径流量，得出设计年径流年内分配过程。常见的有按年水量控制和按供水期水量控制这两种同倍比法。

缩放系数 K 按下式计算：

$$K = \frac{Q_P}{Q_D} \qquad\qquad (5-4)$$

式中　Q_P、Q_D——设计年径流量和代表年的年径流量。

式 (5-4) 是以年水量为控制的，当把供水期的设计径流量和代表年年内相应计算时段的径流量代入式 (5-4) 中时，就是以供水期水量为控制的，其成果要比年水量控制的更为合理。

(2) 同频率法。工程设计中，有时为进行不同要求的水利计算或作方案比较，常要求设计年内分配的各个时段都符合设计标准。此时可采用年内各时段同频率控制缩放的方法，推求设计年内分配过程。

同频率法也称为多倍比法，即将代表年各月（旬）的径流量分段按不同的倍比缩放。例如，若要求设计最小 1 个月、最小 3 个月、最小 5 个月以及全年的径流量（$W_{1,P}$、$W_{3,P}$、$W_{5,P}$ 和 $W_{12,P}$）都符合设计频率，则各时段的缩放倍比如下：

最小 1 个月的倍比 $\qquad\qquad K_1 = \dfrac{W_{1,P}}{W_{1,D}} \qquad\qquad (5-5a)$

最小 3 个月其余两个月的倍比 $\quad K_{3-1} = \dfrac{W_{3,P} - W_{1,P}}{W_{3,D} - W_{1,D}} \qquad\qquad (5-5b)$

最小 5 个月其余两个月的倍比 $K_{5-3}=\dfrac{W_{5,P}-W_{3,P}}{W_{5,D}-W_{3,D}}$ （5 - 5c）

全年其余 7 个月的倍比 $K_{12-5}=\dfrac{W_{12,P}-W_{5,P}}{W_{12,D}-W_{5,D}}$ （5 - 5d）

式中 $W_{1,D}$、$W_{3,D}$、$W_{5,D}$、$W_{12,D}$——代表年最小 1 个月、最小 3 个月、最小 5 个月和全年的径流量。

用式（5 - 5）求出的各时段的缩放倍比 K，对代表年各相应时段进行分段缩放，即得出设计年径流的年内分配。此时，各时段径流量都符合设计频率的要求，比同倍比法计算的结果要合理些。但由于采用几个倍比缩放，破坏了代表年径流的分配形状，因此，对同频率法所得的成果常常要作径流成因分析，以探求这种径流年内分配的合理性。

【例 5 - 2】 某站具有 25 年实测径流资料，见表 5 - 1，频率计算成果见表 5 - 2。试用同倍比缩放法推求 $P=10\%$、50%、90% 设计年径流的年内分配。

解

（1）根据代表年的选择原则，从实测资料中选择 1960—1961 年为 $P=10\%$ 的丰水代表年，1978—1979 年为 $P=90\%$ 的枯水代表年。并按年平均流量和年内分配接近多年平均情况的原则，选出 1980—1981 年为 $P=50\%$ 的平水代表年。

以年水量为控制计算缩放比 K：

丰水年 $P=10\%$，$K_丰=12.6/11.6=1.09$；

平水年 $P=50\%$，$K_平=8.70/8.91=0.976$；

枯水年 $P=90\%$，$K_枯=5.74/5.19=1.11$。

计算设计年径流的年内分配，以各缩放系数乘以相应代表年逐月径流量，即得丰、平、枯 3 种年型的设计年径流的年内分配，见表 5 - 3。

表 5 - 3   **某站同倍比法设计年径流的年内分配计算表**   单位：m^3/s

年　型	3 月	4 月	5 月	6 月	7 月	8 月	9 月	10 月	11 月	12 月	1 月	2 月	$Q_年$
丰水代表年（1960—1961 年）	14.8	14.4	3.39	13.2	2.27	44.8	22.3	1.52	0.85	1.09	2.05	18.3	11.6
缩放比 K	1.09	1.09	1.09	1.09	1.09	1.09	1.09	1.09	1.09	1.09	1.09	1.09	
$P=10\%$ 设计丰水年	16.1	15.6	3.69	14.4	2.47	48.8	24.3	1.65	0.93	1.18	2.23	19.9	12.6
平水代表年（1980—1981 年）	19.7	10.4	24.1	10.6	7.16	17.3	7.25	3.57	2.04	1.54	1.44	1.82	8.91
缩放比 K	0.976	0.976	0.976	0.976	0.976	0.976	0.976	0.976	0.976	0.976	0.976	0.976	
$P=50\%$ 设计平水年	19.2	10.4	23.5	10.3	6.99	16.9	7.08	3.48	1.99	1.50	1.41	1.78	8.7
枯水代表年（1978—1979 年）	7.52	9.9	6.88	10.6	5.03	9.44	7.69	2.2	1.23	0.61	0.48	0.72	5.19
缩放比 K	1.11	1.11	1.11	1.11	1.11	1.11	1.11	1.11	1.11	1.11	1.11	1.11	
$P=90\%$ 设计枯水年	8.35	10.9	7.64	11.7	5.58	10.5	8.51	2.44	1.36	0.67	0.53	0.80	5.74

由 ［例 5 - 2］ 可以看出，同倍比法虽然计算简单，设计的年内分配变化规律与代表年一致，但推求出的设计年径流过程各控制时段的径流量并不一定全部符合设计频率，因此实际工作中常用同频率法计算。

【例 5 - 3】 资料同 ［例 5 - 1］，工程属发电为主的水库，因此选最小 4 个月的水量作为控制时段，频率计算成果见表 5－4，仍选 1978—1979 年为枯水代表年，试用同频率放大法计算 $P=90\%$ 时设计年径流的年内分配。

解

（1）计算缩放比 K。

代表年最小 4 个月（1978 年 11 月至 1979 年 2 月）的水量 $W_{4,D}$ 为

$$W_{4,D}=1.23+0.61+0.48+0.72=3.04 \ [(\text{m}^3/\text{s})\cdot \text{月}]$$

最小 4 个月的倍比为

$$K_4=\frac{W_{4,P}}{W_{4,D}}=\frac{2.62}{3.04}=0.862$$

全年其余 8 个月的倍比为

$$K_{12-4}=\frac{W_{12,P}-W_{4,P}}{W_{12,D}-W_{4,D}}=\frac{68.87-2.62}{62.3-3.04}=1.118$$

（2）设计年径流的年内分配计算见表 5－4。

表 5－4 　　　　　某站同频率法设计年径流的年内分配计算表 　　　　　单位：m³/s

年型	3 月	4 月	5 月	6 月	7 月	8 月	9 月	10 月	11 月	12 月	1 月	2 月	全年
枯水代表年 （1978—1979 年）	7.52	9.9	6.88	10.6	5.03	9.44	7.69	2.2	1.23	0.61	0.48	0.72	62.30
缩放比 K	1.118	1.118	1.118	1.118	1.118	1.118	1.118	1.118	0.862	0.862	0.862	0.862	
$P=90\%$设计枯水年	8.41	11.07	7.69	11.85	5.62	10.55	8.60	2.46	1.06	0.53	0.41	0.62	68.87

5.3 具有短期实测径流资料时设计年径流的分析计算

5.3.1 设计年径流的分析计算

国内现行的水利水电工程水文计算规范规定，径流频率计算依据的资料系列应在 30 年以上，当设计依据站实测径流资料不足 30 年，或虽有 30 年但系列代表性不足时，应进行插补延长，插补延长年数应根据参证站资料条件、插补延长精度和设计依据站系列代表性要求确定。在插补延长精度允许的情况下，尽可能延长系列长度。根据资料条件，径流系列的插补延长可采用下列方法。

（1）本站水位资料系列较长，且有一定长度的流量资料时，可通过本站的水位流量关系插补延长。

（2）上、下游或邻近相似流域参证站资料系列较长，与设计依据站有一定长度同步系列，相关关系较好，且上下游区间面积较小或邻近流域测站与设计依据站集水面积相近时，可通过水位或径流相关关系插补延长。

（3）设计依据站径流资料系列较短，而流域内有较长系列雨量资料，且降雨径流关系较好时，可通过降雨径流关系插补延长，该方法较适合于我国南方湿润地区，对于干旱地区，降水径流关系较差，难以利用降雨径流关系来插补径流系列。

采用相关关系插补延长时，其成因概念应明确。相关点据散乱时，可增加参变量改善相关关系；个别点据明显偏离时，应分析原因。相关线外延的幅度不宜超过实测变幅的 50%。

对插补延长的径流资料，应从上下游水量平衡、径流模数等方面进行分析，检查其合理性。

有了经插补延长得到的年径流量系列，就可以进行频率计算和年内分配计算，其计算方法与有长期实测径流资料的相同。

5.3.2 设计年径流年内分配计算

设计年径流年内分配计算的方法与具有长期实测资料时的计算方法相同，即同倍比法和同频率法。

5.4 缺乏实测径流资料时设计年径流分析计算

5.4.1 设计年径流量的计算

在进行水利水电工程规划设计时，经常遇到缺乏实测径流资料的情况，或者虽有短期实测径流资料但无法插补延长。在这种情况下，设计年径流量及其年内分配只有通过间接途径来推求。目前，常用的方法有水文比拟法、参数等值线图法、地区综合法和经验公式法等。

1. 水文比拟法

水文比拟法是将参证流域的某一水文特征量移用到设计流域的方法。这种移用以设计流域影响径流的各项因素与参证流域相似为前提。因此，使用本方法的关键问题在于选择恰当的参证流域，且参证流域应具有较长的实测径流资料系列。影响径流的主要因素是气候因素和下垫面因素，可通过气象因子及其气候成因分析，以及历史上旱涝灾情调查，说明气候条件的一致性，并通过流域查勘及有关地理和地质资料，论证下垫面的相似性。设计流域和参证流域的面积不应相差太大。

（1）面积比拟法。当设计流域与参证流域的气候条件相似、自然地理条件相近时，可将参证流域径流频率分析计算成果采用集水面积的比例进行缩放移用到设计流域，即直接移用径流深。计算公式为

$$R_{年,设} = R_{年,参} \frac{F_{设}}{F_{参}} \tag{5-6}$$

式中 $R_{年,设}$ ——设计流域的年径流深，mm；

$R_{年,参}$ ——参证流域的年径流深，mm；

$F_{设}$ ——设计流域面积，km²；

$F_{参}$ ——参证流域面积，km²。

设计流域年径流量的年内分配可直接移用参证流域各种典型年的各月径流分配比乘以设计年径流量，或将参证流域典型年的径流资料用面积比拟法移到设计流域。

（2）考虑雨量修正法。设计流域与参证流域的自然地理条件相近，但降雨量有较大差别，在进行比拟时还需考虑雨量的修正，即直接移置参证流域径流系数，计算公式为

$$R_{年,设} = R_{年,参} \cdot \frac{F_{设}}{F_{参}} \cdot \frac{H_{年,设}}{H_{年,参}} \tag{5-7}$$

式中　　$H_{年,设}$——设计流域的年平均雨量，mm；

　　　　$H_{年,参}$——参证流域的年平均雨量，mm。

设计流域年径流量的年内分配可将参证流域典型年的径流资料用雨量比拟法移到设计流域。

（3）移置参证流域年降雨径流相关图法。当设计流域与参证流域的气候条件相似、自然地理条件相近、产汇流条件较为一致时，可移用参证流域的年降雨径流相关关系。先根据参证流域的降雨和径流资料作出年降雨径流相关图，并移用到设计流域；再由设计流域代表年的降雨量查算设计流域径流深。其逐月径流过程可根据参证流域的月径流分配过程按年径流量同倍比缩放求得。

【例 5-4】　某以灌溉为主的水库，设计断面以上集雨面积 $F = 497\text{km}^2$，无实测径流资料，与设计流域同一气候区，下垫面条件相似，且代表性好的参证流域集雨面积 $F = 535\text{km}^2$，$P = 80\%$ 的 $Q_P = 8.50\text{m}^3/\text{s}$，试用水文比拟法推求设计站 $P = 80\%$ 的设计年径流。

解　$Q_{80\%} = (F_{设}/F_{参}) \times Q_{P参} = (497/535) \times 8.50 = 7.90(\text{m}^3/\text{s})$

【例 5-5】　贵州红岩水库坝址以上流域集水面积 $F = 152.5\text{km}^2$，面降水量以惠水气象站和松柏山水库站为代表，算术平均值为 1128.4mm；径流系数根据有关等值线图取 0.52。惠水水文站流域集水面积 908km^2，多年平均流量 $17.0\text{m}^3/\text{s}$，面降水量以花溪、惠水、龙里气象站，青岩雨量站、松柏山水库站为代表，算术平均值为 1118mm；径流深 590mm，径流系数 0.528。

试根据惠水水文站用水文比拟法推求红岩水库坝址径流。

解　根据水文比拟法，按公式

$$\overline{Q}_{坝址} = \overline{Q}_{依据站}\left(\frac{F_{坝址}}{F_{依据站}}\right)k_1 k_2$$

计算得到 $\dfrac{F_{坝址}}{F_{依据站}} = 0.168$；$k_1 = 1128.4/1118 = 1.009$；$k_2 = 0.52/0.528 = 0.985$

$$\overline{Q}_{坝址} = 17.0 \times 0.168 \times 1.009 \times 0.985 = 2.84(\text{m}^3/\text{s})$$

通过上面的公式可计算出红岩水库坝址处历年年平均流量及多年平均流量；并根据相应年份的径流过程进行年内分配，推求坝址处长系列历年逐月径流过程。径流变差系数根据惠水水文站的年径流 C_v，并结合等值线图取 0.31，然后计算出坝址处不同频率的年径流设计成果，见表 5-5。

表 5-5　　　　　　　　　　　坝址径流计算成果表

断面	统计参数			设计值/（m³/s）					
	均值/（m³/s）	C_v	C_s/C_v	$P=10\%$	$P=20\%$	$P=50\%$	$P=80\%$	$P=90\%$	$P=95\%$
惠水水文站	17	0.27	2	23.1	20.7	16.6	13.1	11.4	10.2
红岩水库	2.84	0.31	2	4.01	3.54	2.75	2.09	1.79	1.56

2. 参数等值线图法

水文特征值主要受气候因素和下垫面因素影响。影响水文特征值的因素随地理坐标不同而发生连续的变化，使得水文特征参数如均值、C_v 值在地区上有渐变的规律，据此可以绘制参数等值线图。目前，我国已编制了全国及各种分区的参数等值线查算图集〔有的省（自治区、直辖市）称为水文手册〕，可供缺乏实测资料的流域使用。参数等值线图法推求设计年径流一般适用于 $300 \sim 5000 \mathrm{km}^2$ 的流域，在使用时一定要注意图集的适用范围。

（1）多年平均年径流量的推求。用参数等值线图推求无实测径流资料流域的多年平均年径流量时，需首先在图上描出设计断面以上的流域范围，其次定出流域的形心。在流域面积较小、流域内径流深等值线分布均匀的情况下，流域的多年平均年径流量可以通过流域形心的等值线直接确定，或者根据形心附近的两条等值线按比例内插求得。如流域面积较大或等值线分布不均匀时，则应采用面积加权平均法推求。

$$\overline{R}=\frac{0.5(R_1+R_2)f_1+0.5(R_2+R_3)f_2+0.5(R_3+R_4)f_3+\cdots}{F} \tag{5-8}$$

式中　　　$\overline{R}$——设计流域的多年平均径流深，mm；

R_1、R_2、$\cdots$——等值线所代表的多年平均年径流深，mm；

f_1、f_2、$\cdots$——两相邻等值线间的流域面积，km^2；

F——设计断面以上控制面积，km^2。

在图 5-1 中，M 为设计断面处，O 为设计流域面积的形心，位于等值线 $600 \sim 650\mathrm{mm}$ 之间，并靠近 600mm 等值线 1/3 的间距，用直线内插法即可求得 O 点的多年平均径流深为

$$600+\frac{1}{3}\times(650-600)=617(\mathrm{mm})$$

即为 M 设计断面以上集水面积的多年平均径流深为 617mm。

还应指出，目前各省（自治区、直辖市）的水文手册（图集）中，多年平均径流深等值线图的绘制，多数是根据中等流域测站的实测径流资料勾绘的。

（2）年径流量变差系数 C_v 的推求。变差系数 C_v 值的查算方法与多年平均年径流量的方法相似。

（3）年径流偏态系数 C_s 的推求。偏态系数 C_s 一般通过 C_s 与 C_v 的比值给出。如果水文手册上给出了 C_s 与 C_v 的比值，可直接采用，在多数情况下，常采 $C_s=2C_v$。

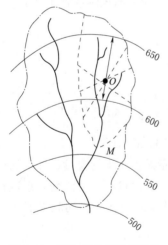

图 5-1　某地区多年平均年径
流深等值线图（单位：mm）

求得均值、C_s 和 C_v 这三个参数后，可由已知设计频率查 P-Ⅲ型曲线的 K 值或 Φ 值表，推求设计年径流量或丰、平、枯水代表年的设计年径流量，各省（自治区、直辖市）水文手册配合参数等值线图，都按气候及地理条件作了分区，并给出了分区的丰、平、枯水典型分配过程以备查用。

【**例 5-6**】　贵州金家箐水库坝址以上流域集水面积 $4.03\mathrm{km}^2$，依据对设计流域邻近

的乌当、开阳气象站及羊昌雨量站历年降水量资料系列的分析成果，结合贵州省多年平均年降水量等值线图，设计流域多年平均年降水量取 $\overline{H}=1045.5\text{mm}$，$C_v=0.17$，$C_s=2C_v$。设计流域的多年平均年径流系数取 0.48。

试推求坝址多年平均径流量及设计径流量。

解

（1）坝址处多年平均径流深为 $R=1045.5\times0.48=501.8(\text{mm})$；坝址处多年平均径流量为 $=501.8\times4.03/10=202$（万 m^3）。

（2）径流的变差系数根据《贵州省地表水资源》中的公式计算：

$$C_{v,y}=\frac{\gamma C_{v,x}}{\alpha m+\beta\lg F}$$

式中　$C_{v,y}$——年径流变差系数；

$\quad C_{v,x}$——年降水量变差系数，$C_{v,x}=0.17$；

$\quad\quad F$——集水面积，$F<100\text{km}^2$ 时取 $F=100\text{km}^2$；

$\quad\quad\alpha$——年径流系数；

m、β、γ——地区性经验参数，$m=0.7$，$\beta=0.04$，$\gamma=1.3$。

计算得 $C_{v,y}=0.32$，结合《贵州省地表水资源》中有关等值线图及邻近的麦翁、修文水文站的径流 C_v 及坝址径流 C_v 成果，年径流的变差系数 C_v 取 0.35，偏态系数 C_s 取 $2C_v$。

根据乌当气象站历年降水量的经验频率在年径流深设计频率曲线上查得径流深，再用年降水量的实测值与同一经验频率查降水频率曲线上的理论值进行修正，即可得到逐年的径流深。径流的年内分配，按降水分配率分配并对枯水进行控制可得到水库的径流过程，见表 5 - 6。

表 5 - 6　　　　　　　　　金家箐水库坝址径流计算成果表

统计参数			设计值/万 m^3					
均值/万 m^3	C_v	C_s/C_v	$P=10\%$	$P=20\%$	$P=50\%$	$P=80\%$	$P=90\%$	$P=95\%$
202	0.35	2	296	258	194	141	118	101

3. 经验公式法

经验公式法是以多年平均年径流量与其影响因素之间的定量关系为基础，根据设计流域的具体条件估算多年平均年径流量的一种方法。许多省（自治区、直辖市）的水文手册中有率定的经验公式，可直接采用。应用经验公式推算设计成果时，一般应先分析经验公式的适用条件，然后研判是否可用于设计流域。

经验公式的形式很多，下面仅列两种：

$$Q_0=b_1F^{n_1} \tag{5-9}$$

$$Q_0=b_2F^{n_2}\overline{H}^m \tag{5-10}$$

式中　　　　　　Q_0——多年平均流量，m^3/s；

$\quad\quad\quad F$——流域面积，km^2；

$\quad\quad\quad \overline{H}$——流域多年平均降水量，$\text{mm}$；

b_1、b_2、n_1、n_2、m——待定参数，通过地区综合方法分析确定。

5.4.2　设计年径流年内分配计算

不管采用什么方法求得年径流的 3 个统计参数后，即可推求制定频率的设计年径流。年内分配计算一般直接移用参证流域代表年的月径流分配百分比，乘以设计年径流量即得设计年径流量的年内分配。

惠水水文站有 55 年实测径流资料，现给出部分径流资料；见表 5-7。已在［例 5-9］算得多年平均年径流量 $\overline{Q}=17\text{m}^3/\text{s}$，$C_v=0.27$，$C_s=2C_v$。根据三个统计参数求得设计频率 $P=10\%$、50%、90% 对应的设计年径流为 $Q_{10\%}=23.1\text{m}^3/\text{s}$，$Q_{50\%}=16.6\text{m}^3/\text{s}$，$Q_{90\%}=11.4\text{m}^3/\text{s}$。要求选择上述丰、平、枯三种代表年，并进行设计年径流的年内分配。

表 5-7　　　　　　　　　　　惠水水文站部分逐月平均流量表　　　　　　　　单位：m^3/s

年份	5月	6月	7月	8月	9月	10月	11月	12月	1月	2月	3月	4月	年值
1975	49.4	15.7	5.47	6.24	14.5	9.67	11.4	5.74	4.24	3.39	4.49	14.2	12.0
1976	45.3	65.8	50.1	12.4	21.6	30.4	22.3	9.77	6.4	7.63	5.01	24.8	25.1
1977	24.9	56.3	76.2	32.6	16.2	33.6	15.6	6.64	4.47	3.04	2.34	1.67	22.8
1978	32.7	52.7	21	16.9	7.16	9.67	19.8	6.26	3.73	3.98	2.95	3.94	15.1
1979	28.8	87.3	84.5	45.2	32.9	9.39	5.41	4.44	3.58	2.81	2.6	2.8	25.8
1980	39.4	28.1	25.4	55.7	12	13	8.61	7.21	5.13	5.4	4.18	3.6	17.3
1981	19.8	18.9	10.4	6.47	17.7	11.3	24.8	5.69	4.1	13.6	4.48	16.2	12.8
1982	18.9	47.5	12.1	29.4	24.9	12.8	18.6	10.5	7.78	7.16	13.3	13.1	18.0
1983	35.5	43.3	25.3	37.6	34.9	16.5	9.04	5.99	5.24	4.37	4.05	15.9	19.8
1984	33.6	42.7	29.6	37.8	18.3	19.1	9.49	7.16	5.43	4.65	4.43	5.6	18.2
1985	36.5	56.8	66.2	13.1	8.83	4.33	4.34	3.13	2.58	2.1	2.1	3.36	16.9
1986	4.71	32.3	28.8	18.4	25.9	13.5	8.07	5.31	4.24	4.31	2.72	2.75	12.6
1987	2.47	13.6	49.2	29.4	13.9	49.9	13.8	8.42	3.59	3.49	3.76	3.64	16.3
1988	3.56	42.5	26.7	61.3	74	13	6.55	4.09	4.34	3.74	4.34	3.15	20.6
1989	12.5	27.6	11.9	13.1	17.6	7.58	6.86	4.68	2.48	2.32	6.17	5.97	9.9
1990	18.4	54.7	11.3	7.19	6.1	6.93	4.09	3.09	3.21	3.82	3.36	4.23	10.5
1991	8.54	34.9	79.6	15.2	7.79	2.07	2.07	2.03	3.78	4.27	4.21	15.1	15.0
1992	32.4	61.6	32.7	4.34	4.55	6.84	5.42	4.25	3.66	3.73	3.07	3.35	13.8
1993	9.21	31.5	42.2	21.6	25.2	8.16	7.33	5.55	3.26	2.92	2.94	4.94	13.7
1994	19.6	30.4	10.9	7.76	8.61	24.4	7.72	7.54	6.52	7.42	6.1	9.53	12.2
1995	38.3	50.3	38	22.9	29.1	20.9	15.1	9.15	5.66	4.07	5.85	9.51	20.7
1996	22.9	75.4	57.2	9.35	7.05	14	18.5	10.9	10.1	10.7	9.64	20.9	22.2
1997	31.4	33.9	48.3	9.59	24.1	50	9.63	5.92	6.23	4.93	5.8	9.02	19.9
1998	18.3	68.9	41.5	30.9	11.2	20.3	16.2	9.93	5.1	3.69	5.62	9.78	20.1
1999	12.6	40.9	123	52.2	38.3	11.5	21.3	8.15	6.08	5.56	11.9	14.1	28.8

续表

年份	5月	6月	7月	8月	9月	10月	11月	12月	1月	2月	3月	4月	年值
2000	32.6	98.9	25.3	35.5	20.4	19.5	10.6	9.3	6.63	6.56	6.96	6.98	23.3
2001	18.4	40.1	32.7	11.5	9.92	11.9	12.7	8.67	7.36	7.1	9.09	7.17	14.7
2002	37.9	33.6	28.4	53.1	11.6	9.31	6.68	6.36	5.48	4.45	4.89	9.66	17.6
2003	41.2	29.1	32.4	9.73	11.8	8.29	7.54	6.97	5.9	5.14	6.09	12.6	14.7
2004	39.5	15.4	52.1	28.5	14.7	8.83	6.97	6	6.74	6.13	4.9	4.84	16.2
2005	16.8	42.4	16.1	11.7	8.56	8.41	5.1	4.17	4.19	4.14	5.19	4.1	10.9
2006	9.41	37.2	20.7	15.3	8.78	15.9	10.2	5.56	4.64	3.8	4.45	4.09	11.7
2007	6.05	72.4	69.9	33	24.4	9.68	6.57	5.52	4.21	3.88	5.4	4.61	20.5
2008	36.9	15.1	39.4	51.3	38.1	13.1	30.2	7.31	5.51	4.51	4.61	20	22.2
2009	35.5	25.7	33.5	11.9	7.81	5.66	4.69	4.05	3.93	3.11	2.81	2.84	11.8
2010	4.8	38.6	31.8	10.5	18.6	29.8	7.65	9.27	5.88	5.05	4.06	5.25	14.3
2011	13.9	34.5	12.9	7.82	6.62	23.9	18	7.8	6.28	5.02	4.57	5.04	12.2
2012	45.6	70.9	45.4	17.7	11.9	8.54	6.89	4.91	4.23	3.78	3.32	6.2	19.1
2013	26.7	35	6.94	8.3	7.31	5.3	7.76	7.15	4.24	3.89	10.6	12.9	11.3

解 代表年选择原则：①选择年径流量和枯季径流量与设计值相接近的年份；②选取对工程不利的年份，即选用水量在年内的分配对工程较为不利的年份作为代表年。选取惠水水文站 2000—2001 年 $P=10\%$ 丰水年，1980—1981 年 $P=50\%$ 平水年，2009—2010 年为 $P=90\%$ 枯水年典型年。采用同倍比放大推求代表年径流过程。设计年径流计算成果见表 5-8。

表 5-8　　　　　　　　　设计年径流计算成果表　　　　　　单位：m³/s

项目	枯水代表年 （2009—2010 年）	$P=90\%$ 设计枯水年	平水代表年 （1980—1981 年）	$P=50\%$ 设计平水年	丰水代表年 （2000—2001 年）	$P=10\%$ 设计丰水年
5月	35.5	34.3	39.4	37.8	32.6	32.3
6月	25.7	24.8	28.1	27.0	98.9	98.1
7月	33.5	32.4	25.4	24.4	25.3	25.1
8月	11.9	11.5	55.7	53.4	35.5	35.2
9月	7.81	7.55	12	11.5	20.4	20.2
10月	5.66	5.47	13	12.5	19.5	19.3
11月	4.69	4.53	8.61	8.26	10.6	10.5
12月	4.05	3.91	7.21	6.92	9.30	9.22
1月	3.93	3.80	5.13	4.92	6.63	6.57
2月	3.11	3.00	5.4	5.18	6.56	6.50
3月	2.81	2.71	4.18	4.01	6.96	6.90
4月	2.84	2.74	3.6	3.45	6.98	6.92
年值	11.8	11.4	17.3	16.6	23.3	23.1

$$K_丰 = Q_{设计10\%} / Q_{典型10\%} = 23.1/23.3 = 0.991$$
$$K_平 = Q_{设计50\%} / Q_{典型50\%} = 16.6/17.3 = 0.960$$
$$K_枯 = Q_{设计90\%} / Q_{典型90\%} = 11.4/11.8 = 0.966$$

复 习 思 考 题

1. 什么是设计年径流？设计年径流计算的目的和内容是什么？
2. 试分析年径流的基本特性及其影响因素。
3. 什么是水文年？什么是水利年？
4. 为什么要对年径流资料进行审查？审查资料的"三性"指的是什么？
5. 简述具有长期实测径流资料时设计年径流的计算思路和方法步骤？

习　　题

1. 某水利工程的设计站，有 1970—1981 年的实测年径流资料。其下游一参证站有 1965—1981 年的年径流系列资料，见表 5-9，其中 1976—1977 年和 1977—1978 年的年内逐月径流分配见表 5-10。试求：（1）根据参证站系列，将设计站的年径流系列延长至 1965 年；（2）根据延长后的设计站年径流系列，求 $P = 95\%$ 的设计年径流量；（3）求设计站 $P = 95\%$ 的设计年径流量年内分配过程。

表 5-9　　　　　　　　　　设计站、参证站年平均流量　　　　　　　　　单位：m^3/s

水利年	1965—1966	1966—1967	1967—1968	1968—1969	1969—1970	1970—1971
设计站						396
参证站	665	750	540	695	810	430
水利年	1971—1972	1972—1973	1973—1974	1974—1975	1975—1976	1976—1977
设计站	596	459	577	560	514	438
参证站	643	516	664	594	559	464
水利年	1977—1978	1978—1979	1979—1980	1980—1981	1981—1982	
设计站	377	462	508	564	548	
参证站	400	505	528	614	603	

表 5-10　　　　　　　　　　设计站枯水年份逐月平均流量

水利年	6 月	7 月	8 月	9 月	10 月	11 月	12 月	1 月	2 月	3 月	4 月	5 月	年平均
1976—1977	681	782	710	637	449	279	188	141	138	257	389	604	438
1977—1978	504	851	520	739	442	231	183	124	109	172	200	450	377

2. 某设计站集水面积 $F = 186 km^2$，无实测径流资料。下游参证站有 30 年实测径流资料，算得多年平均流量 $\overline{Q}_参 = 7.0 m^3/s$，集水面积 $F = 210 km^2$。试用水文比拟法推求设计站多年平均流量 $\overline{Q}_设$。

第6章 设计洪水分析计算

教学内容：①设计洪水及防洪标准；②由流量资料推求设计洪水；③由暴雨资料推求设计洪水；④小流域设计洪水计算；⑤设计洪水的其他问题。

教学要求：了解设计标准以及推求设计洪水的途径，掌握洪峰与洪量的选样，掌握考虑特大洪水加入实测资料系列时设计洪峰流量的计算方法，掌握同频率法放大洪水过程线；了解由暴雨资料推求设计洪水的方法，掌握设计暴雨的计算方法和在设计条件下将设计暴雨转化为设计净雨及设计洪水的方法；了解小流域设计洪水的特点和计算方法，掌握推理公式法推求设计洪峰流量。

6.1 设计洪水及防洪标准

6.1.1 设计洪水

1. 洪水

洪水是江河流域经常发生的水文现象。当流域内发生暴雨或冰雪迅速消融，大量的地面径流量汇入河网，使河道水位急剧上涨，流量迅速增大，这就是人们所说的发生了洪水。由暴雨形成的洪水称为雨洪，由融雪形成的洪水称为春汛或桃汛。我国大部分地区的洪水系暴雨所形成，只在东北、新疆及西部高山区河流才有明显的春汛过程。

一次洪水持续时间的长短，与暴雨特性及流域自然地理特性有关，一般由几小时到数天。洪水过程可由水文站实测水位及流量资料绘制，如图 6-1 所示，由图可看出起涨点 a、洪峰流量 Q_m、洪水总量 W_T、落平点 d 和洪水过程线。

洪峰流量、洪水总量和洪水过程线是表示洪水特性的三个基本水文变量，称为洪水三要素，简称为"峰、量、型"。

当洪峰流量超过了天然河道正常下泄能力后，便可能造成洪水漫溢河堤，淹没耕地、村庄、城镇，造成生命财产损失，这种洪水即为灾害性洪水。例如河南"75·8"特大暴雨所造成的特大洪水即是一种罕见的灾害性洪水；又如我国南方多地"98·6"特大洪水灾害。

设计洪水是指符合防洪设计标准要求，以洪峰流量、洪水总量和洪水过程线等特征表示的洪水。因此，设计洪水计算包括设计洪峰流量、不同时段设计洪量及设计洪水过程线等三

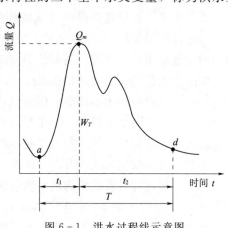

图 6-1 洪水过程线示意图

要素的推求。是否需计算全部要素应根据工程特点和设计要求而定。但不论是否计算其三要素或是部分内容，拟定设计洪水均含两方面内容：一是采用怎样的设计标准；二是用什么方法推求与设计标准相符的洪水要素。

确定设计洪水程序通常是先确定设计工程的等级及建筑物级别；再按设计洪水规范选用相应的设计标准（即设计频率）；最后推求设计频率的洪峰流量、不同时段洪水总量及洪水过程线。

2. 洪峰流量

洪峰流量 Q_m 是一次洪水过程中的瞬时最大流量。中小流域的洪水过程具有陡涨陡落的特点，洪峰流量与相应的最大日平均流量相差较大；大流域洪峰持续时间较长，Q_m 与最大日平均流量相差较小。

3. 洪水过程线

表示洪水流量随时间而变化的过程线。洪水过程线形状是若干影响洪水因素的综合反映。随着影响因素的变化，洪水过程线的形状也随之变化。山溪性小河洪水陡涨陡落，洪水过程线的线型多为单峰型，且峰型尖瘦、历时短；平原河流及大流域，因流域调蓄作用较大，汇流时间长，加上干支流洪水的组合，使峰形迭起，过程线形状多呈复式峰型。

4. 洪水总量

洪水总量 W 为 T 时段内通过河道某断面的总水量，数值等于从起涨点 a 开始的洪水过程线 $Q_t - t$ 到落平点 d 与横坐标轴 T 所包围的面积。

$$W = \int_{t_1}^{t_2} Q(t)\,\mathrm{d}t \tag{6-1}$$

式中　$Q(t)$ ——t 时刻的洪水流量，$\mathrm{m^3/s}$；

　　　t_1，t_2——洪水起涨、落平时刻。

实际工作中常将流量过程线划分为 n 个计算时段近似计算。

6.1.2　防洪设计标准与工程风险率

1. 防洪设计标准

洪水泛滥造成的洪灾是最主要的一种自然灾害，它给城市、乡村、工矿企业、交通运输、水利水电工程设施等带来巨大的损失。如 1998 年的"三江"洪水造成 3000 多人死亡，直接经济损失达 3000 多亿元。为了保护人民生命财产不受洪水的侵害，修建了各种防洪的工程措施，如水库、河堤、分洪滞洪区工程等。而非工程措施是指防洪的软件工程，如防洪预警系统、防洪指挥系统、社会保险保障系统等。对于各种防洪工程在规划设计时，必须选择一定大小的洪水作为设计依据，以便按此对水工建筑物或防洪区进行防洪安全设计。如果洪水定得过大，工程虽然偏于安全，但会使工程造价增大而不经济；若洪水定得过小，虽然经济但工程遭受破坏的风险增大。因此，如何选择较为合适的洪水作为防洪工程的设计依据，就涉及一个标准，这个标准就是防洪设计标准。它表示担任防洪任务的水工建筑物应具备的防御洪水的量级大小，一般可用洪水相应的重现期或出现的频率来表示，如 50 年一遇、100 年一遇等。

防洪设计标准分为两类：水工建筑物本身的防洪标准和防护对象的防洪标准。防洪标准的确定是一个非常复杂的问题，一般顺序为：根据工程规模、重要性确定等别；根据工程等别确定水工建筑物的级别；根据水工建筑物的级别确定建筑物的洪水标准。为此我国2014 年修订了《防洪标准》（GB 50201—2014），2017 年修订了《水利水电工程等级划分及洪水标准》（SL 252—2017），见表 6-1～表 6-3。

表 6-1　　　　　　　　　城市防护区的防护等级和防洪标准

防护等级	重要性	常住人口 /万人	当量经济规模 /万人	防洪标准 （重现期）/年
Ⅰ	特别重要	≥150	≥300	≥200
Ⅱ	重要	<150，≥50	<300，≥100	200～100
Ⅲ	比较重要	<50，≥20	<100，≥40	100～50
Ⅳ	一般	<20	<40	50～20

注　当量经济规模为城市防护区人均 GDP 指数与人口的乘积，人均 GDP 指数为城市防护区人均 GDP 与同期全国人均 GDP 的比值。

表 6-2　　　　　　　　　水利水电工程分等指标

| 工程等别 | 工程规模 | 水库总库容/亿 m³ | 防洪 | | | 治涝 | 灌溉 | 供水 | | 发电 |
			保护人口/万人	保护农田面积/万亩	保护区当量经济规模/万人	治涝面积/万亩	灌溉面积/万亩	供水对象重要性	年引水量/亿 m³	发电装机容量/MW
Ⅰ	大（1）型	≥10	≥150	≥500	≥300	≥200	≥150	特别重要	≥10	≥1200
Ⅱ	大（2）型	<10，≥1.0	<150，≥50	<500，≥100	<300，≥100	<200，≥60	<150，≥50	重要	<10，≥3	<1200，≥300
Ⅲ	中型	<1.0，≥0.1	<50，≥20	<100，≥30	<100，≥40	<60，≥15	<50，≥5	比较重要	<3，≥1	<300，≥50
Ⅳ	小（1）型	<0.1，≥0.01	<20，≥5	<30，≥5	<40，≥10	<15，≥3	<5，≥0.5	一般	<1，≥0.3	<50，≥10
Ⅴ	小（2）型	<0.01，≥0.001	<5	<5	<10	<3	<0.5		<0.3	<10

表 6-3　　　　　　　　　水库工程水工建筑物的防洪标准

水工建筑物级别	防洪标准（重现期）/年				
	山区、丘陵区			平原区、滨海区	
	设计	校核		设计	校核
		混凝土坝、浆砌石坝	土坝、堆石坝		
1	1000～500	5000～2000	可能量大洪水（PMF）或 10000～5000	300～100	2000～1000
2	500～100	2000～1000	5000～2000	100～50	1000～300
3	100～50	1000～500	2000～1000	50～20	300～100
4	50～30	500～200	1000～300	20～10	100～50
5	30～20	200～100	300～200	10	50～20

我国各部门现行的防洪标准，有的只规定设计级标准，有的规定了设计和校核两级标准。水利水电工程采用设计校核两级标准。设计标准是指当发生不大于该标准的洪水时，应保证防护对象的安全或防洪设施的正常运行。校核标准是指遇到该标准的洪水时，采取非常运用措施，在保障主要防护对象和主要建筑物安全的前提下，允许次要建筑物局部或不同程度的损坏，允许次要防护对象受到一定的损失。

2. 工程风险率

设计规范中防洪标准以重现期表示，在设计洪水计算中一般要将重现期转换为工程风险率。为说明工程的风险率，可作以下简单分析。

若某工程的设计频率为 P（%），该工程若有效工作 L 年（L 为工程寿命），根据概率论的推导，则在工程建成后的第一年，其被破坏的可能性为 P（%），不遭破坏的可能性则为 $(1-P)$；第二年继续不遭破坏的可能性由概率相乘定理，应为 $(1-P) \cdot (1-P) = (1-P)^2$。依此类推，在 L 年内不遭破坏的可能性为 $(1-P)^L$。那么，在 L 年内遭受破坏的可能性，即是该工程应承担的风险率为 R（%），则

$$R = 1 - (1-P)^L \tag{6-2}$$

式中　R——在工作寿命内的破坏率，%；

　　　P——设计频率，%；

　　　L——工程有效使用年限，年。

【**例 6-1**】　若某工程的设计标准为 $P=1\%$，问该工程的有效使用年限 $L=100$ 年及 $L=200$ 年时，出现超标准洪水而遭破坏的可能性各是多少？

解　当 $L=100$ 年时，遭受破坏的概率为

$$R = 1 - (1-P)^L = 1 - (1-1\%)^{100} = 63.4\%$$

当 $L=200$ 年时，遭受破坏的概率为

$$R = 1 - (1-P)^L = 1 - (1-1\%)^{200} = 86.6\%$$

此例说明这种破坏概率较大，表示工程要承担遭受破坏的风险并不小，而且工作寿命越长，风险率越大。直观地说，如有 1000 座水库，均按 $P=1\%$ 的设计洪水设计，L 为 100 年，到时将有 634 座水库在其正常寿命期间，会遭受一次或一次以上的超标准洪水的威胁，而其余 366 座水库可以工作到寿终正寝。那种认为设计标准选定百年一遇或千年一遇已是相当稀遇难逢的洪水，汛期就可以高枕无忧、平安度汛的观点显然是没有根据的。

6.1.3　设计洪水的计算途径

目前，根据我国设计洪水规范的规定，计算设计洪水可按照资料条件和设计要求的不同分为以下几种途径。

1. 由流量资料推求设计洪水

当工程地址或其上、下游邻近地点具有 30 年以上实测和插补延长的流量资料，且有历史洪水调查考证资料时，可采用频率分析法，先求出设计洪峰流量和各种时段的设计洪量，然后按典型洪水过程放大的方法求得设计洪水过程线。

实际工程中，因其特点和设计要求不同，计算内容和重点有所区别，如无调蓄能力的堤防、泄洪水道等，因对工程起控制作用的是洪峰流量，所以只要计算设计洪峰流量，而

蓄洪区则主要计算设计洪水总量；再如水库工程，洪水的峰值、洪水总量、过程对工程规模都有影响，因此不仅需要计算设计洪峰及不同时段的设计洪量，还需计算出设计洪水过程线。施工期需推求计算分期（季或月）的设计洪水，对大型水库，有时还需推求入库洪水等。

2. 由暴雨资料推求设计洪水

当工程所在流域及邻近地区具有 30 年以上实测和插补延长的暴雨资料，并具有一定的实测暴雨洪水的对应资料可供分析建立流域的产流、汇流方案时，可先由暴雨资料通过频率计算求得设计暴雨，再经过流域产流和汇流计算推求出设计洪水过程线。

3. 由地理插值法或经验公式法估算设计洪水

若工程所在流域缺乏实测暴雨洪水资料时，通常只能利用暴雨等值线图和一些经验公式等间接方法估算设计洪水。这类方法主要适用于中小流域，有关的等值线图、公式或一些经验数据等，在各省（自治区、直辖市）编制的分区《雨洪图集》及《水文手册》中均有刊载，可供无资料的中小流域估算设计洪水使用。

4. 由可能最大降水 PMP 推求设计洪水。

由 PMP 推求出的 PMF 也是一种设计洪水。

我国《水利水电工程等级及标准》（SL 252—2017）中规定："对土石坝，1 级永久性水工建筑物应以可能最大洪水（PMF）或重现期 10000～5000 年标准作为校核洪水标准，但如失事后对下游将造成特别重大灾害时，1 级永久性水工建筑物的校核洪水标准，应取可能最大洪水（PMF）或重现期 10000 年一遇；2～4 级永久性水工建筑物的校核洪水标准可提高一级。"

6.2　流量资料推求设计洪水

6.2.1　洪峰流量及时段洪量选样原则及方法

洪水系列是从工程所在地点或邻近地点水文观测（包括实测和插补延长）资料中选取表征洪水过程特征值，如洪峰流量、各种时段（24h、72h、7d 等）洪量的样本。根据洪水特征、工程特点和规划设计要求，选取洪峰流量系列，或分别选取洪峰流量和几个时段的洪量系列，以使设计洪水过程既能较好地反映洪水特性，又不致破坏洪水过程的完整性。

我国现行相关规范规定，频率计算中的年（或期）洪峰流量和不同时段的洪量系列，应由每年（或期）内最大值组成，一般认为按年最大值选样所得的洪水系列可当做独立同分布的，如图 6-2 所示。

当设计流域内不同时期洪水成因明显不同且变化规律较明显时，可按洪水成因及洪水统计变化规律对汛期进行分期。确定分期

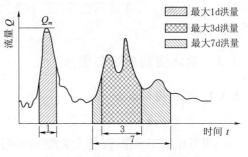

图 6-2　洪水总量独立取样示意图

后，各分期内的洪水系列按该期内的最大值选样。

6.2.2 历史洪水调查与考证

我国水文工作者在全国范围内进行了大量的历史洪水调查和考证工作，获得了许多宝贵的历史洪水资料。充分考虑历史洪水资料可以补充实测资料的不足，起到延长资料系列、极大地提高系列代表性的作用，使设计洪水成果趋于稳定、合理。

因此，设计洪水计算应尽量利用本流域或河段和相邻流域历史上发生的大洪水资料。

1. 历史洪水调查

历史洪水调查的内容主要包括洪水发生时间、洪痕位置和高程、过水断面、洪水过程，并附带进行雨情、灾情和洪泛情况的调查。此外，还要了解河床冲淤变化、河床质组成、岸坡植被、地貌特征等。

洪水位的调查和测量是洪水调查中最关键的环节。历史洪水测量内容包括各个洪痕点的高程、调查河段横断面、比降等。

2. 历史洪水峰量估算

在调查河段内或附近有水文测站时，可通过测站的水文、水力学特性，延长水位-流量关系曲线，以推算历史洪水的洪峰流量。

在调查河段内没有水文站时，通常采用比降法估算。当河段顺直，河段内各断面变化不大时，可近似地采用曼宁公式 $Q = \frac{1}{n} A R^{\frac{2}{3}} \sqrt{I}$ 计算，糙率 n 实际上是一个综合指标，包括河床质组成、岸坡及水中植物生态、断面形状、河道水流形态及河道控制情况等诸多因素。当无法用实测流量反算时，也可参考洪水调查文献中推荐的糙率表。

3. 历史洪水重现期分析考证

历史洪水的经验频率或重现期根据实测或调查、考证资料分析确定。一般根据资料条件，将与确定历史洪水代表年限有关的历史时段分为实测期、调查期和文献考证期。

实测期即有实测洪水资料年份迄今的时期。调查期即调查到距今最远一次洪水年份迄今的时期。文献考证期即具有连续可靠的文献记载年份迄今的时期。

4. 古洪水

古洪水是指发生距今久远，需通过考古方法测定其发生年代的大洪水。对于特别重要的工程，如三峡、小浪底所在的长江和黄河，古洪水分析对提高设计洪水成果的精度起到了很好的作用。

6.2.3 洪水资料审查与展延

6.2.3.1 洪水资料审查

1. 可靠性审查

一般可作历年水位-流量关系曲线的对照检查（特别是高水外延部分），审查点据离差情况及定线的合理性；通过上下游、干支流各断面的水量平衡及洪水流量、水位过程线的对照，流域的暴雨过程和洪水过程的对照等，进行合理性检查，从中发现问题。

检查的重点应放在观测及整编质量较差的年份，特别是战争年代及政治动乱时期的观测记录，同时应注意对设计洪水计算成果影响较大的大洪水年份进行分析。如发现有问题，应会同原整编单位作进一步审查，必要时作适当的修正。

2. 一致性审查

洪水资料一致性是指资料记载的这些洪水是在一致的流域下垫面和气候条件下形成的，即各洪水形成的基本条件未发生显著变化。在洪水的观测期内，如流域上修建了蓄水、引水、分洪、滞洪等工程或发生决口、溃坝、改道等事件，会使流域的洪水形成条件发生改变，因而洪水的统计规律也会改变。不同时期观测的洪水资料可能代表着不同的流域自然条件和下垫面条件，不能将这些洪水资料混杂在一起作为一个样本进行洪水频率分析。

3. 代表性审查

洪水资料的代表性，反映在样本系列的统计特性能否代表总体的统计特性。洪水总体难以获得，一般认为，洪水系列较长，并能包括大、中、小等各种洪水，则推断该系列代表性较好。

通过古洪水研究、历史洪水调查、历史文献考证和系列插补延长等加大洪水系列的长度、增添信息量，是提高洪水系列代表性的基本途径。

6.2.3.2 洪水资料的插补延长

（1）由实测水位插补流量。当本站水位记录的年份比实测流量年份长时，视历年水位-流量关系曲线稳定的程度，选用暴雨洪水特性接近的某年水位-流量关系曲线或综合水位-流量关系曲线，插补缺测年份的流量。

（2）利用上下游站流量资料插补延长。当设计断面上下游有较长观测系列的水文站时，以此作为参证站，如区间面积不大且无大支流汇入，两站相关关系较好，可利用参证站的资料进行插补延长。如果两站之间的区间面积较大，中间有较大支流汇入，则应分析各次洪水特性，加入一些其他因素作为参数，如区间雨量等，以提高插补精度。

（3）利用本站峰量关系插补延长。利用本站同次洪水的洪峰、洪量相关关系，便可由洪峰流量推求相应的时段洪量，或由时段洪量推求洪峰流量。

（4）利用本流域暴雨资料插补延长。对洪水资料缺测的年份，可以利用流域内的暴雨观测资料，通过降雨径流关系推算洪水总量，或通过产汇流分析，求出流量过程线，然后再摘取洪峰和各种时段的洪量。

6.2.4 设计洪峰流量与设计洪量计算

6.2.4.1 加入特大洪水值的作用

对于特大洪水，目前还没有一个非常明确的定量标准，通常是指比实测系列中的一般洪水大得多的稀遇洪水。特大洪水包括调查历史特大洪水（简称历史洪水）和实测洪水中的特大值。

目前，我国各条河流的实测流量资料多数都不长，一般不超过100年，即使用插补延长后几十年的资料来推算百年一遇、千年一遇等稀遇洪水，也难免会存在较大的抽样误差。而且每当出现一次大洪水后，设计洪水的数据及结果就会产生很大的波动。以此计算成果作为水工建筑物防洪设计的依据显然是不可靠的。如果能调查和考证到若干次历史特大洪水加入频率计算，就相当于将原来几十年的实测系列加以延长，这将大大提高资料系列的代表性，增加设计成果的可靠度。

例如，我国某河某水库，在 1955 年规划设计时仅以 20 年实测洪峰流量系列计算设计洪水，求得千年一遇洪峰流量 $Q_m = 7500\mathrm{m^3/s}$。其后于 1956 年发生了特大洪水，洪峰流量 $Q_m = 13100\mathrm{m^3/s}$，超过了原千年一遇洪峰流量，加入该年洪水后按 $n = 21$ 年重新计算，求得 1000 年一遇洪峰流量 $Q_m = 25900\mathrm{m^3/s}$，为原设计值的 3 倍多，可见计算成果很不稳定；若加入 1794 年、1853 年、1917 年和 1939 年等历史洪水，并将 1956 年的实测洪水与历史洪水放在一起，进行特大值处理，则求得千年一遇洪峰流量 $Q_m = 22600\mathrm{m^3/s}$。紧接着 1963 年又发生了 $Q_m = 12000\mathrm{m^3/s}$ 的特大洪水，将它加入系列计算，得到千年一遇的洪峰流量 $Q_m = 23300\mathrm{m^3/s}$，与 $Q_m = 22600\mathrm{m^3/s}$ 比较只相差 4%。这充分说明，考虑历史洪水并对调查和实测的特大洪水作特大值处理，设计成果也基本趋于稳定合理。

6.2.4.2　特大洪水加入的不连续系列

由于特大洪水的出现机会总是比较少的，因而其相应的考证期（调查期）N 必然大于实测系列的年数 n，而在 $N-n$ 时期内的各年洪水信息尚不确知。把特大洪水和实测一般洪水加在一起组成的样本系列，由大到小排队时其序号不连序，中间有空缺的序位，这种样本系列称为不连序系列。不连序系列有三种可能情况，如图 6-3 所示。

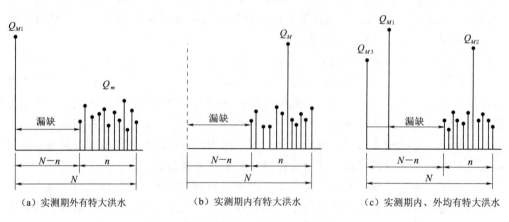

(a) 实测期外有特大洪水　　　(b) 实测期内有特大洪水　　　(c) 实测期内、外均有特大洪水

图 6-3　特大洪水组成的不连序洪水系列

（1）图 6-3（a）中为实测系列 n 年以外有调查历史大洪水 Q_{M1}，其调查期为 N 年。

（2）图 6-3（b）中没有调查历史大洪水，而实测系列中的 Q_M 远比一般洪水大，经调查其考证期可延长为 N 年，将 Q_M 放在 N 年内排位。

（3）图 6-3（c）中既有调查历史大洪水，又有实测的特大洪水，这种情况比较复杂，关键是要将各特大洪水的调查考证期考证准确，并弄清排位的次序和范围。

对于不连序的样本系列，其经验频率的计算及统计参数的初估与连序样本系列有所不同，解决这两个问题也称为特大洪水的处理。

6.2.4.3 经验频率的计算

考虑特大洪水的不连序系列，其经验频率计算常常是将特大值和一般洪水分开分别计算，目前我国采用的计算方法有以下两种。

1. 分别处理法

分别处理法即将特大洪水系列和实测一般洪水系列，分别看作是从总体中任意抽取的两个随机连序系列，则各项洪水分别在各自的样本系列中分别排位计算经验频率。其中，a 项特大洪水的经验频率按下式计算：

$$P_M = \frac{M}{N+1} \times 100\% \tag{6-3}$$

式中　M——特大洪水排位的序号，$M=1, 2, \cdots, a$；

　　　N——特大洪水首项的考证期，即为调查最远的年份迄今的年数；

　　　P_M——特大洪水第 M 项的经验频率，%。

而实测系列中 $n-l$ 个一般洪水的经验频率按下式计算：

$$P_m = \frac{m}{n+1} \times 100\% \tag{6-4}$$

式中　m——实测洪水排位的序号，$m=l+1, l+2, \cdots, n$；

　　　n——实测洪水的项数；

　　　l——实测洪水中提出作特大值处理的洪水个数；

　　　P_m——实测洪水第 m 项的经验频率，%。

2. 统一处理法

将实测洪水系列和特大洪水系列合起来看作是从总体中任意抽取的一个随机样本，各项洪水均在 N 年内统一排位计算其经验频率。

假设在调查考证期 N 年中有 a 个特大洪水，其中有 l 个发生在实测系列中，则这 a 个特大洪水的排位应在 N 年中从 $M=1$ 排至 a，经验频率仍按式（6-3）计算，实测系列中剩余 $n-l$ 项经验频率按下式计算：

$$P_m = P_{Ma} + (1 - P_{Ma}) \frac{m-l}{n-l+1} \tag{6-5}$$

其中

$$P_{Ma} = \frac{a}{N+1} \times 100\%$$

式中　P_{Ma}——N 年中末位特大值的经验频率；

在实际工作中要处理的不连序洪水系列往往比较复杂。有时，某些数值相对较小的历史洪水很难或无法在与最大历史洪水相应的调查期 N 年中排位，这时就不必勉强。如可能，可考证确定它们在迄今 $N_2 < N$ 年中的排位，即以 N_2 作为它们的调查期。为区别起见，可称在 $N_1 = N$ 中排位的为第一组历史洪水，在 N_2 中排位的为第二组历史洪水，……依此类推。

【例 6-2】 某站 1935—1972 年的 38 年中，有 5 年缺测，故实有洪水资料 33 年，其中 1949 年最大，并经考证认为应从实测系列中抽出作为特大值处理。另外，查明自 1903 年以来的 70 年期间，为首 3 次大洪水的排位为 1921 年、1949 年、1903 年，并断定在这 70 年间不会遗漏掉比 1903 年更大的洪水。同时还调查到在 1903 年以前，还有 3 次比

1921 年大的洪水，按排位它们分别是 1867 年、1852 年、1832 年。但因年代久远，小于 1921 年的洪水则无法查清。试用统一处理法分析计算各次洪水的经验频率。

解

根据上述资料条件，将 1867 年、1852 年、1832 年和 1921 年等洪水作为第一组历史洪水，它们是 1832 年以来的前四次洪水，相应的调查期为 141 年（1832—1972 年）；把 1949 年和 1903 年洪水作为第二组历史洪水，它们是 1903 年以来的第二大、第三大洪水，相应的调查期为 70 年（1903—1972 年），采用不同公式计算的经验频率见表 6-4。

表 6-4　　　　　　　　　　　　某站不连序洪水系列经验频率计算结果

调查期或实测期/年	洪水排列	洪水出现年份	经验频率/%	采用公式
$N_1=141$ (1832—1972 年)	1	1867	0.704	式（6-3）
	2	1852	1.41	
	3	1832	2.11	
	4	1921	2.82	
$N_2=70$ (1903—1972 年)	1	1921	已作第一组特大处理	已作第一组特大处理
	2	1949	4.21	式（6-5）
	3	1903	5.60	
$n=33$ (1935—1972 年) (缺测 5 年)	1	1949	已作第二组特大处理	已作第二组特大处理
	2	1940	8.46	式（6-5）
	…	…	…	

6.2.4.4　洪水频率计算的适线

1. 频率曲线参数估计方法

对于不连序系列，有

$$\overline{x}=\frac{1}{N}\left(\sum_{j=1}^{a}x_j+\frac{N-a}{n-l}\sum_{i=l+1}^{n}x_i\right) \tag{6-6}$$

$$C_v=\frac{1}{\overline{x}}\sqrt{\frac{1}{N-1}\left[\sum_{j=1}^{a}(x_j-\overline{x})^2+\frac{N-a}{n-l}\sum_{i=l+1}^{n}(x_i-\overline{x})^2\right]} \tag{6-7}$$

式中　x_j——特大洪水（$j=1, 2, \cdots, a$）；

　　　　x_i——实测洪水（$i=l+1, \cdots, n$）。

偏态系数 C_s 用矩法估计值抽样误差非常大，故不用矩法估计作为初值，而是参考地区规律选定一个 C_s/C_v 值。我国对洪水极值的研究表明，对于 $C_v\leqslant0.5$ 的地区，可以试用 $C_s/C_v=3\sim4$；对于 $0.5<C_v\leqslant1.0$ 的地区，可以试用 $C_s/C_v=2.5\sim3.5$；对于 $C_v>1.0$ 的地区，可以试用 $C_s/C_v=2\sim3$。

2. 适线法

适线法的特点是在一定的适线准则下，求解与经验点据拟合最优的频率曲线的统计参数的方法，这也是选定频率曲线分布线型的主要方法。

《水利水电工程设计洪水计算规范》（SL 44—2006）规定，频率曲线 P-Ⅲ型的平均值

$\bar{x}$、变差系数 C_v 和偏态系数 C_s 估计的主要步骤如下。

1）根据选定的经验频率公式，计算样本从大至小顺序排列点据的经验频率。

2）采用矩法或其他参数估计法，初步估计统计参数，作为适线法的初值。

3）采用适线法调整初步估算的统计参数。调整时，可选定目标函数求解统计参数，也可采用经验适线法。当采用经验适线法时，应尽可能拟合全部点据。拟合不好时，可侧重考虑较可靠的大洪水点据。

4）适线调整后的统计参数应根据本站洪峰流量、不同时段洪量统计参数和设计值的变化规律，以及上下游、干支流和邻近流域各站的成果进行合理性检查，必要时可作适当调整。

采用矩法或其他方法估计一组参数作为初值，在几率格纸上通过经验判断调整参数，选定一条与经验点据拟合良好的频率曲线。适线时应注意以下几点：

（1）尽可能照顾点群的趋势，使频率曲线通过点群的中心，但可适当多考虑上部和中部点据。

（2）应分析经验点据的精度（包括它们的横坐标、纵坐标），使曲线尽量接近或通过比较可靠的点据。

（3）历史洪水，特别是为首的几个历史特大洪水，一般精度较差。适线时，不宜机械地通过这些点据，而使频率曲线脱离点群；但也不能为照顾点群趋势使曲线离开特大值太远，应考虑特大历史洪水的可能误差范围，以便调整频率曲线。

经验适线可充分体现水文设计人员对河流水文特性和水文要素统计特征的认知和经验，是我国普遍应用的方法，但不足之处是难以避免参数估计成果的因人而异。

6.2.4.5 频率计算成果合理性分析

在洪水峰量频率计算中，不可避免地存在着各种误差，为了防止因各种原因带来的差错，必须对计算成果进行合理性检查，以便尽可能地提高精度。检查工作一般从以下三个方面进行。

（1）本站洪峰流量及不同时段洪量频率计算成果比较。一般情况下，各时段的洪量均值和设计值随时段的增长而加大；变差系数 C_v 值随时段的增长而减小。对于调蓄作用大且连续暴雨次数多的河流，各时段洪量的变差系数 C_v 值随时段增长反而增大，至某时段达到最大值后再逐渐减小。另外，各种时段洪量频率曲线绘于同一张几率格纸上，各条曲线在使用范围内不得相互交叉。

（2）与上下游及邻近站的频率计算成果比较。如气候、地形条件相似，则洪峰、洪量的均值及同频率设计值应自上游向下游递增，其模数则由上游向下游递减。C_v 值也由上游向下游减小。

（3）与暴雨频率分析成果进行比较。一般说来，洪水的径流深应小于相应时段的暴雨深，而洪量的 C_v 值应大于相应暴雨量的 C_v 值。

综上所述，可作为成果合理性检查的参考，如发现明显不合理之处，应分析原因，将成果加以修正。

【例 6-3】 某水文站有 1935—1987 年（53 年）实测洪水资料（表 6-5）。实测最大洪峰流量为 31000m³/s，发生在 1983 年，次大洪峰流量为 22500m³/s，发生在 1974 年。

另外，调查到 1583 年、1867 年、1921 年历史洪水分别为 37000m³/s、30300 m³/s 和 27400m³/s，据历史文献考证，1583 年以来还发生了 1724 年、1832 年、1852 年等历史洪水，可以断定 1724 年和 1852 年洪水比实测洪水要大，但比 1583 年洪水要小，其中 1724 年洪水略大于 1852 年洪水，1832 年洪水小于 1867 年洪水，但大于 1921 年洪水，除此之外情况不明。

现拟在此处修建一座水库，需根据上述资料，推求千年一遇设计洪峰流量。

解

（1）历史洪水分析及考证。根据洪水调查资料，1583 年洪水是自 1583 年以来的第一位洪水，相应的调查考证期为 405 年（1583—1987 年），1724 年和 1852 年洪水分别为 1583 年以来的第二、第三位洪水。将洪峰流量经验频率计算列于表 6-5。

表 6-5　　　　　　　　　　　某站洪峰流量经验频率计算表

洪　峰　流　量				经　验　频　率　计　算			
按时间次序排列		按数量大小排列		$P_M = \dfrac{M}{N+1} \times 100\%$		$P_m = \dfrac{n}{n+1} \times 100\%$	
年份	$Q_m/(\mathrm{m^3/s})$	年份	$Q_m/(\mathrm{m^3/s})$	M	$P_M/\%$	m	$P_m/\%$
1583	37000	1583	37000	1	0.25		
1724	*	1724	*	2	0.49		
1832	*	1852	*	3	0.74		
1852	*	1983	31000	4	0.99	1	1.85
1867	30300	1867	30300	5	1.23		
1921	27400	1832	*	6	1.48		
1935	20700	1921	27400	7	1.72		
1936	9230	1974	22500			2	3.70
1937	10300	1949	22100			3	5.56
1938	19400	1935	20700			4	7.41
1939	7300	1960	20600			5	9.26
1940	16600	1984	20000			6	11.11
1941	2260	1938	19400			7	12.96
1942	3610	1987	19400			8	14.81
1943	8180	1965	18900			9	16.87
1944	5430	1978	18500			10	18.52
1945	11100	1951	18400			11	20.37
1946	14100	1964	18400			12	22.22
1947	7090	1975	18200			13	24.07
1948	16900	1963	18100			14	25.93
1949	22100	1968	18100			15	27.78

洪 峰 流 量				经 验 频 率 计 算			
按时间次序排列		按数量大小排列		$P_M = \dfrac{M}{N+1} \times 100\%$		$P_m = \dfrac{n}{n+1} \times 100\%$	
年份	$Q_m/(\mathrm{m^3/s})$	年份	$Q_m/(\mathrm{m^3/s})$	M	$P_M/\%$	m	$P_m/\%$
1950	11000	1979	17300			16	29.63
1951	18400	1958	17000			17	31.48
1952	14800	1948	16900			18	33.33
1953	10900	1981	16700			19	35.19
1954	13800	1940	16600			20	37.04
1955	15600	1982	16400			21	38.89
1956	15000	1955	15600			22	40.74
1957	12800	1956	15000			23	42.59
1958	17000	1952	14800			24	44.44
1959	4390	1967	14400			25	46.30
1960	20600	1646	14100			26	48.15
1961	9530	1954	13800			27	50.00
1962	10300	1980	13400			28	51.85
1963	18100	1985	13100			29	53.70
1964	18400	1957	12800			30	55.56
1965	18900	1973	12400			31	57.41
1966	3380	1945	11100			32	59.26
1967	14400	1950	11000			33	61.11
1968	18100	1953	10900			34	62.96
1969	7800	1971	10800			35	64.81
1970	9560	1937	10300			36	66.67
1971	10800	1952	10300			37	68.52
1972	7820	1977	10200			38	70.37
1973	12400	1970	9560			39	72.22
1974	22500	1961	9530			40	74.07
1975	18200	1936	9230			41	75.93
1976	8320	1986	8330			42	77.78
1977	10200	1976	8320			43	79.63
1978	18500	1943	8180			44	81.48
1979	17300	1969	7880			45	83.33

洪 峰 流 量				经 验 频 率 计 算			
按时间次序排列		按数量大小排列		$P_M = \dfrac{M}{N+1} \times 100\%$		$P_m = \dfrac{n}{n+1} \times 100\%$	
年份	$Q_m/(\mathrm{m^3/s})$	年份	$Q_m/(\mathrm{m^3/s})$	M	$P_M/\%$	m	$P_m/\%$
1980	13400	1972	7820			46	85.19
1981	16700	1939	7300			47	87.04
1982	16400	1947	7090			48	88.89
1983	31000	1944	5430			49	90.74
1984	20000	1959	4390			50	92.59
1985	13100	1942	3610			51	94.44
1986	8300	1966	3380			52	96.30
1987	19400	1941	2260			53	98.15

注 1. "＊"表示不能确切定量。

2. 两种计算方案，分别取 $N=405$ 年（1583—1987 年），$n=53$ 年（1935—1987 年）。

1983 年洪水为实测洪水，该年洪水比调查到的 1867 年和 1921 年洪水大，排在 1583 年以来的第四位。

1867 年、1832 年、1921 年洪水分别排在 1583 年以来的第五、第六、第七位。

（2）不连序系列分析，水文站有 1935—1987 年共 53 年的连序洪水资料。将 1583 年、1724 年、1852 年、1867 年、1832 年、1921 年洪水与 1935—1987 年实测系列组成不连序系列进行频率分析，其中将 1983 年提出作为特大值处理，频率曲线线型选用 P-Ⅲ型，经验频率采用数学期望公式计算，历史洪水和特大洪水采用 $P_M = M/(N+1) \times 100\%$，实测系列采用 $P_m = m/(n+1) \times 100\%$，对不连序系列，按矩法计算参数 $\overline{Q}$、C_v 作为估值，然后以适线法进行调整确定。

采用矩法初估统计参数：均值 $=13500\mathrm{m^3/s}$，$C_v=0.41$，$C_s=2C_v$，经多次适线，最后选用统计参数：$\overline{Q}=13500\mathrm{m^3/s}$，$C_v=0.44$，$C_s=2C_v$，得到的频率曲线如图 6-4 所示。根据此组参数求得的千年一遇设计洪峰值 $Q_{0.1\%}=39400\mathrm{m^3/s}$。

6.2.5 设计洪水过程线

设计洪水计算的目的应为推求达到某一设计标准的洪水过程线。洪水系列选样是从工程所在地点全部洪水要素中选取有限个表征洪水过程特征值（如洪峰流量、有限个时段洪水量等），力求使其能反映工程设计所需的设计洪水过程。

设计洪水过程线计算方法，是以洪峰流量和时段洪量的设计成果为基础，确定设计标准下设计洪水过程线需要控制的某些洪水特征，如洪峰流量 Q_m、控制时段的洪量等，使设计洪水过程线这些特征值的出现频率恰好等于工程防洪标准所要求的洪水频率 P。

目前，一般采用经验概化法处理，即从洪水资料中选出有代表性的实际洪水过程线（即典型洪水过程线），作为未来设计洪水流量时程分配的模型，然后以设计洪峰流量、一

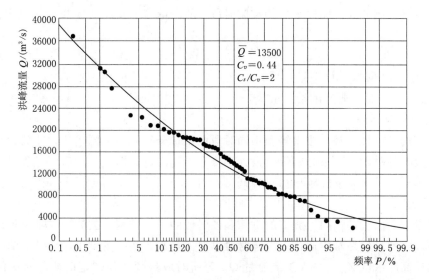

图 6-4 某站洪峰频率曲线

个或若干个对工程调洪影响大的时段洪量为控制放大典型洪水过程，作为设计洪水过程线。

6.2.5.1 典型洪水过程的选取

在选择典型洪水过程时，应分析洪水成因和洪水过程特征，如洪水出现季节、峰型（单峰或复峰）、主峰位置、上涨历时、洪量集中程度以及洪水地区组成等。根据实践经验和调洪计算要求，选择某种条件下的洪水过程作为典型洪水过程。一般可以从以下几个方面进行选取：

（1）选择峰高量大的洪水过程线，其洪水特征接近于设计条件下的洪水情况。

（2）洪水过程线具有一定的代表性，即洪水的发生季节、地区组成、洪峰次数、峰量关系等能代表设计流域上大洪水的特性。

（3）选择对工程防洪运用较不利的大洪水典型，如峰型比较集中、主峰靠后的洪水过程。

一般按上述条件选取几个典型分别放大，并经调洪计算，取其中偏于安全的作为设计洪水过程线的典型。

6.2.5.2 设计洪水过程线放大

对典型洪水过程线进行放大，常用的方法有分时段同频率放大法和同倍比放大法两种。

1. 同倍比放大法

（1）以峰控制放大。使放大后的洪峰流量等于设计洪峰流量 $Q_{m,P}$，放大倍比为

$$K = K_Q = \frac{Q_{m,P}}{Q_{m,D}} \qquad (6-8)$$

式中　$Q_{m,P}$——设计洪峰流量，m^3/s；

　　　　$Q_{m,D}$——典型洪峰流量，m^3/s。

（2）以量控制放大。使放大后的控制时段 t 的洪量等于设计洪量 $W_{t,P}$，放大倍比为

$$K = K_w = \frac{W_{t,P}}{W_{t,D}} \tag{6-9}$$

式中　$W_{t,P}$——t 时段设计洪量，m^3；

　　　　$W_{t,D}$——t 时段典型洪量，m^3。

2. 同频率放大法

在放大典型过程线时，按洪峰和不同时段的洪量分别采用不同倍比，使放大后的过程线的洪峰及各种时段的洪量分别等于设计洪峰和设计洪量。即经放大后的过程线，其洪峰流量和各种时段洪水总量的频率都符合同一设计标准，称为"峰、量同频率放大"，简称"同频率放大"。

同频率放大法就是用同一频率的洪峰和各时段的洪量控制放大典型洪水过程线。分时段同频率放大的目的是希望通过对选定时段洪量的控制，使一场洪水经调洪后的防洪设计指标，如最高库水位 Z_m、最大下泄流量 Q_m 等所对应的频率与选定时段所对应的频率相等或接近。

洪峰放大倍比：
$$K_Q = \frac{Q_{m,P}}{Q_{m,D}} \tag{6-10}$$

最大 1d 洪量的放大倍比：
$$K_1 = \frac{W_{1,P}}{W_{1,D}} \tag{6-11}$$

对于其他时段如最大 3d，如果在典型洪水过程线上，最大 3d 包括了最大 1d，因为最大 1d 的过程线已经按 K_1 放大了，那么在放大最大 3d 中，1d 以外的其余 2d 内的倍比为

$$K_{3-1} = \frac{W_{3,P} - W_{1,P}}{W_{3,D} - W_{1,D}} \tag{6-12}$$

同理，在放大最大 7d 中，3d 以外的其余 4d 内的倍比为

$$K_{7-3} = \frac{W_{7,P} - W_{3,P}}{W_{7,D} - W_{3,D}} \tag{6-13}$$

依次可得其他历时的放大倍比，如

$$K_{15-7} = \frac{W_{15,P} - W_{7,P}}{W_{15,D} - W_{7,D}} \tag{6-14}$$

用放大系数 K 乘以典型过程的相应时段流量，即得出设计洪水过程线。

由于在两种控制时段衔接的地方放大倍比不一致，因而放大后的交界处往往产生不连续的现象，使过程线呈锯齿形，可根据水量平衡原则修正成为光滑曲线。修匀的方法有多种，最简单的是徒手修匀，也有许多方法用于计算机放大洪水过程线。

所选取的时段数目不宜过多，一般以 2～3 个时段为宜。通常采用洪峰、24h、72h、7d、15d 等时段。

【例 6-4】 根据某水库防洪调节计算要求，需推求百年一遇设计洪水过程线。经洪峰与各时段洪量的频率计算，已求得百年一遇的设计洪峰和 1d、3d、7d 的设计洪量成果列于表 6-6 中。

表 6-6		某水库典型与设计洪峰、洪量成果			
项 目		洪峰洪量 /(m³/s)	洪量/亿 m³		
			W_1	W_3	W_7
(1)	设计值（P=1%）	7080	2.667	4.798	7.430
(2)	典型值（548*）	5030	2.453	3.533	5.260

* "548" 表示 1954 年 8 月发生的洪水。

解

（1）选择典型洪水过程线。设计断面的实测洪水资料中，1954 年 8 月 12 日 10 时至 19 日 10 时 7d 洪水过程，具有峰高、量大、主峰靠后的特点，并能代表该流域洪水过程的一般特征，选作典型过程较恰当。

（2）典型洪水过程线的洪峰流量及各时段洪水总量。将统计结果列于表 6-6 中。

（3）计算放大倍比系数 K。

$$K_Q = \frac{Q_{m,P}}{Q_{m,D}} = \frac{7080}{5030} = 1.408$$

$$K_1 = \frac{W_{1,P}}{W_{1,D}} = \frac{2.667}{2.453} = 1.087$$

$$K_{3-1} = \frac{W_{3,P} - W_{1,P}}{W_{3,D} - W_{1,D}} = \frac{4.798 - 2.667}{3.533 - 2.453} = 1.970$$

$$K_{7-3} = \frac{W_{7,P} - W_{3,P}}{W_{7,D} - W_{3,D}} = \frac{7.430 - 4.798}{5.260 - 3.533} = 1.524$$

（4）放大典型洪水过程线。以 K_Q 乘以典型洪峰，K_1、K_{3-1}、K_{7-3} 乘以相应时段典型流量，计算结果列表 6-7 中。

（5）绘制设计洪水过程线。由表 6-7 第①、⑤两栏数据绘制成图 6-5 所示的不连续过程，将徒手修匀后的流量记入⑥栏，并绘成光滑的设计洪水过程线，如图 6-5 所示。

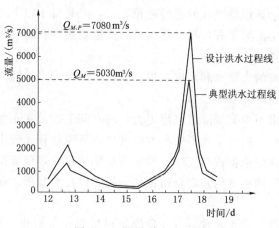

图 6-5 设计洪水过程线

表 6 - 7 　　　　　　　　　　　　　**某水库百年一遇设计洪水过程线计算表**

时间 /(月　日　时)	历时位置			典型流量 /(m³/s)	放大倍数 K	放大流量 /(m³/s)	修匀流量 /(m³/s)
①	②			③	④	⑤	⑥
8　12　10				290	1.524	442	442
13　04				1370	1.524	2088	2088
10				935	1.524	1425	1425
14　04				470	1.524	716	716
15　10				180	1.524	274	274
16　10			最大 7d	130	1.524/1.970	198/256	256
17　00				740	1.970	1458	920
08		最大 3d		1280	1.970/1.087	2521/1391	1480
12	最大 1d			1800	1.087	1957	2000
19				5030	1.408	7080	7080
18　03				2300	1.087	2500	2600
08				1200	1.087/1.970	1304/2364	1600
11				830	1.970	1635	1300
19　00				540	1.970	1064	900
10				400	1.970	788	788

6.3　暴雨资料推求设计洪水

6.3.1　设计暴雨计算

我国大部分地区的洪水主要由暴雨形成，根据暴雨资料先推求设计暴雨，再由设计暴雨推求设计洪水，是计算设计洪水的重要途径之一，尤其对于以下几种情况：

（1）对于很多中小流域工程，设计流域没有流量观测资料，利用设计暴雨推求设计洪水往往成为主要的计算方法。

（2）对于特别重要的大型水利水电工程，由可能最大降水计算的可能最大洪水则是工程校核洪水设计标准之一。

（3）因近几十年来不少流域陆续兴建了大量的水利工程及水土保持工程，人类活动的影响使流量资料系列的一致性遭到不同程度的破坏，还原计算比较困难。所以，采用暴雨资料作为设计洪水计算的依据或与流量资料分析成果作比照，就显得更为重要。

设计暴雨分析计算的主要内容有暴雨频率分析、设计面暴雨、暴雨时面深分布雨型以及分期设计暴雨等。

由暴雨资料推求设计洪水，这一方法是建立在暴雨和洪水频率相同这一假定基础上。因而，推求设计洪水过程，需先求出符合设计频率的暴雨量及暴雨过程（简称设计暴雨），然后通过流域产流计算（求出设计净雨）和流域汇流计算（求出设计洪水过程线），以达到由暴雨推求洪水的目的。

由暴雨资料计算设计洪水的主要内容如下。

（1）设计暴雨计算。由频率计算的方法求得不同历时的设计面雨量，然后根据典型暴雨过程进行放大，求得设计暴雨过程。

（2）设计净雨计算。利用暴雨形成洪水的原理，分析流域产流规律，建立产流计算方案，并将设计暴雨转化为设计净雨。

（3）设计洪水过程线计算。汇流计算是根据流域实测的雨洪资料建立汇流方案，然后由求得的设计净雨，利用汇流方案推求设计洪水过程线。

由暴雨推求设计洪水的计算程序，可用框图加以说明，如图 6-6 所示。

图 6-6 由暴雨资料推求设计洪水流程框图

6.3.1.1 设计暴雨计算

设计暴雨指具有设计防洪标准的暴雨量及其时空分布。计算内容包括不同历时的设计面雨量计算、暴雨时程分配计算和暴雨面分布计算三部分。

当设计流域内雨量站较多，站点分布又较均匀时，观测资料一般能反映雨量时空分布的平均情况。将各站资料插补延长为同期系列，当系列具有较好的代表性，并包括特大暴雨资料，则可由各时段年最大流域平均雨量系列直接进行频率计算，推求设计面平均雨量，并用典型暴雨放大推求设计暴雨过程。

6.3.1.2 有暴雨资料时设计暴雨的计算

当设计流域具有 30 年以上实测和插补延长的暴雨资料时采用此法。该法以流域面雨量资料为基础，直接针对不同时段的面雨量系列，进行频率计算推求设计面雨量，也称为直接法。

（1）面暴雨量的选样与审查。面暴雨资料的选样，一般采用固定时段年最大值法。固定时段即计算时段，一般大流域汇流历时较长，相应暴雨历时取长些，常取 1d、3d、7d、15d 等；小流域汇流历时较短，常取 10min、60min、3h、6h、12h、24h 等时段。

为了保证频率计算成果的精度，应尽量插补展延面暴雨资料系列，并对系列进行可靠性、一致性与代表性审查与修正。

（2）暴雨特大值的处理。特大暴雨在频率分析中极为重要，因为暴雨资料系列的代表性与系列中是否包含有特大暴雨有直接关系。判断大暴雨资料是否属特大值，一般可从经验频率点据偏离频率曲线的程度、模比系数 K 的大小、暴雨量级在地区上是否很突出，以及论证暴雨的重现期等方面进行分析判断。

特大值处理的关键是确定重现期。由于历史暴雨无法直接考证，特大暴雨的重现期只能通过小流域洪水调查，并结合当地历史文献中有关灾情资料的记载来分析估计。一般认为，当流域面积较小时，流域平均雨量的重现期与相应洪水的重现期相近。

（3）面暴雨量的频率计算。面暴雨量的频率分析计算所选用的线型和经验频率公式与洪水频率分析计算相同,其计算步骤包括暴雨特大值的处理、适线法绘制频率曲线、设计值的推求、典型暴雨过程的放大及合理性分析等。此处不再赘述。

6.3.1.3 暴雨资料短缺时设计暴雨计算

当设计流域雨量站稀少,或虽有一定数量的雨量站,但各站资料起讫年份不一致,难以用相关分析法插补延长系列,因而不能直接计算设计面暴雨量时,则使用间接法计算设计面雨量。该法分为两步计算。

1. 设计点暴雨量计算

各次暴雨在某一特定流域上的分布有着很大的随机性,暴雨中心可以在流域任何位置出现。设计点暴雨量所指的代表站点,应选择在流域的形心处或附近更具有代表性。因此,当流域形心处或附近有雨量站且资料较充足时,可直接以该雨量站所观测的系列,用频率计算法推求设计点暴雨量。但具有长系列观测的雨量站不一定恰好位于流域形心处或附近时,可先求出流域内各测站的设计点暴雨量,然后绘制设计暴雨量等值线图,用地理插值法推求流域中心点的设计暴雨量。

在十分缺乏资料的地区,流域内外均无雨量观测,无法求得设计点雨量时,查出设计流域中心处的暴雨参数,借以计算设计点雨量。我国各省水文手册均绘有暴雨参数等值线图,可供无资料时选用。

2. 由暴雨点面关系推求设计面暴雨量

流域中心设计点暴雨量求得后,要用点面关系折算成设计面暴雨量。暴雨的点面关系在设计计算中又有以下两种区别和用法。

(1)定点、定面关系。用流域中心或流域内某一雨量站作为定点,以设计流域面积作为定面,计算某历时次暴雨的点雨量及相应的流域平均雨量,来建立点雨量与面雨量的相关关系,称为定点、定面关系,如图6-7所示。

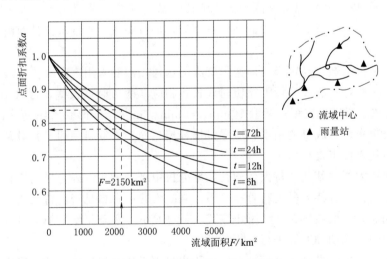

图6-7 暴雨定点、定面关系

点面关系图以流域面积为横坐标,以面雨量与相应的点雨量的比值,即点面折扣系数为纵坐标。点面折扣系数计算公式如下:

$$a = \frac{H_F}{H_0} \qquad (6-15)$$

式中　　a——点面折扣系数；

　　　H_F——面雨量，mm；

　　　H_0——代表站或流域中心处的点雨量，mm。

暴雨在地区上的分布是极不均匀的。其变化不受流域边界所约束，只受气候、地形及自然条件的影响。因此，各次暴雨的点面关系均不会相同，致使点面相关点据比较散乱。

（2）动点动面关系。动点动面关系沿用已久，该关系反映了以暴雨中心地点的点雨量，与以暴雨中心周围各条闭合等雨深线包围面积内面平均雨量之间的点面关系。使用动点动面关系时，如设计流域的定点雨量参数地域变化较大，则应在流域内选用点设计暴雨最大地点的值作为点雨量采用值，不宜采用平均定点统计参数。当流域所在地区已制有定点定面关系时，不要再使用动点动面关系。

动点动面关系根据某一历时的暴雨图分析计算求得。即以暴雨图上暴雨中心的点雨量与其四周等雨量线围成的面积的平均雨量建立点面关系。

关系图的绘制与图6-7相同。但横坐标F已不是流域面积，而是各等雨量线包围的面积。将点面关系加以综合即得暴雨动点动面关系，如图6-8所示。

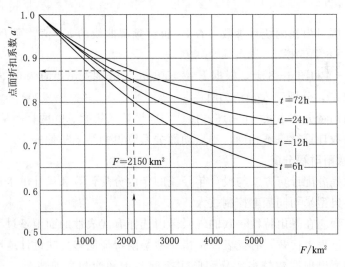

图6-8　暴雨动点动面关系

以上两种点面关系，前者面积为固定的流域面积，点是特定的点。因暴雨中心不一定正好落在特定点上，因此，点雨量不一定大于面雨量，故点面折扣系数可能出现大于1.0的情况，但经综合后均小于1.0；后者点的位置和面的范围都是变动的，点雨量是暴雨中心的雨量，因此，一定大于面雨量，点面折扣系数均小于1.0。

两种点面关系图的使用方法相同，均由设计流域面积F在关系图上查出点面折扣系数a_t，按下式计算设计面雨量：

$$H_{F,P} = a_t H_{0,P} \qquad (6-16)$$

式中　　a_t——历时为t的点面折扣系数；

$H_{0,P}$——历时为 t 的设计点雨量，mm;

$H_{F,P}$——历时为 t 的设计面雨量，mm。

由于点面关系是一个复杂的问题，多建立综合的点面关系，仅是经验性的相关处理，因此使用点面关系时应注意成果的合理性分析。

【例 6-5】 某流域 $F=2150\text{km}^2$。流域中心附近有一个雨量站，具有 26 年雨量观测资料。经计算求得年最大 6h、24h、72h 雨量的统计参数列于表 6-8 中的第②、③、④栏内。设计流域地区的暴雨点面折扣系数可查图 6-7 和图 6-8。求设计面雨量。

表 6-8　　　　　　　　　　　　设计点暴雨量及面雨量计算（$P=1\%$）

历时 t /h	暴雨统计参数			设计点暴雨 $H_{t,P}$ /mm	点面折扣系数		设计面雨量 $H_{F,P}$	
	$\overline{H_t}$ /mm	C_v	C_s		定点定面 a	动点动面 a'	定点定面关系	动点动面关系
①	②	③	④	⑤	⑥	⑦	⑧	⑨
6	81.2	0.46	$3.5 C_v$	207.9	0.75	0.80	155.9	166.3
24	105.0	0.48	$3.5 C_v$	278.2	0.81	0.85	225.3	236.5
72	122.5	0.42	$3.5 C_v$	292.8	0.84	0.87	245.9	254.7

解

（1）设计点雨量由暴雨统计参数，查 P-Ⅲ型频率曲线的 K_P 值，则 $H_{t,P}=K_P\overline{H_t}$，计算结果列于表 6-8 第⑤栏。

（2）在图 6-7 和图 6-8 上，根据 $F=2150\text{km}^2$，分别查出历时为 6h、24h、72h 的点面折扣系数 a 和 a'，分别记入⑥、⑦两栏。

（3）设计面雨量分别由式（6-16）计算，成果填入第⑧、⑨两栏。从表 6-8 中可以看出两种折扣系数计算结果不相同，动点动面关系算得的结果稍偏安全。

6.3.1.4　设计暴雨时程分配

设计暴雨时程分配计算方法与设计年径流的年内分配计算和设计洪水过程线的计算方法相同。一般用典型暴雨同频率控制放大。

典型暴雨过程应在暴雨特性一致的气候区内选择有代表性的面雨量过程，若资料不足也可由点暴雨量过程来代替。有代表性是指典型暴雨特征能够反映设计地区情况，符合设计要求，如该类型出现次数较多，分配形式接近多年平均和常遇情况，雨量大，强度也大，且对工程安全较不利的暴雨过程。

较不利的过程通常指暴雨核心部分出现在后期，形成洪水的洪峰出现较迟，对安全影响较大的暴雨过程。在缺乏资料时，可以引用各省（自治区、直辖市）水文手册中按地区综合概化的典型雨型（一般以百分数表示）。

选定了典型暴雨过程后，就可用同频率设计暴雨量控制方法，对典型暴雨分段进行放大。不同时段控制放大时，控制时段划分不宜过细，一般以 1d、3d、7d 控制。对暴雨核心部分 24h 暴雨的时程分配、时段划分视流域大小及汇流计算所用的时段而定，一般取1h、2h、3h、6h、12h、24h 控制。

在实际工作中，往往由于暴雨时程分配具有多变性，按上述原则所选出的典型暴雨过程必然包含着相当大的偶然性，难以代表当地大暴雨的一般特征，也可将多次大暴雨过程加以综合，成为一个概化的典型过程（称概化雨型），从而消除偶然性的影响。

典型暴雨过程的放大与设计洪水过程线的放大相似，用同频率控制放大。

【例 6-6】 已知某流域具有 25 年雨量观测资料，经计算各控制时段的面雨量的统计参数列于表 6-9 中②、③、④栏内。实测资料中"728"暴雨具有雨量大、分配集中、主雨峰偏后的特点，可选作典型雨型。资料列于表 6-10 第①栏。求该流域百年一遇设计暴雨及时程分配过程。

表 6-9　　　　　　设计暴雨及时段放大系数计算表（$P=1\%$）

控制时段	雨量统计参数			典型暴雨	设计雨量	相邻时段雨量差		放大系数
t /h	$\overline{H}_t$ /mm	C_v	C_s/C_v	$H_{t,典}$ /mm	$H_{t,P}$ /mm	$\Delta H_{t,P}$	$\Delta H_{t,典}$	$K=\dfrac{\Delta H_{t,P}}{\Delta H_{t,典}}$
①	②	③	④	⑤	⑥	⑦	⑧	⑨
6	32.9	0.30	3.5	38.6	63.2	63.2	38.6	1.637
24	55.8	0.29	3.5	68.6	104.9	41.7	30.0	1.390
72	73.8	0.26	3.5	88.7	130.6	25.7	20.1	1.279

表 6-10　　　　　　　　设计暴雨过程计算表

时段（$\Delta t=6$h）		序号	1	2	3	4	5	6	7	8	9	10	11	12	13
典型暴雨过程（728*）		①	0.6			3.4	6.1	4.3	5.8	3.0	21.2	38.6	4.1	1.4	88.7
放大系数	K_6	②										1.637			
	K_{24-6}	③							1.390	1.390	1.390				
	K_{72-24}	④	1.279			1.279	1.279	1.279					1.279	1.279	
设计暴雨过程（$P=1\%$）		⑤	0.8			4.5	7.8	5.5	8.1	4.2	29.5	63.2	5.2	1.8	130.6

* "728"表示 1972 年 8 月发生的暴雨。

解 计算步骤如下。

各控制时段设计雨量由 $H_{t,P}=K_P\overline{H}_t$ 计算。成果列于表 6-9 第⑥栏内。式中 K_P 为百年一遇 P-Ⅲ型模比系数。

（1）计算设计暴雨及典型暴雨相邻时段雨量差，列于表 6-9 第⑦、⑧栏内。

（2）计算各时段放大系数 K，列于第⑨栏内，并将各时段放大系数分别抄入表 6-10 第②～④栏。

（3）按表 6-10 计算设计暴雨过程，即用放大系数乘以典型暴雨过程而得。

6.3.2 设计净雨计算

流域产流是指降雨满足植物载留量、填洼量、土壤下渗量以及雨期蒸散发量等水量损失后，产生净雨的物理过程。从降雨中扣除这部分损失水量，剩下的雨量称为净雨量或产流量。

流域产流的概念可用下式表示：

$$R=H-I_f \tag{6-17}$$

式中　R——净雨量或产流量，mm；

　　　H——降雨量，mm；

　　　I_f——流域总损失水量，mm。

由设计暴用产生的净雨称为设计净雨量。净雨量及净雨过程的计算，称为产流计算。

产流过程是一个十分复杂的过程，产流量的大小除受降雨量、降雨强度及其时空分布的影响外，还与产流的损失水量有密切关系。从式（6-17）中可以看出，欲求某次降雨的产流量，关键是建立流域损失的计算方案。只要确定了降雨过程中流域的损失水量及损失过程，就能推求出净雨量及净雨过程。

我国产流形式主要有以下两种类型：

（1）蓄满产流，在湿润地区，由于雨量充沛，地下水位较高，包气带较薄，包气带下部含水量经常保持在田间持水量，汛期的包气带缺水量很容易为一次降雨所充满。因此，当流域发生大雨后，土壤含水量达到流域蓄水容量，降雨损失等于流域蓄水容量减去初始土壤含水量，降雨量扣除损失量即为径流量，这种产流方式称为蓄满产流。

（2）超渗产流，在干旱和半干旱地区，降雨量小，地下水埋藏很深，包气带可达几十米甚至上百米，降雨过程中下渗的水量不易使整个包气带达到田间持水量，一般不产生地下径流，只有当降雨强度大于下渗强度时才产生地面径流，这种产流方式称为超渗产流。

在工程水文中，以蓄满产流为主的流域，产流计算方法常用降雨径流相关法；以超产流为主的流域，产流计算方法常用初损后损法。

6.3.2.1　降雨径流相关图法

1．次洪径流量计算

（1）径流过程的分割。一次降雨后，流域出口断面的洪水过程除包括本次降雨形成的地面径流和浅层地下径流外，还包括与本次降雨关系不大的深层地下径流（常称为基流）和前次洪水未退完的水量。因此，在由实测流量过程计算本次洪水径流量时，首先要把这两部分水量从洪水过程线中分割出去，其次要将本次洪水径流量分成地面径流量和地下径流量，以便于汇流计算。

基流是河流中的基本流量，由深层地下水形成，通常比较稳定，因此分割的方法是采用历年最枯流量的平均值或本年汛前最枯流量用水平线分割，如图6-9中 ED 线。

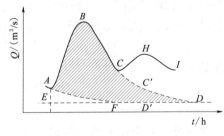

图 6-9　流量过程线分割示意图

前期径流量或连续洪水的分割常用的方法是退水曲线法。退水曲线是指地面径流或地下径流过程的退水段。

退水曲线可从历年实测流量过程线中选择退水段完整，且峰后无雨的数条流量退水段，采用相同的纵横比例尺绘在透明纸上得到的一组曲线，作一光滑的下包线即为流域地下退水曲线，也称为标准退水曲线。

利用流域退水曲线分割前期径流时，可将透明纸上的横坐标与待分割的洪水过程横坐标重合，左右移动，使退水曲线与前次洪水的退水段重合，则可分割出前次洪水的径流，如图6-9中 AF 线以下的部分。

连续洪水过程的分割方法同上。在图6-9中，利用流域退水曲线可将本次洪水的退水段由 C 延伸到 D。本次降雨产生的径流总量 W 为 $ABCDFA$ 所包围的面积。

（2）径流深计算。实测流量过程线割去非本次降雨形成的径流后，其余部分即为本次降雨形成的径流量，是该次暴雨的产流量。如图6-9中阴影面积所示。其面积可用梯形面积累积法、求积仪量计、计算机专业软件等方法求得。

在各次退水规律比较一致的流域，也可用简化法求出本次降雨产生的径流总量。即在退水段上找一个与起涨点 A 处流量相等的点 C'，那么，由 $EABCC'D'E$ 所包围的面积就可作为本次降雨的径流总量 W。

梯形面积累积法求径流总量 W，如图6-10所示，其计算公式为

$$W = 3600\sum \frac{Q_i + Q_{i+1}}{2} \cdot \Delta t \quad (6-18)$$

故径流深 R 按下式计算：

$$R = \frac{W}{1000F} \quad (6-19)$$

式中　　F——流域面积，km^2；

　　　　Δt——计算时段，h；

　　　　Q_i、Q_{i+1}——各时段初、末流量，m^3/s。

【例6-7】　某流域 $F=2150km^2$，1971年6月30日降了一场大暴雨，降雨过程列于表6-11中的第②栏。测得该次暴雨相应的流量过程列于表第③栏内，求得地下径流量过程列于表第④栏内。求该次洪水的径流深。

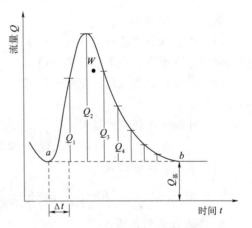

图6-10　梯形面积累积法示意图

表6-11　　　　　　　　　　　71630号洪水径流深设计表

时间 /（月 日 时）	降雨量 H /mm	流量 Q_t /（m^3/s）	流量 $Q_{基}$ /（m^3/s）	流量 $Q_{地}$ /（m^3/s）	时段平均 $\overline{Q}$ /（m^3/s）	历时 Δt /h	径流总量 $\overline{Q} \cdot \Delta t$ /[（m^3/s）· h]
①	②	③	④	⑤	⑥	⑦	⑧
6　30　8		29.1					
14	1.5	20.8	20.8	0			
20	12.9	129.0	20.8	108.2	54.1	6	324.6
7　1　2	50.2	602.0	25.5	576.5	342.4	6	2054.4
6	8.3	993.0	36.0	957.0	766.8	4	3067.2
8	0.6	1476.0	46.0	1430.0	1193.5	2	2387.0
11		1345.0	55.0	1290.0	1360.0	3	4080.0
12		1106.0	56.0	1050.0	1170.0	1	1170.0
14		984.0	60.0	924.0	987.0	2	1974.0
20		613.0	70.0	543.0	733.5	6	4401.0
2　2		434.0	81.0	353.0	448.0	6	2688.0

时间/（月 日 时）	降雨量 H/mm	流量 Q_t/(m³/s)	流量 $Q_基$/(m³/s)	流量 $Q_地$/(m³/s)	时段平均 $\overline{Q}$/(m³/s)	历时 Δt/h	径流总量 $\overline{Q} \cdot \Delta t$/[(m³/s)·h]
①	②	③	④	⑤	⑥	⑦	⑧
8		366.0	92.0	274.0	313.5	6	1881.0
14		328.0	101.0	222.0	248.0	6	1488.0
20		285.0	113.0	172.0	197.0	6	1182.0
3 2		130.0	130.0	0	86.0	6	516.0
合计	73.5						27213.2

解 计算步骤如下。

（1）用直线斜割法分割基流，列于表 6-11 中第④栏，瞬时流量减去地下径流量为地面径流量，列于表 6-11 中的第⑤栏。

（2）计算各时段地面径流的平均流量，求得各时段水量 $\overline{Q}\Delta t$，成果列于表 6-11 中的第⑥、⑦、⑧栏。

（3）计算地面径流总量 W：

$$W = \sum Q\Delta t = 27213.2 [(\text{m}^3/\text{s}) \cdot \text{h}]$$

（4）求地面径流深 R：

$$R = \frac{W}{1000F} = \frac{27213.2 \times 3600}{1000 \times 2150} = 45.6 (\text{mm})$$

2. 降雨径流相关图

降雨径流相关图以实测暴雨和洪水资料为依据，通过分析多次降雨的流域平均雨量 H_i 与相应的洪水径流深 R_i，建立相关关系，并用此关系来推求设计净雨过程。

建立降雨径流相关关系，首先分析确定各次暴雨的流域平均雨量、前期影响雨量和流域最大蓄水量。

（1）流域最大损失量 I_m 值的推求。最大损失量 I_m 是流域十分干旱情况下降雨的最大损失量。特定的流域 I_m 值是一个固定的常量。

确定 I_m 值可选择久晴不雨后一次降雨量较大，且全流域产流甚少的洪水资料，按下式计算：

$$I_m = H + P_a - R - f_c t_c - E \tag{6-20}$$

式中　f_c——稳定下渗率，mm/h；

　　　t_c——稳渗历时，h；

　　　E——本次降雨过程中的蒸散发量，mm；

　　H、R——本次降雨量、相应的径流深，mm；

　　　P_a——前期影响雨量，mm。

计算其流域平均雨量 H 和由它所产生的径流深 R，因久晴不雨，前期土壤十分干旱，土壤含水量极小，取 $P_a = 0$。尽可能选取多次暴雨资料分析 P_a 和 I_m 值。我国湿润地区的 I_m 值为 $80 \sim 120$mm。

（2）前期影响雨量 P_a 的计算。前期影响雨量是量度土壤含水量的一种指标，是影响降雨径流关系的一个重要因素。实际资料表明，即使降雨量相同，若雨前含水量大，土层湿润，则损失水量较少，产流量大；反之，产流量小。

土壤含水量在流域上的分布十分复杂，它的大小与本次降雨前一段时间是否降雨有密切的关系。如前期降雨距本次降雨的时间越近，影响越大；距本次降雨的时间越远，影响越小。因此，可用一个反映雨前土壤含水量情况的指标 P_a 来表示前期雨量的影响程度。按有雨日和无雨日情况计算 P_a。

无雨日：
$$P_{a,t+1}=KP_{a,t} \tag{6-21}$$

有雨日但未产流：
$$P_{a,t+1}=K(P_{a,t}+H_t)\leqslant I_m \tag{6-22}$$

有雨日且产流：
$$P_{a,t+1}=K(P_{a,t}+H_t-R_t) \tag{6-23}$$

式中　$P_{a,t}$、$P_{a,t+1}$——第 t 日、$t+1$ 日的前期影响雨量，mm；

　　　　H_t、R_t——第 t 日的降雨量、相应径流量，mm；

　　　　K——土壤含水量消退系数；

　　　　I_m——流域最大损失量，mm。

计算 P_a 需考虑的天数，可根据消退系数的大小，采用 15～30 天；K 值大小与土壤蒸发能力有关，一般来说它不是常数，可用下式计算：

$$K=1-\frac{E_m}{I_m} \tag{6-24}$$

式中　E_m——流域蒸发能力，mm；

　　　　I_m——流域最大损失量，mm。

在没有资料分析计算 K 值时，一般取用 $K=0.8\sim0.9$。

用式(6-24)求得的 K 可作为初值。K 同 I_m 有关，I_m 大，相应 K 也大；I_m 小，K 也小。

【例 6-8】 某流域 1971 年 6 月 30 日大暴雨，降雨量为 73.5mm。经分析该流域的 I_m=80mm，有雨日流域蒸发为 E_m=3.2mm/d，无雨日 E_m=5.5mm/d。6 月 30 日以前各日降雨量列于表 6-12 第②栏。经分析 6 月 22 日流域已蓄满，达到最大田间持水量 80mm，试计算 6 月 30 日的前期影响雨量 P_a 是多少？

表 6-12　　　　　　　　　P_a 值 计 算 表

日期 /（月 日）	日降雨量 H_t /（mm）	日蒸发量 E_m /（mm/d）	消退系数 K	前期影响雨量 P_a
①	②	③	④	⑤
6　　21	12.3	3.2	0.96	80
22	33.7	3.2	0.96	80
23		5.5	0.93	80
24		5.5	0.93	74.4
25	7.8	3.2	0.96	69.2
26		5.5	0.93	73.9
27	3.3	3.2	0.96	68.7
28		5.5	0.93	69.2
29	0.6	3.2	0.96	64.4
30	73.5	3.2	0.96	62.4

3. 降雨径流相关图的建立

降雨径流相关图是指流域面雨量与所形成的径流深及影响因素之间的相关曲线。一般以降雨量 H 为纵坐标，以相应的径流深 R 为横坐标，以流域前期影响雨量 P_a 为参数，然后按点群分布的趋势和规律，定出一条以 P_a 为参数的等值线，这就是该流域的 H-P_a-R 三变量降雨径流相关图，如图 6-11 (a) 所示。相关图做好后，要用若干次未参加制作相关图的雨洪资料，对相关图的精度进行检验与修正，以满足精度要求。当降雨径流资料不多，相关点据较少，按上述方法定线有一定的困难时，可绘制简化的三变量相关图，即以 $H+P_a$ 为纵坐标、R 为横坐标的 $(H+P_a)$-R 相关图，如图 6-11 (b) 所示。

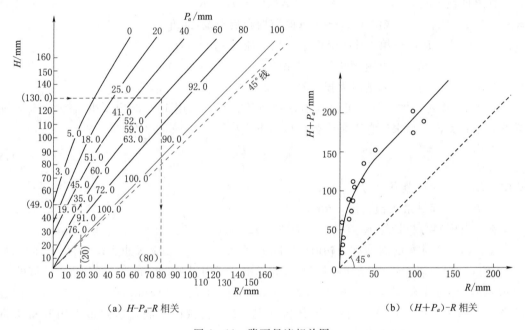

(a) H-P_a-R 相关　　　　　　　　　　(b) $(H+P_a)$-R 相关

图 6-11　降雨径流相关图

相关图建立好后，还要用一定的实测雨洪资料去检验，检验合格后才可以作为产流计算的依据。有了降雨径流相关图，就可由降雨过程及降雨开始时的 P_a 推求产流过程。

需要说明的是，相关图是根据次雨洪资料建立的，因此在由次流域平均降雨量和前期影响雨量推求次产流量（净雨量）时，可直接查图。但由降雨过程推求产流（净雨）过程时，需要先将降雨过程进行逐时段累计，转换为累计雨量过程，再由流域前期影响雨量逐时段查图求出逐时段累计的产流（净雨）过程，然后由相邻的累计产流（净雨）量后一时段的值减前一时段的值，即求得逐时段产流（净雨）过程。

【例 6-9】 有一场两个时段的降雨，第一时段雨量 49.0mm，第二时段雨量 81.0mm，降雨开始时 P_a 为 60.0mm。试计算该流域设计净雨过程。

解　首先将第一时段降雨 $P_1=49.0\text{mm}$ 查图 6-11 (a) 得 $R_1=20.0\text{mm}$，再将第一时段的降雨和第二时段的降雨累加得 $P_1+P_2=49.0+81.0=130.0(\text{mm})$ 查图 6-11 得 $R_1+R_2=80.0\text{mm}$，则第二时段净雨为 $R_2=(R_1+R_2)-R_1=80.0-20.0=60.0(\text{mm})$。

4．设计净雨过程的推求

（1）设计条件下前期影响雨量 $P_{a,P}$ 的确定。当求得 $P_{a,P}$，且 $P_{a,P}\geqslant I_m$ 时，取 $P_{a,P}=I_m$。

一般在中小型工程的设计中常采用经验法来确定 $P_{a,P}$。可采用几次实测大暴雨洪水资料分析的前期影响雨量的平均值作为设计的 $P_{a,P}$；缺乏实测资料时，也可参考当地或下垫面条件相近的邻近地区出现的特大暴雨相应的 P_a 值，或采用各省（自治区、直辖市）《水文图集》（手册）分析成果确定的 $P_{a,P}$ 值。此外，根据南方湿润地区 50 年一遇大洪水资料分析，大多数洪水发生时的 P_a 值约为 I_m 的 2/3，因此湿润地区设计条件下可取 $P_{a,P}$ 值为 $2I_m/3$。在干旱地区，特大暴雨洪水基本都发生在长期干旱无雨之后，$P_{a,P}$ 可取小些，如陕北地区取 $P_{a,P}\approx0.3I_m$。

（2）设计净雨过程的推求。利用降雨径流相关图 $[以 R=f(\overline{H}+P_a)$ 表示$]$ 和 $P_{a,P}$ 值，推求净雨过程的具体步骤如下。

1）将设计雨量过程按时序逐时段累加起来，求得时段累积雨量 $H_1=\Delta H_t$，$H_2=H_1+\Delta H_2$，$H_3=H_2+\Delta H_3+\cdots$；

2）在 $R=f(\overline{H}+P_a)$ 图上，用时段累积雨量加 $P_{a,P}$ 值为纵坐标值，查读横坐标值，求得时段累积径流深 R_1、R_2、R_3、$\cdots$；

3）将各时段累积径流深相减，即求得各时段径流深，从而也就求得了净雨过程，即 $\Delta R_1=R_1$，$\Delta R_2=R_2-R_1$，$\Delta R_3=R_3-R_2$，$\cdots$。

6.3.2.2　初损后损法

干旱地区的产流计算一般采用下渗曲线进行扣损，按照对下渗的处理方法不同，可分为下渗曲线法和初损后损法。下渗曲线法多是采用下渗量累积曲线扣损，即将流域下渗量累积曲线和雨量累积曲线绘在同一张图上，通过图解分析的方法确定产流量及过程。但受雨量观测资料的限制及存在着各种降雨情况下下渗曲线不变的假定，使得下渗曲线法并未得到广泛应用。生产上常使用初损后损法扣损。

1．产流过程计算

初损后损法是将流域的总损失量 L_f 分为降雨初期的损失量 L_0 和降雨后期的损失量 L_l，与 L_0 相应的降雨历时为 t_0，不产生径流的降雨量为 $H_{t-t_0-t_R}$，产流时为 t_R 的产流量为 R。自 t_0 后的后损 L_l 按后期平均损失率 $\overline{f_l}$ 进行分配（图 6-12）。

$$\overline{f_l}=\frac{L_f-L_0-H_{t-t_0-t_R}}{t_R} \qquad (6-25)$$

其中　　　　　$L_f=H-R$

式中　$\overline{f_l}$——后期平均损失率（也称后损强度），mm/h；

L_f——流域总损失量，mm；

L_0——初损（一般按流量起涨点以前的雨量确定），mm；

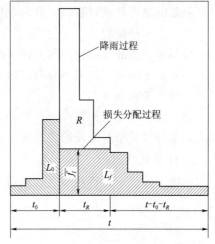

图 6-12　初损后损法损失分配过程

$H_{t-t_0-t_R}$——时段 $t-t_0-t_R$ 内不产流的雨量，mm；

t_R——产流历时，h。

在确定 $\overline{f_l}$ 时可用试错法，即令超过 $\overline{f_l}$ 的雨量与径流量相等。

2. 净雨过程计算

净雨过程一般采用产流过程扣除浅层地下径流时程分配的方法来计算。浅层地下径流 R_g 的时程分配可以采用平均分配的形式，即

$$\overline{f_c} = \frac{R_g - R_{t_R-t_c}}{t_c} \tag{6-26}$$

式中　$\overline{f_c}$——流域平均稳渗，mm/h；

$R_{t_R-t_c}$——时段 t_R-t_c 内不产生直接径流的产流量；

t_c——净雨历时，h。

6.3.3　设计洪水过程线计算

由前面求出的设计净雨过程进行流域汇流计算就可求得设计洪水过程线。流域汇流可分为坡面汇流和河网汇流两个阶段。一般在汇流计算中，是将坡面汇流和河网汇流合在一起进行计算的。

净雨根据其特性分为地面净雨和地下净雨，两者在汇流规律方面有着明显的差异，因此在汇流计算中，采用不同的计算方法。目前地面净雨用单位线法进行汇流计算。地下净雨由于汇流规律差异明显，需单独考虑，一般采用简化方法计算。

6.3.3.1　经验单位线法

单位线法是汇流计算中常用的一种简便易行的方法，由于单位线采用实测暴雨及洪水流量过程分析求得，因此又称为经验单位线，也是一种经验性的流域汇流模型。

1. 单位线定义与假定

单位时段内由特定流域上时空分布均匀的单位净雨（一般取 10mm）所形成的流域出口断面处的地面径流过程线，称为单位线。根据实测雨洪资料直接分析得出本流域的单位线，称为经验单位线。

分析和使用经验单位线时有以下两个基本假定：

（1）倍比假定。如果单位时段内的净雨是单位净雨的 n 倍，则所形成的流量过程线也是单位线纵坐标的 n 倍。

（2）叠加假定。如果降雨历时是 m 个时段，则所形成的流量过程线等于各时段净雨形成的部分流量错开时段的叠加值。

2. 单位线应用

根据上述假定，得流域出口断面流量过程线 Q 与净雨深 h，单位线纵标 q 的关系为

$$Q_t = \sum_{i=1}^{m} \frac{h_i}{10} q_{t-i+1} \tag{6-27}$$

式中　Q_t——流域出口断面各时刻流量值，m^3/s；

i——净雨时段数，$i=1，2，\cdots，m$；

t——计算时刻。

当单位线已知时，可按式（6-27）由净雨过程推求出口断面处的径流过程。

【例6-10】 某流域一场降雨产生3个时段净雨，且已知流域$\Delta t=6h$的单位线，见表6-13。试推求流域出口断面流量过程。

解 推求过程见表6-13。

表6-13 　　　　　　　　　单位线法推流计算表 （$F=3391km^2$）

时间 /（日 时）		地面净雨 h /mm	单位线 $q(t)$ /（m³/s）	部分地面径流 $\frac{h}{10}q(t)$			地面径流 $Q_t(t)$ /（m³/s）	地下径流 $Q_t(g)$ /（m³/s）	出口断面流量 $Q(t)$ /（m³/s）
				$h_1=19.7$	$h_2=9.0$	$h_3=7.0$			
23	8		0	0			0	20	20
	14	19.7	44	87	0		87	24	111
	20	9.0	182	358	40	0	398	24	422
24	2	7.0	333	656	164	31	851	24	875
	8		281	554	300	127	981	30	1011
	14		226	445	253	233	931	30	961
	20		156	307	203	197	707	30	737
25	2		121	238	140	158	536	26	562
	8		83	164	109	109	382	26	408
	14		60	118	75	85	278	26	304
	20		40	79	54	58	191	26	217
26	2		23	45	36	42	123	24	147
	8		11	22	21	28	71	24	95
	14		6	12	10	16	38	24	62
	20		4	8	5	8	21	22	43
27	2		0	0	4	4	8	22	30
	8				0	3	3	20	23
	14					0	0	20	20

6.3.3.2　单位线的推求

单位线需利用实测的降雨径流资料来推求，一般选择时空分布较均匀、历时较短的降雨形成的单峰洪水来分析。根据地面净雨过程$h(t)$及对应的地面径流过程线$Q(t)$，就可以求出单位线。常用的方法有分析法、试错法等。

其中，分析法是根据已知的$h(t)$和$Q(t)$，求解一个以$q(t)$为未知变量的线性方程组，即由

$$\left.\begin{aligned} Q_1 &= \frac{h_1}{10}q_1 \\ Q_2 &= \frac{h_1}{10}q_2 + \frac{h_2}{10}q_1 \\ Q_3 &= \frac{h_1}{10}q_3 + \frac{h_2}{10}q_2 + \frac{h_3}{10}q_1 \\ \cdots \end{aligned}\right\} \quad (6-28)$$

求解得

$$\left.\begin{aligned} q_1 &= Q_1 \frac{10}{h_1} \\ q_2 &= \left(Q_2 - \frac{h_1}{10}q_1\right)\frac{10}{h_1} \\ q_3 &= \left(Q_3 - \frac{h_2}{10}q_2 - \frac{h_3}{10}q_1\right)\frac{10}{h_1} \\ \cdots \end{aligned}\right\} \quad (6-29)$$

无论采用哪种方法，推求出来的单位线的径流深必须满足 10mm。如果单位线时段 Δt 以 h 计，流域面积 F 以 km^2 计，则

$$\frac{3.6\sum_{i=1}^{n}q_i\Delta t}{F} = 10 \quad (6-30)$$

或

$$\sum_{i=1}^{n}q_i = \frac{10F}{3.6\Delta t} \quad (6-31)$$

6.3.3.3　单位线的时段转换

单位线应用时，往往实际降雨时段或计算要求与已知单位线的时段长不相符合，需要进行单位线的时段转换，常采用 S 曲线转换法。

假定流域上净雨持续不断，且每一时段净雨均为一个单位，在流域出口断面形成的流量过程线称为 S 曲线。S 曲线计算见表 6-14。

表 6-14　　　　　　　　　　　　　　　　S 曲 线 计 算

k	Q'/mm									$S(t_k)=Q(t_k)$
	10	10	10	10	10	10	10	10	...	
0	0									0
1	q_1	0								q_1
2	q_2	q_1	0							q_1+q_2
3	q_3	q_2	q_1	0						$q_1+q_2+q_3$
4	q_4	q_3	q_2	q_1	0					$q_1+q_2+q_3+q_4$
5	q_5	q_4	q_3	q_2	q_1	0				$q_1+q_2+q_3+q_4+q_5$
6		q_5	q_4	q_3	q_2	q_1	0			$q_1+q_2+q_3+q_4+q_5$

k	Q'/mm									$S(t_k)=Q(t_k)$
	10	10	10	10	10	10	10	10	⋯	
7			q_5	q_4	q_3	q_2	q_1	0		$q_1+q_2+q_3+q_4+q_5$
8				q_5	q_4	q_3	q_2	q_1	⋯	$q_1+q_2+q_3+q_4+q_5$
⋮					⋮	⋮	⋮	⋮	⋮	⋮

由表 6 - 14，S 曲线在某时刻的纵坐标等于连续若干个 10mm 单位线在该时刻的纵坐标值之和，即

$$S(\Delta t,t_k)=\sum_{j=0}^{k}q(\Delta t,t_j) \tag{6-32}$$

式中　Δt——单位线时段，h；

$S(\Delta t,t_k)$——第 k 个时段末 S 曲线的纵坐标，m^3/s；

$q(\Delta t,t_j)$——第 j 个时段末单位线的纵坐标，m^3/s。

由 S 曲线也可以转换为单位线

$$q(\Delta t,t_j)=S(\Delta t,t_j)-S(\Delta t,t_j-\Delta t) \tag{6-33}$$

由于不同时段的单位净雨均为 10mm，因此，单位线的净雨强度与单位时段的长度成反比。根据倍比假定得

$$q(\Delta t,t_j)=\frac{\Delta t_0}{\Delta t}\left[S(\Delta t_0,t_j)-S(\Delta t_0,t_j-\Delta t)\right] \tag{6-34}$$

即时段为 Δt_0 的单位线转换成时段为 Δt 的单位线。

【例 6 - 11】 已知某流域 6h 单位线，见表 6 - 15 第（2）（3）栏，试分别转换为 3h 单位线和 9h 单位线。

解

（1）推求 6h 单位线的 S 曲线。利用式（6 - 32）求得 6h 单位线的 S 曲线，并每隔 3 小时进行内插，见表 6 - 15 第（1）、（4）栏。

（2）转换为 3h 单位线。取 $\Delta t=3\text{h}$，$\Delta t_0=6\text{h}$，根据式（6 - 34），将 S 曲线［第（4）栏］延后 3h［第（5）栏］，两栏数值相减的结果［第（6）栏］乘以 6/3 得 3h 单位线，见第（7）（8）栏。

（3）转换为 9h 单位线。取 $\Delta t=9\text{h}$，$\Delta t_0=6\text{h}$，根据式（6 - 34），将 S 曲线［第（4）栏］延后 9h［第（9）栏］，两栏数值相减的结果［第（10）栏］乘以 6/9 求得 9h 单位线，见第（11）（12）栏。

表 6 - 15　　　　　　　　　　　　　单位线的时段转换计算

时间 t/h	6h 单位线		$S(t)$	$S(t-3)$	$S(t)$ $-S(t-3)$	3h 单位线		$S(t-9)$	$S(t)-S$ $(t-9)$	9h 单位线	
	i	q_i				j	q_j			k	q_k
(1)	(2)	(3)	(4)	(5)	(6)	(7)	(8)	(9)	(10)	(11)	(12)
0	0	0	0		0	0	0			0	0
3			25	0	25	1	50				

时间 t/h	6h单位线		S(t)	S(t-3)	S(t)−S(t-3)	3h单位线		S(t-9)	S(t)−S(t-9)	9h单位线	
	i	q_i				j	q_j			k	q_k
(1)	(2)	(3)	(4)	(5)	(6)	(7)	(8)	(9)	(10)	(11)	(12)
6	1	76	76	25	51	2	102				
9			155	76	79	3	158	0	155	1	103
12	2	209	285	155	130	4	260				
15			500	285	215	5	430				
18	3	616	901	500	401	6	802	155	746	2	497
21			1161	901	260	7	520				
24	4	489	1390	1161	229	8	458				
27			1585	1390	195	9	390	901	684	3	456
30	5	356	1746	1585	161	10	322				
33			1883	1746	137	11	274				
36	6	235	1981	1883	98	12	196	1585	396	4	264
39			2066	1981	85	13	170				
42	7	160	2141	2066	75	14	150				
45			2204	2141	63	15	126	1981	223	5	149
48	8	110	2251	2204	47	16	94				
51			2296	2251	45	17	90				
54	9	78	2329	2296	33	18	66	2204	125	6	83
57			2358	2329	29	19	58				
60	10	50	2379	2358	21	20	42				
63			2400	2379	21	21	42	2329	71	7	47
66	11	35	2414	2400	14	22	28				
69			2428	2414	14	23	28				
72	12	23	2437	2428	9	24	18	2400	37	8	25
75			2445	2437	8	25	16				
78	13	12	2449	2445	4	26	8				
81			2449	2449	0	27	0	2437	12	9	8
84	14	0	2449	2449	0						
87			2449								
90			2449					2449	0	10	0

6.3.3.4 瞬时单位线法

若净雨时段趋于 0，则相应的单位线称为瞬时单位线。若把流域汇流看作 n 个串联的线性水库，由此模型导出的瞬时单位线公式为

$$u(0,t)=\frac{1}{K\Gamma(n)}\left(\frac{t}{K}\right)^{n-1}e^{-\frac{t}{K}} \tag{6-35}$$

式中　Γ——伽玛函数；

　　　n——线性水库的个数；

　　　K——线性水库蓄泄方程的汇流历时；

　$u(0,t)$——瞬时单位线的纵坐标。

公式中反映流域汇流特性的参数 n、K，可根据实测雨洪资料求得净雨过程（地面径流部分）和地面径流过程，按下列公式计算：

$$n=\frac{(Q'_1-h'_1)^2}{Q'_2-h'_2} \tag{6-36}$$

$$K=\frac{Q'_2-h'_2}{Q'_1-h'_1} \tag{6-37}$$

式中　h'_1、Q'_1——净雨、流量的一阶原点矩；

　　　h'_2、Q'_2——净雨、流量的二阶中心矩；

将 n 值、K 值代入 $u(0,t)$，并对 $u(0,t)$ 积分即得 $S(t)$ 曲线，即

$$S(t)=\frac{1}{\Gamma(n)}\int_0^{t/K}\left(\frac{t}{K}\right)^{n-1}\mathrm{e}^{-\frac{t}{K}}d\left(\frac{t}{K}\right) \tag{6-38}$$

将 $S(t)$ 曲线移后 Δt，得 $S(t-\Delta t)$ 曲线，两条曲线纵坐标之差 $[S(t)-S(t-\Delta t)]$ 乘以因次换算系数，即得时段为 Δt 的单位线。

6.4　小流域设计洪水计算

6.4.1　小流域设计洪水的特点

小流域设计洪水计算，广泛应用于中、小型水利工程中，如修建农田水利工程的小水库、撇洪沟，渠系上交叉建筑物如涵洞、泄洪闸等，铁路、公路上的小桥涵设计，城市和工矿地区的防洪工程，都必须进行设计洪水计算。与大、中流域相比，小流域设计洪水具有以下三个方面的特点：

（1）在小流域上修建的工程数量很多，往往缺乏暴雨和流量资料，特别是流量资料。

（2）小型工程一般对洪水的调节能力较小，工程规模主要受洪峰流量控制，因而对设计洪峰流量的要求，高于对设计洪水过程的要求。

（3）小型工程的数量较多，分布面广，计算方法应力求简便，使广大基层水文工作者易于掌握和应用。

小流域设计洪水计算工作已有 100 多年的历史，计算方法在逐步充实和发展，由简单到复杂，由计算洪峰流量到计算洪水过程。归纳起来，有经验公式法、推理公式法、综合单位线法及水文模型等方法。本节主要介绍推理公式法和经验公式法。

6.4.2　小流域设计暴雨计算

1. 短历时暴雨公式的基本形式

$$\overline{i_{t,P}}=\frac{S_P}{t^n} \tag{6-39}$$

则

$$H_{t,P}=S_P t^{1-n} \tag{6-40}$$

式中　t——设计暴雨的历时，h；

　　$\overline{i_{t,P}}$——历时为 t，频率为 P 的平均暴雨强度，mm/h；

　　$H_{t,P}$——历时为 t 的设计暴雨量，mm；

　　n——暴雨衰减指数；

　　S_P——俗称雨力，为 $t=1$h，频率为 P 的平均雨强，mm/h。

2. 暴雨参数的确定

暴雨参数可通过图解分析法来确定。

对式（6-39）两边取对数，在对数格纸上，$\lg\overline{i_{t,P}}$ 与 $\lg t$ 为直线关系，即 $\lg\overline{i_{t,P}}=\lg S_P$ $-n\lg t$，参数 n 为此直线的斜率，$t=1$h 的纵坐标读数就是 S_P，如图 6-13 所示。由图可见，在 $t=1$h 处出现明显的转折点。当 $t\leqslant 1$h 时，取 $n=n_1$；$t>1$h 时，则 $n=n_2$。

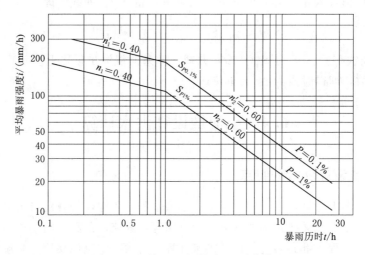

图 6-13　暴雨强度-频率-历时曲线

图 6-13 上的点据是根据分区内有暴雨系列的雨量站资料经分析计算而得到的。首先计算不同历时暴用系列的频率曲线，读取不同历时各种频率的 $H_{t,P}$，将其除以历时 t，得到 $i_{t,P}$，然后以 $i_{t,P}$ 为纵坐标、t 为横坐标，即可点绘出以频率 P 为参数的 $\lg\overline{i_{t,P}}-P-\lg t$ 关系线。

暴雨递减指数 n 对各历时的雨量转换成果影响较大，如有实测暴雨资料分析得出能代表本流域暴雨特性的 n 值最好。小流域多无实测暴雨资料，需要利用 n 值反映地区暴雨特征的性质，将本地区由实测资料分析得出的 $n(n_1,n_2)$ 值进行地区综合，绘制 n 值分区图，供无资料流域使用。一般水文手册中均有 n 值分区图。

S_P 值可根据各地区的水文手册，查出设计流域的 $\overline{H_{24}}$、C_v、C_s，计算出 $H_{24,P}$，然后由式（6-41）计算得出。如地区水文手册中已有 S_P 等值线图，则可直接查用。

3. 暴雨公式的历时转换计算

S_P 及 n 值确定后，即可用暴雨公式进行不同历时暴雨间的转换。24h 雨量 $H_{24,P}$ 转换为 th 的雨量 $H_{t,P}$，可以先求 1h 雨量 $H_{1,P(S_P)}$，再由 S_P 转换为 th 雨量。

因
$$H_{24,P} = i_{24,P} \times 24 = S_P \times 24^{(1-n_2)} \tag{6-41}$$

则
$$S_P = H_{24,P} \times 24^{(n_2-1)}$$

由求得的 S_P 转求任意历时雨量 $H_{t,P}$:

当 $1h < t \leqslant 24h$ 时，有
$$H_{t,P} = S_P t^{(1-n_2)} = H_{24,P} \times 24^{(n_2-1)} \times t^{(1-n_2)} \tag{6-42}$$

当 $t \leqslant 1h$ 时，有
$$H_{t,P} = S_P t^{(1-n_1)} = H_{24,P} \times 24^{(n_2-1)} \times t^{(1-n_1)} \tag{6-43}$$

上述以 1h 处分为两段直线时概括大部分地区 $H_{t,P}$ 与 t 之间的经验关系，未必与各地的暴雨资料拟合很好。如有些地区采用多段折线，也可以分段给出各自不同的转换公式。

设计暴雨过程是进行小流域产汇流计算的基础。小流域暴雨时程分配一般采用最大 3h、6h 及 24h 作同频率控制，各地区水文图集或水文手册均载有设计暴雨分配的典型，可供参考。

有的地区年最大 24h 雨量系列较短，而最大日雨量资料较长，也可将最大日雨量订正为最大 24h 雨量后，进行频率计算推求 $H_{24,P}$，再由式（6-41）计算设计雨量。雨量订正可由下式计算：
$$H_{24} = K H_{日} \tag{6-44}$$

式中 K——大于 1 的订正系数，一般为 1.1~1.2。

【例 6-12】 某小流域集雨面积 $F = 92 km^2$，拟建一座小型水库。由当地《水文手册》查得流域中心处 $\overline{H}_{24} = 94.0mm$、$C_v = 0.47$、$n_2 = 0.75$。求百年一遇设计暴雨、设计雨量及 24h 平均雨强。

解 计算步骤如下：

取
$$C_s = 3.5 C_v$$

（1）设计 24h 雨量计算，查 P-Ⅲ 型 K_P 值为 2.60，有
$$H_{24,1\%} = K_P \cdot \overline{H}_{24} = 2.60 \times 94 = 244.4 (mm)$$

（2）设计雨力 S_P 由式（6-41）计算：
$$S_{1\%} = H_{24,P} \cdot 24^{n_2-1} = 244.4 \times 24^{0.75-1} = 110.4 (mm/h)$$

（3）24h 平均雨强，由式（6-39）计算：
$$\overline{i_{1\%}} = \frac{S_P}{t^{n_2}} = \frac{110.4}{24^{0.75}} = 10.2 (mm/h)$$

6.4.3 小流域设计净雨计算

由暴雨推求洪水过程，一般分为产流和汇流两个阶段。为了与设计洪水计算方法相适应，下面着重介绍利用损失参数 μ 值的地区综合规律计算小流域设计净雨的方法。

损失参数 μ 是指产流历时 t_c 内的平均损失强度。图 6-14 表示 μ 与净雨过程的关系。从图 6-14 中可以看出，当 $i \leqslant \mu$ 时，降雨全部耗

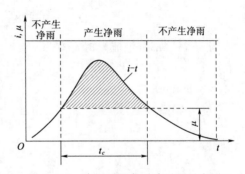

图 6-14 净雨过程与入渗过程示意图

于损失，不产生净雨；当 $i>\mu$ 时，损失按 μ 值进行，超渗部分（图 6-14 中阴影部分）即为净雨量。由此可见，当设计暴雨和 μ 值确定后，便可求出任一历时的净雨量及平均净雨强度。

为了便于小流域设计洪水计算，各省水文部门在分析大量暴雨洪水资料之后，均提出了确定 μ 值的简便方法。具体数值可参阅各地区的水文手册。

6.4.4 小流域设计洪水计算

6.4.4.1 推理公式法计算洪峰流量

推理公式法是由暴雨资料推求小流域设计洪水的一种简化方法，是把流域的产流、汇流过程经过概化，利用等流时线原理推理得出小流域的设计洪峰流量的计算公式。

在一个小流域中，设流域的最大汇流长度（流域最远点的净雨流到出口断面的流程）为 L，流域的汇流时间为 τ，净雨历时为 t_c。根据等流时线原理，当 $t_c \geqslant \tau$ 时，称为全面汇流，即全流域面积 F、τ 历时的净雨量汇流形成洪峰流量；当 $t_c<\tau$ 时，称为部分汇流，即部分流域面积 F_{t_c}、全部净雨量汇流形成洪峰流量，如图 6-15 所示。形成洪峰流量的部分流域面积 F_{t_c}，是汇流历时相差 t_c 的两条等流时线在流域中所包围的最大面积，又称为最大等流时面积。

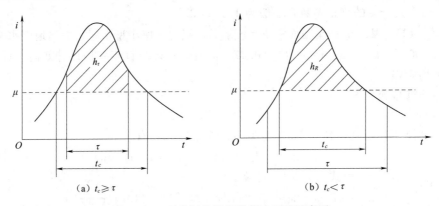

（a）$t_c \geqslant \tau$ （b）$t_c<\tau$

图 6-15 两种汇流情况洪峰净雨量示意图

当 $t_c \geqslant \tau$（全面汇流）时，根据小流域的特点，假定历时内净雨强度均匀，流域出口断面的洪峰 Q_m 为

$$Q_{m,P}=0.278 \frac{h_\tau}{\tau}F=0.278\left(\frac{S_P}{\tau^n}-\mu\right)F \tag{6-45}$$

当 $t_c<\tau$（部分汇流）时，有

$$Q_{m,P}=0.278 \frac{h_R}{\tau}F=0.278\left(\frac{nS_P t_c^{1-n}}{\tau}\right)F \tag{6-46}$$

$$t_c=\left[\frac{(1-n)S_P}{\mu}\right]^{1/n} \tag{6-47}$$

$$\tau=\frac{0.278L}{mJ^{1/3}Q_{m,P}^{1/4}} \tag{6-48}$$

式中 h_τ——汇流历时 τ 内的最大净雨量，mm；

h_R——产流历时 t_c 内的最大净雨量，mm；

τ——汇流历时，h；

F——流域面积，km^2；

S_P——雨力或称 1h 雨强，mm/h；

n——暴雨衰减指数；

μ——损失强度，mm/h；

t_c——产流历时，h；

L——流域河长，km；

J——流域坡度（以小数计）；

m——汇流参数。

式中参数分为四类：F、L、J 为流域特征参数；S_P、n 为暴雨特征参数；μ、m 为产汇流特征参数；t_c、τ 为时间特征参数。

推理公式求解的关键是确定汇流参数 m，在我国通常是建立 $m-\theta$（θ 为流域特征参数，与 F、L、J 等有关）关系并进行地区综合。综合分析汇流参数 m 的目的，是向设计条件下外延和移用于短缺实测资料的地区。由于用推理公式的概化条件不能完全反映实际洪水形成的复杂情况，因而对同一流域各次实测暴雨洪水所分析出的 m 值不尽相同。从有些分析结果看，对于植被较好、降雨较多的地区，一般洪水分析的 m 值较小，而大暴雨洪水分析的 m 值就有可能较大；对干旱和半干旱地区，由于局部产流的影响和壤中流的影响在雨大雨小时不同，一般洪水分析的 m 值较大，而当设计情况为大雨时，m 值又会变小。因此，需按具体情况，决定 m 值向设计条件下外延的规律。各不同面积的流域间，m 值可按一般地区综合方法进行综合，并可向无资料流域移用。一般是建立 $m-\theta$ 的综合关系，其中 $\theta = L/J^{1/3}$ 或 $\theta = L/(J^{1/3}F^{1/4})$。我国各省（自治区、直辖市）已建有推理公式参数的地区综合公式。

对于无资料条件的流域，m 值可参考表 6-16。

表 6-16　　　　　　汇流参数 m 查用表　（$\theta = L/J^{1/3}$）

雨洪特性、河道特性、土壤植被条件简单描述	m 值			
	$\theta = 1 \sim 10$	$\theta = 10 \sim 30$	$\theta = 30 \sim 90$	$\theta = 90 \sim 400$
北方半干旱地区，植被条件较差；以荒坡、梯田或少量稀疏林为主的土石山区，旱作物较多，河道呈宽浅型，间隙性水流，洪水陡涨陡落	1.00～1.30	1.30～1.60	1.60～1.80	1.80～2.20
南、北方地理景观过渡区，植被条件一般；以稀疏、针叶林、幼林为主的土石山区或流域内耕地较多	0.60～0.70	0.70～0.80	0.80～0.90	0.90～1.30
南方，东北湿润山丘区，植被条件良好；以灌木林、竹林为主的石山区或森林覆盖度达 40%～50% 或流域内多水稻田、卵石，两岸滩地杂草丛生，大洪水多为尖瘦型，中小洪水多为矮胖型	0.30～0.40	0.40～0.50	0.50～0.60	0.60～0.90
雨量丰沛的湿润山区，植物条件优良，森林覆盖度可高达 70% 以上，多为深山原始森林区，枯枝落叶层厚，壤中流较丰富，河床呈山区型，大卵石、大砾石河槽，有跌水，洪水多为陡涨缓落	0.20～0.30	0.30～0.35	0.35～0.40	0.40～0.80

6.4.4.2　设计洪峰流量的计算方法

求解推理公式的方法较多，最常用的有列表试算法和图解法（交点法）等。

1. 列表试算法

列表试算法的具体步骤及计算方法如下：

（1）由设计流域的水系地形图，确定设计断面以上的流域特征参数 F、L、J。

（2）由暴雨资料或暴雨参数等值线图计算 $H_{24,P}$ 和 n、S_P。

（3）根据 $m\text{-}f(\theta)$ 关系表或经验公式，确定汇流参数 m 值。

（4）确定流域的平均入渗率 μ 值。

（5）由式（6-47）计算产流历时 t_c 值。

（6）假设一个洪峰流量 Q_m，代入式（6-48）求得一个 τ 值，并判断 t_c 与 τ 的关系。若 $t_c > \tau$，则按全面汇流的情况求出洪峰流量 $Q'_{m,P}$；若 $t_c < \tau$，则按部分汇流的情况求出洪峰流量 $Q'_{m,P}$。若求出的洪峰流量 $Q'_{m,P}$ 与原假设的 Q_m 相等，则为所求流量；若不相符合，则重新假设 Q_m。重复上述计算步骤求出 $Q_{m,P}$，直到两者符合为止。

试算法流程图如图 6-16 所示。

【例 6-13】　某省某流域上建有一座小型水库，试用推理公式计算 $P = 1\%$ 的设计洪峰流量。

解

（1）确定流域特征数 F、L、J。已知 $F = 104\text{km}^2$，$L = 26\text{km}$，$J = 8.75‰$。

（2）确定设计暴雨参数 n 和 S_P。查该省《水文手册》得到设计流域最大 1d 雨量参数：$H_{1d} = 115\text{mm}$，$C_v = 0.42$，$C_s = 3.5 C_v$，$n_2 = 0.60$，$H_{24,P} = 1.1 H_{1d,P}$。由 C_v 及 P 查得 $\Phi_P = 3.312$，则 $S_P = H_{24,P} 24^{n_2 - 1} = 1.1 \times 115 \times (0.42 \times 3.312 + 1) \times 24 = 84.8 (\text{mm/h})$。

（3）确定设计流域损失参数 μ 和汇流参数 m，查该省暴雨洪水计算手册得 $\mu = 3.0\text{mm/h}$，$m = 0.70$。

（4）计算设计洪峰流量 $Q_{m,P}$。

1）假定为全面汇流（即 $t_c \geqslant \tau$），按全面汇流式进行计算。

2）将上述（1）～（3）步骤中确定的参数代入推理公式的全面汇流公式，得到 $Q_{m,P}$ 及 τ 的计算式为

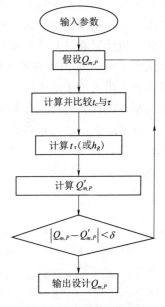

图 6-16　试算法框图

$$Q_{m,P} = 0.278 \left(\frac{84.8}{\tau^{0.6}} - 3 \right) \times 104 = \frac{2451.7}{\tau^{0.6}} - 86.7$$

$$\tau = \frac{0.278 \times 26}{0.70 \times 0.00875^{1/3} \times Q_{m,P}^{1/4}} = \frac{50.1}{Q_{m,P}^{1/4}}$$

3）假设 $Q_{m,P}$ 处值为 $400\text{m}^3/\text{s}$，代入式（6-46）计算相应的 τ 值，再代入（6-45）计算得到 $Q_{m,P} = 617.4\text{m}^3/\text{s}$；再将 $617.4\text{m}^3/\text{s}$ 作为第二次初值，重复上述计算过程，得 $Q_{m,P} = 527.3\text{m}^3/\text{s}$；再重复迭代，最终求得 $Q_{m,P} = 510\text{m}^3/\text{s}$，$\tau = 10.55\text{h}$。

4）检查 t_c 是否大于 τ。

$$t_c = \left[\frac{(1-n_2)S_P}{\mu} \right]^{1/n} = \left[\frac{(1-0.6) \times 84.8}{3.0} \right]^{1/0.6} = 57(\text{h})$$

可见 $t_c > \tau$，符合全面汇流的假定，计算成果是正确的。

2. 图解交点法

首先假设属于全面汇流，假设一组 τ 计算 $Q'_{m,P}$，假设一组 $Q_{m,P}$ 计算 τ，具体见计算表 6 - 17，分别将曲线 $Q_{m,P} - \tau$ 及 $Q'_{m,P}$ 点绘在同一张坐标图上，交点读数 $Q_m = 510\text{m}^3/\text{s}$、$\tau = 10.54\text{h}$ 即为两式的解。验算 $t_c > 57\text{h}$，$\tau = 10.54\text{h}$，$t_c > \tau$。原假设为全面汇流合理，不必重新计算，如图 6 - 17 所示。

表 6 - 17   交 点 法 计 算 表

假设 τ/h	计算 $Q'_{m,P}/(\text{m}^3/\text{s})$	假设 $Q_{m,P}/(\text{m}^3/\text{s})$	计算 τ/h
(1)	(2)	(3)	(4)
10.20	522	510	10.54
10.40	515	500	10.60
10.60	508	520	10.49
10.80	501	540	10.39

6.4.4.3　经验公式法计算洪峰流量

（1）当地区上各种不同大小的流域面积都有较长期的实测流量资料和一定数量的调查洪水资料时，可对洪峰流量进行频率计算，然后用某频率的洪峰流量 $Q_{m,P}$ 与流域特征作相关分析，制定经验公式。常见的公式为

$$Q_{m,P} = C_P F^n \qquad (6-49)$$

式中　C_P——随频率而变的经验性系数；

　　　F——流域面积，km^2；

　　　n——经验性指数。

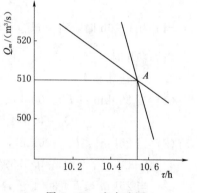

图 6 - 17　交点法图

本方法的精度首先取决于单站的洪峰流量频率分析成果，要求单站洪峰流量系列具有一定的代表性；其次在地区综合时要求各流域具有代表性。它适用于雨特性与流域特征比较一致的地区，综合的地区范围不能太大。

（2）对于实测流量系列较短、暴雨资料相对较长的地区，可建立洪峰流量 $Q_{m,P}$ 与暴雨特征和流域特征的关系。在我国，常用的几种公式形式如下：

$$Q_{m,P} = CH_{24,P}F^n \qquad (6-50)$$

$$Q_{m,P} = CH_{24,P}^a f^\gamma F^n \qquad (6-51)$$

$$Q_{m,P} = CH_{24,P}^a J^\beta f^\gamma F^n \qquad (6-52)$$

$$f = \frac{F}{L^2} \qquad (6-53)$$

式中　$H_{24,P}$——频率 P 时的设计年最大 24h 净雨量，mm；

a、β、γ、n——经验指数；

$\qquad\qquad$ C——综合经验系数；

$\qquad\qquad$ f——流域形状系数；

其他符号意义同前。

6.4.4.4　贵州省暴雨洪水计算方法

1. 短历时暴雨公式

采用常用的短历时暴雨强度公式：

$$i_{t,P}=\frac{S_P}{t_n} \tag{6-54}$$

则
$$H_{t,P}=S_P t^{1-n} \tag{6-55}$$

式中　$H_{t,P}$——频率 P、计算历时 t 的最大雨量，以 mm 计；

$\qquad$ $i_{t,P}$——频率 P、计算历时 t 的平均降雨强度，以 mm/h 计；

$\qquad$ S_P——频率 P 的最大时雨量或称暴雨雨力，以 mm/h 计。

根据贵州省实测暴雨资料分析，暴雨衰减指数 n 可概化成 $t\leqslant1\mathrm{h}$，为 n_1；$1\mathrm{h}<t\leqslant6\mathrm{h}$，为 n_2；$6\mathrm{h}<t<24\mathrm{h}$，为 n_3。暴雨衰减指数还有随计算频率 P 的减小而减小的规律。

24h 以内各历时的设计暴雨可分别用下列公式计算：

当 t 为 6～24h 时，有
$$H_{t,P}=H_{24,P}\left(\frac{t}{24}\right)^{1-n_{3p}} \tag{6-56}$$

当 t 为 1～6h 时，有　$H_{t,P}=H_{6,P}\left(\frac{t}{6}\right)^{n_{2p}}=H_{24,P}\left(\frac{1}{4}\right)^{1-n_{3p}}\left(\frac{t}{6}\right)^{1-n_{2p}}$ $\tag{6-57}$

当 $t\leqslant1\mathrm{h}$ 时，有
$$H_{t,P}=S_P t^{1-n_{1p}} \tag{6-58}$$

2. 雨洪计算公式

(1) 当 $300\mathrm{km}^2\leqslant F<1000\mathrm{km}^2$ 时，有
$$Q_P=0.674\gamma^{0.922}f^{0.125}J^{0.082}F^{0.723}\left[C_3 K_P \overline{H}_{24}\right]^{1.23} \tag{6-59}$$

(2) 当 $25\mathrm{km}^2<F<300\mathrm{km}^2$，且 $\theta>30$ 时，有
$$Q_P=0.375\gamma^{0.922}f^{0.125}J^{0.082}F^{0.834}\left[C_3 K_P \overline{H}_{24}\right]^{1.23} \tag{6-60}$$

(3) 当 $25\mathrm{km}^2\leqslant F<300\mathrm{km}^2$，且 $\theta\leqslant30$ 时，有
$$Q_P=0.375\gamma_1^{0.922}f^{0.360}J^{0.240}F^{0.716}\left[C_3 K_P \overline{H}_{24}\right]^{1.23} \tag{6-61}$$

集水面积 $F<50\mathrm{km}^2$ 的特小流域，流域几何特征参数 θ 值一般都小于 30。

(4) 当 $10\mathrm{km}^2\leqslant F<25\mathrm{km}^2$ 时，有
$$Q_P=0.234\gamma_1^{0.848}f^{0.331}J^{0.221}F^{0.834}\left[C_3 K_P \overline{H}_{24}\right]^{1.212} \tag{6-62}$$

或以最大 6h 雨量推求设计洪峰流量：
$$Q_P=0.327\gamma_1^{0.848}f^{0.331}J^{0.221}F^{0.834}\left[C_2 K_P \overline{H}_6\right]^{1.212} \tag{6-63}$$

(5) 当 $1\mathrm{km}^2\leqslant F<10\mathrm{km}^2$ 时，有
$$Q_P=0.481\gamma_1^{0.571}f^{0.223}J^{0.149}F^{0.890}(C_1 S_P)^{1.143} \tag{6-64}$$

式中　F、L、J——含义同前；

$\qquad$ C——洪峰径流系数，H_1（即 S_P）相应的径流系数为 C_1，H_6 相应的径流

$\qquad\qquad$ 系数为 C_2，H_{24} 相应的径流系数为 C_3；

γ、γ_1——汇流系数非几何特征系数，按自然地理分类查水文手册。

【例 6-14】 贵州青龙堡水库坝址以上集水面积 $F=22.2\text{km}^2$，坝址以上主河道河长 $L=9.43\text{km}$，主河道平均比降 $J=38.9‰$，流域形状系数 $f=0.25$。

根据绥阳气象站的暴雨统计参数，结合贵州省最新有关的暴雨等值线图，设计流域最大 24h 降水量均值为 100mm，C_v 为 0.45，C_s/C_v 为 3.5。

坝址以上流域岩溶较少，植被一般，结合流域特性，汇流参数取Ⅱ区（黔东北部分地区），汇流系数 γ 范围为 $0.36\sim0.40$，本工程取该区均值 $\gamma=0.38$；查相关图表径流系数 $C_3=0.69\sim0.879$（$P=0.1\%\sim20\%$）。

试求青龙堡水库设计洪水。

解 按雨洪法计算设计洪水，洪峰流量计算公式为

$$Q_P=0.234r_1^{0.848}f^{0.331}J^{0.221}F^{0.834}(C_3K_P\overline{H}_{24})^{1.212}\quad(10\text{km}^2\leqslant F<25\text{km}^2)$$

洪量计算公式 $\qquad\qquad W_P=0.1\times F\times h_{24P}$

青龙堡水库设计洪水成果见表 6-18 和表 6-19。

表 6-18 青龙堡水库设计洪水成果表

计算项目	设计频率 $P/\%$								
	0.1	0.2	0.5	1	2	3.33	5	10	20
$Q_P/(\text{m}^3/\text{s})$	407	368	314	272	232	203	180	142	102
$W_P/万 \text{ m}^3$	630	572	494	434	374	330	294	231	167

表 6-19 青龙堡水库各频率设计洪水过程线成果表

时间/h	不同频率 P（%）的设计值/(m^3/s)						
	0.1	0.2	1	2	3.33	5	20
0	0	0	0	0	0	0	0
0.5	69.2	58.7	35.6	27	21.3	17.6	8.13
1	254	217	137	109	90.5	76.5	33.8
1.5	407	368	272	232	203	180	68.9
2	368	335	255	220	194	173	102
2.5	308	283	221	194	174	156	95.6
3	243	225	180	160	144	130	81.9
3.5	190	174	139	123	112	102	64.8
4	159	145	114	100	90.2	81.1	49.7
4.5	141	129	100	87	77.4	68.9	41.4
5	123	113	88.3	77.2	68.8	61.3	36.5
5.5	107	97.8	77	67.5	60.2	53.7	31.7
6	96.1	87.4	67.7	58.9	52.4	46.7	27.5
6.5	87.3	79.7	61.8	53.7	47.6	42.3	24.6
7	78.9	72.1	56.2	48.9	43.5	38.6	22.3

时间/h	不同频率 P（％）的设计值/（m³/s）						
	0.1	0.2	1	2	3.33	5	20
7.5	70.5	64.7	50.7	44.3	39.4	34.9	20
8	62.6	57.4	45.3	39.7	35.4	31.4	17.9
8.5	56.4	51.6	40.4	35.3	31.5	28	16
9	50.7	46.5	36.4	31.8	28.3	25.1	14.3
9.5	45	41.4	32.6	28.5	25.4	22.6	12.8
10	40.8	36.9	28.8	25.3	22.6	20.1	11.6
10.5	39	35.2	26.8	23	20.3	17.9	10.5
11	37.4	33.8	25.7	22.1	19.5	17.2	10.1
11.5	35.8	32.3	24.6	21.2	18.7	16.5	9.64
12	34.2	30.9	23.5	20.2	17.8	15.8	9.22
12.5	32.6	29.4	22.5	19.3	17	15.1	8.8
13	31	28	21.4	18.4	16.2	14.3	8.38
13.5	29.4	26.6	20.3	17.5	15.4	13.6	7.96
14	27.8	25.1	19.2	16.6	14.6	12.9	7.54
14.5	26.2	23.7	18.1	15.6	13.8	12.2	7.12
15	24.6	22.3	17.1	14.7	13	11.5	6.7
15.5	23	20.8	16	13.8	12.2	10.8	6.28
16	21.4	19.4	14.9	12.9	11.3	10	5.85
16.5	20	18.1	13.8	11.9	10.5	9.33	5.46
17	18.9	17	13	11.2	9.86	8.72	5.11
17.5	17.7	16	12.2	10.5	9.24	8.17	4.79
18	16.5	14.9	11.4	9.78	8.62	7.63	4.47
18.5	15.3	13.8	10.6	9.08	8.01	7.08	4.15
19	14.1	12.8	9.74	8.39	7.39	6.54	3.83
19.5	13	11.7	8.93	7.69	6.78	5.99	3.51
20	11.8	10.6	8.12	6.99	6.16	5.45	3.19
20.5	10.6	9.57	7.3	6.29	5.54	4.9	2.87
21	9.43	8.51	6.49	5.59	4.93	4.36	2.55
21.5	8.25	7.45	5.68	4.89	4.31	3.81	2.23
22	7.07	6.38	4.87	4.19	3.7	3.27	1.91
22.5	5.89	5.32	4.06	3.49	3.08	2.72	1.6
23	4.72	4.25	3.25	2.8	2.46	2.18	1.28
23.5	3.54	3.19	2.43	2.1	1.85	1.63	0.957
24	2.36	2.13	1.62	1.4	1.23	1.09	0.638
24.5	1.18	1.06	0.812	0.699	0.616	0.545	0.319
25	0	0	0	0	0	0	0

6.4.5 小流域设计洪水过程线计算

一般小流域洪水过程多为陡涨陡落，洪峰持续时间较短，过程近似为三角形。因此通常假定洪水涨水和退水均按直线变化，洪水过程线为最简单的三角形，如图 6-18 所示，三角形洪水过程线的设计洪峰流量已由前述推理公式法或经验公式法求得。设计洪量可用下式计算：

$$W_P = 10^3 h_P F \tag{6-65}$$

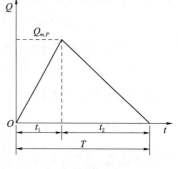

图 6-18 三角形洪水过程线图

式中　W_P——设计洪水总量，m^3；

F——流域面积，km^2；

h_P——设计净雨总量，mm，可由最大 24h 设计暴雨量扣损求得。

由三角形特性知

$$W_P = \frac{1}{2} Q_{m,P} T \tag{6-66}$$

所以设计洪水总历时为

$$T = \frac{2W_P}{Q_{m,P}} \tag{6-67}$$

式中　T——设计洪水总历时，h；

W_P——设计洪水总量，m^3；

$Q_{m,P}$——设计洪峰流量，m^3/s。

由图 6-18 可见，$T = t_1 + t_2$。t_1 为涨水历时，t_2 为退水历时。一般情况下 $t_2 > t_1$，根据有些地区的分析，$t_2 : t_1 = 1.5 \sim 3.0$，令 $t_2/t_1 = r$，称为洪水过程线因素，则有

$$T = t_1 + t_2 = t_1(1+r) \text{ 或 } t_1 = \frac{T}{1+r} \tag{6-68}$$

当 $Q_{m,P}$、T、t_1 确定后，便可以绘出三角形过程线。

公式法概化五边形过程线是在三角形过程线的基础上略加改进，将涨水段和退水段各增加一个转折点，使其变成五边形过程，如图 6-19 所示。过程线上各点的坐标可根据本地区小流域的实测单峰大洪水过程线综合分析概化定出。

例如，江西省根据全省集水面积在 650km^2 以下的 81 个水文站，1048 次洪水资料分析的五边形概化过程线，其各转折点坐标如图 6-19 所示。图中 T 为洪水总历时，按下式计算：

$$T = \frac{9.66 W_P}{Q_{m,P}}$$

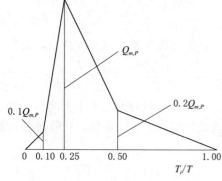

图 6-19 概化五边形洪水过程线

式中　9.66——$Q_{m,P}$、W_P、T 分别以 m^3/s、万 m^3、h 为单位的转换系数。

129

算出 T 后，洪水过程线中各转折点坐标即可按图示算出。

【例 6-15】 已知 $Q_m = 640\text{m}^3/\text{s}$、$\tau = 5.29\text{h}$、$t_c = 37.24\text{h}$，$S_P = 90\text{mm/h}$，$n = 0.65$，$F = 84\text{km}^2$，选取洪水过程线因数 $r = 2$。试推求概化三角形洪水过程线。

解 首先计算设计洪水总量 W_P，由下式计算设计净雨量：

$$h_P = nS_P t_c^{1-n} = 0.65 \times 90 \times 37.24^{1-0.65} = 207.5 \text{(mm)}$$

由下式计算设计洪水总量：

$$W_P = 10^3 h_P F = 10^3 \times 207.5 \times 84 = 1743 \times 10^4 \text{(m}^3\text{)}$$

由下式计算设计洪水总历时：

$$T = \frac{2W_P}{Q_{m,P}} = \frac{2 \times 1743 \times 10^4}{640 \times 3600} = 15.13 \text{(h)}$$

由下式及 $r = 2$ 计算设计洪水涨水历时：

$$t_1 = \frac{T}{1+r} = \frac{15.13}{1+2} = 5.04 \text{(h)}$$

退水历时　　　　　　$t_2 = T - t_1 = 15.13 - 5.04 = 10.09 \text{(h)}$

由 T、$Q_{m,P}$、t_1、t_2 即可绘出设计洪水概化三角形过程线。

6.5　设计洪水的其他问题

6.5.1　设计洪水地区组成

当设计断面上游有调洪作用较大的水库或蓄滞洪等工程时，这些工程的调洪和蓄洪作用会明显改变天然洪水过程，将对下游工程的设计洪水产生较大影响。

经上游工程调蓄后的洪水过程与天然洪水过程相比，一般情况下，洪峰流量和时段洪量减少，洪峰出现时间延后，并随天然洪水的大小和洪水过程线的形状不同而异。上游工程的下泄流量过程与区间洪水过程组合后，形成下游设计断面受上游工程影响后的洪水过程。

洪水地区组成就是洪水洪量在设计断面或防洪控制断面（统称设计断面）以上各个区间（区域）的分配程度。

6.5.2　设计洪水地区组成分析

在分析研究设计流域洪水地区组成特性的基础上，结合防洪要求和工程特点，通常可采用下列方法。

1. 典型洪水组成法

该法是从实测洪水资料中选择几个有代表性的、对防洪不利的大洪水作为典型，以设计断面的设计洪量作为控制，按典型年各分区洪量占设计断面洪量的比例，计算各分区相应的洪量。

2. 同频率洪水组成法

同频率洪水组成法就是根据防洪要求选定某一分区出现与下游设计断面同频道的洪

量，其余分区的相应洪量则按水量平衡原则推求。如果其余分区不止一个，而是有几个，则可选择一个典型洪水，计算该典型洪水各分区洪量的组成比例，并按此比例将相应洪量分配给各分区。

（1）如果设计断面以上只有两个分区，如图 6-20 所示，在设计中一般可按以下两种方法拟定同频率洪水组成。

（2）当设计断面 C 发生设计频率为 P 的洪水 $W_{C,P}$（以设计洪量表示）时，上游水库断面 A 也发生频率为 P 的洪水 $W_{A,P}$，区间 B 则发生相应的洪水 W_B。

按水量平衡原则，有

$$W_B = W_{C,P} - W_{A,P} \qquad (6-69)$$

以 $W_{A,P}$ 和 W_B 对水库断面洪水和区间洪水进行放大。

（3）当设计断面 C 发生设计频率为 P 的洪水 $W_{C,P}$ 时，区间 B 也发生频率为 P 的洪水 $W_{B,P}$，上游水库断面 A 则发生相应的洪水 W_A，即

$$W_A = W_{C,P} - W_{B,P} \qquad (6-70)$$

以 W_A 和 $W_{B,P}$ 对水库断面洪水和区间洪水进行放大。

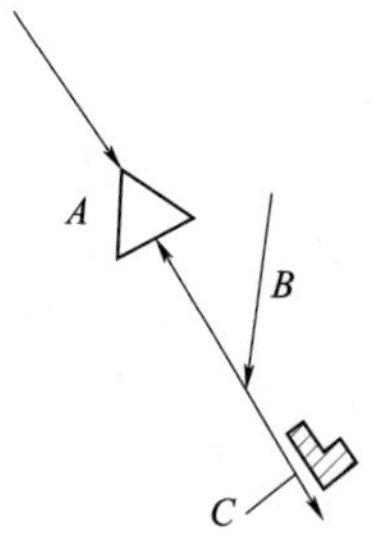

图 6-20　单一水库承担下游防洪

6.5.3　入库洪水基本概念

水库形成后，通过库区周边的入流和库面的直接降水形成的洪水，叫做入库洪水。水库建成后，库区内天然河道及其近旁的坡面被淹没，库区内的产流和汇流条件明显改变，建库前的河道汇流形式变为建库后干支流与库区区间沿水库周边同时入流。

如图 6-21（a）所示，入库洪水主要由三部分组成：水库回水末端附近干支流水文站或某计算断面以上流域产生的洪水，如图 6-21（a）中由 A、B、C 站汇入的上游干支流洪水；干支流各水文站以下到水库周边区间流域坡面产生的洪水，如图 6-21（a）中 A、B、C 站以下至水库周边的区间陆面产生的洪水；水库库面的降水量。根据国内几十年来实际资料的分析，入库洪水与坝址洪水存在着差别，不同的水库特性及不同典型洪水的时空分布，两者差异的大小也不同。坝址洪水是坝址断面处的出流，而建库后，库区回水末端至坝址处的河道被回水淹没成为水深比河道大得多的水库区，水库周边汇入的洪水在库区的传播速度大大加快，原有的河槽调蓄能力丧失，使得入库洪水与坝址洪水相比洪峰增高，峰形更尖瘦，入库洪峰出现时间提前，涨水段洪量增大。建库前后，干支流洪水遭遇情况也发生变化，入库洪水与坝址洪水的差异比较如图 6-21（b）所示。

湖泊型水库，河床两岸有较宽的漫滩与台地，河道比较平缓，河槽宽阔，回水距离较远，原有的河槽调蓄能力较大，形成水库后入库洪水洪峰流量与坝址洪峰流量的比值较大。

由于入库洪水与坝址洪水的差别主要是洪峰流量和短时间洪量，随着统计时段增长，两者过程洪量的差别趋小。当水库调节洪水的库容较大时，设计洪水起控制作用的是长时段洪量，这时可直接采用坝址设计洪水作为工程设计依据。

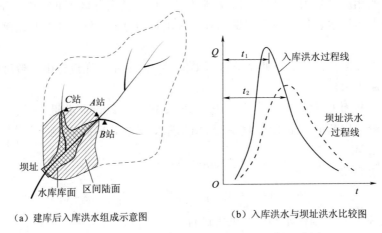

（a）建库后入库洪水组成示意图　　　（b）入库洪水与坝址洪水比较图

图 6 - 21　入库洪水组成及与坝址洪水比较示意图

复 习 思 考 题

1. 洪水和设计洪水有何不同？什么是洪水三要素？

2. 如果洪水资料中有特大洪水，一般在洪水频率计算时应怎样处理？

3. 什么是典型洪水过程线？用它推求设计洪水过程线时有哪些方法？

4. 什么是前期影响雨量？通常如何计算？怎样确定流域陆面蒸发量 E_m、流域最大损失量 I_m 和前期影响雨量初始值 $P_{a,t}$？

5. 何谓降雨径流相关图？它是怎样建立的？可用来解决什么问题？

6. 何谓汇流历时、汇流速度、产流历时？

7. 什么叫单位线？单位线的基本假定是什么？

8. 小流域设计洪水计算的特点是什么？

9. 推理公式中包括哪几类参数？关键求解哪两个未知数？

习 题

1. 贵州省清水河流域某站 1960—1979 年共有 20 年实测洪峰流量资料，见表 6 - 20。通过历史洪水调查与估算，1922 年的洪峰流量为 6476m³/s，经文献考证与调查分析，其重现期为 100 年；1949 年的洪峰流量为 2059m³/s。实测洪峰流量系列中，1970 年提出来作为特大值处理。试计算加入历史洪水后的经验频率与统计参数，并用适线法求 P 为 0.5% 的设计洪峰流量 $Q_{m,P}$。

表 6 - 20　　　　　　　　　　　　**某 站 实 测 洪 峰 流 量**

年份	1922	1949	1960	1961	1962	1963	1964	1965
洪峰流量/(m³/s)	6467	2059	1360	878	652	716	840	919

续表

年份	1966	1967	1968	1969	1970	1971	1972	1973
洪峰流量/(m³/s)	668	1580	1070	961	2110	1250	1050	827
年份	1974	1975	1976	1977	1978	1979		
洪峰流量/(m³/s)	1110	529	1740	1130	690	1450		

2. 清水河流域某水文站，有长系列的雨量资料，该站控制面积约 304km²，试求 1h、6h、24h 50 年一遇设计面雨量及其时程分配。

资料：（1）该站不同历时雨量的统计参数见表 6-21；

（2）由省暴雨图集查得该站属于暴雨分区 Ⅳ，其点面系数 α 值见表 6-21；

（3）由省暴雨图集查得该站属于暴雨分区 Ⅳ 的暴雨时程，分配见表 6-22。

表 6-21　　　　　　　　　　统计参数及点面系数表

t/h	$\overline{H_t}/mm$	C_v	C_s/C_v	α
1	37.0	0.41	3.5	0.44
6	61.0	0.40	3.5	0.75
24	80.0	0.38	3.5	0.78

表 6-22　　　　　　　　　　暴 雨 时 程 分 配 表

时段（$\Delta t=6h$）	1	2	3	4
分配数/%	5.6	77.2	15.2	2

3. 本领域内某年汛期头一场大雨（6 月 10 日）前 20d 期间内时有小雨或无雨（见表 6-23），经分析 $I_m=100mm$，5 月有雨日 $E_m=1.5mm$，无雨日 $E_m=4.5mm$，6 月有雨日 $E_m=2.0mm$，无雨日 $E_m=5.0mm$，试计算雨前 20d 各日的前期影响雨量。

表 6-23　　　　　　　　　　降 雨 过 程 表

日期	5.21	5.22	5.23	5.24	5.25	5.26	5.27	5.28	5.29	5.30
日雨量/mm	3.3	1.9	0.0	0.0	3.8	0.0	1.5	0.0	0.0	0.0
日期	5.31	6.1	6.2	6.3	6.4	6.5	6.6	6.7	6.8	6.9
日雨量/mm	4.4	2.1	0.0	0.0	0.0	0.0	1.8	0.0	4.9	2.2

4. 本领域内某站以上集水面积 $F=963km²$，设计净雨总量为 66.2mm，按 6h 为一个时段，共分为三个时段。地下径流 R_{gp} 为 25mm，基流为 8m³/s，设计单位线见表 6-24，试计算设计洪水过程线。

表 6-24　　　　　　　　　　设 计 单 位 线 表

时序（$\Delta t=6h$）	单位线/(m³/s)	净雨深/mm
0	0.0	
1	16.0	13.7
2	210.0	36.2

时序（$\Delta t = 6h$）	单位线/（m³/s）	净雨深/mm
3	75.0	16.3
4	46.0	
5	34.0	
6	25.0	
7	17.0	
8	13.0	
9	7.0	
10	3.0	
11	0.0	

5. 已知集水面积 $F = 19.4 \text{km}^2$，主河道长度 $L = 6.5 \text{km}$，主河道平均比降为 13.4‰，$P = 2\%$ 时雨力 $S_P = 70.1 \text{mm/h}$，$P = 0.2\%$ 时雨力 $S_P = 85.4 \text{mm/h}$，损失参数 $\mu = 3 \text{mm/h}$，汇流参数 $m = 0.95$，暴雨衰减指数 $n = 0.65$，本工程为小（1）型水库，试用试算法和图解分析法求 $P = 2\%$ 及 $P = 0.2\%$ 时的设计洪峰流量 $Q_{m,P}$。

第7章 水 文 预 报

教学内容： ①水文预报概述；②短期洪水预报；③枯水预报；④施工期河流水情预报。

教学要求： 了解水文预报的概念、作用和分类，掌握短期洪水预报、施工期河流水情预报。

7.1 水 文 预 报 概 述

7.1.1 水文预报的概念

水文预报是根据已知信息，定性或定量预测未来一定时期内水文情势变化的一门水文学科，是水文学的重要组成部分。

已知信息广义上指对预报水文情势有影响的一切信息，最常用的是水文与气象要素信息，如降水、蒸发、流量、水位、冰情、气温、含沙量以及反映污染程度的污染物质含量等观测信息。

预报的水文情势变量可以是任意一个或多个水文要素或水文特征量。不同的情势变量预报要求的已知水文信息、预报方法、预见期均不同。目前通常预报的水文要素有流量、水位、冰情和旱情等。

7.1.2 水文预报的作用

水文预报对保障工农业生产、防汛抗旱减灾、充分有效地利用水资源及发挥水利工程效益等方面，都具有重要作用。随着水文预报长期实践和信息化技术的发展，水文预报理论和技术有了很大提高和充实，应用越来越广泛、越来越精准，受到人们的高度重视。

水利水电工程中广泛地将水文预报（水雨情预报）融入到工程综合信息化系统中，作为运行管理和综合调度的重要手段和依据。水库防洪调度常要求水库发挥错峰、蓄洪减灾等作用。及早预报水库入库洪水或未来水情，科学调度水库运行方案，可以大大减少洪灾损失，增加兴利效益。我国许多大型水电站和综合利用的水库，如新安江水电站、水口水库、青山水库等，由于采用基于水文预报下的调度模式，其发电效益和综合利用效益显著提高。

做好水利水电工程施工期水文预报，对保障水利工程安全施工意义重大。不同的施工方式及施工阶段，水文预报内容和方法都不同。在水库未蓄水以前，主要为施工安全度汛而进行洪水预报。

除短期水文预报外，往往还要进行中长期水文预报，以便对施工现场进行布设和处理。

由于枯季江河水量小，水资源供需矛盾较突出，需要枯季径流预报以指导合理调配水资源。因此，枯季径流预报也具有重要作用。

7.1.3 水文预报的分类

水文预报按其预报的项目，可分为径流预报、冰情预报、沙情预报与水质预报。其中径流预报又可分洪水预报、枯水预报，预报的要素主要是水位和流量。水位预报指的是水位高程及其出现时间。流量预报则是流量的大小、涨落时间及其过程。冰情预报是利用影响河流冰情的前期气象因子，预报流凌开始、封冻与开冻日期，冰厚、冰坝及凌汛最高水位等。沙情预报则是根据河流的水沙相关关系，结合流域下垫面因素，预报年、月和一次洪水的含沙量及其过程。

水文预报按其预见期的长短，可分为短期水文预报和中长期水文预报。预报的预见期是指发布预报与预报要素出现的时间间距。在水文预报中，预见期的长与短并没有明确的时间界限，习惯上把主要由水文要素作出的预报称为短期预报，把包括气象预报性质在内的水文预报称为中长期预报。

7.1.4 水文预报工作的基本程序

水文预报基本工作大体上分为两大步骤。

1. 制订预报方案

根据预报项目的任务，收集水文、气象等有关资料，探索、分析预报要素的形成规律，建立由过去的观测资料推算水文预报要素大小和出现时间的一整套计算方法，即水文预报方案，并对制订的方案按规范要求的允许误差进行评定和检验。只有质量优良和合格的方案才能付诸应用；否则，应分析原因，加以改进。

2. 水文预报作业

将现时发生的水文气象信息，通过报汛设备迅速传送到预报中心，随即经预报方案算出即将发生的水文预报要素大小和出现时间，及时将信息发布出去，供有关的部门应用。这个过程称为水文预报作业。若现时水文气象信息是通过自动化采集、自动传送到预报中心的计算机内，由计算机直接按存储的水文预报模型程序计算出预报结果，这样的作业预报称为联机作业实时水文预报。

7.2　短　期　洪　水　预　报

短期洪水预报包括河段洪水预报和降雨径流预报。河段洪水预报方法是以河槽洪水波运动理论为基础，预报河段下游某站的水位和流量的方法。降雨径流预报方法则是按降雨径流形成过程的原理，利用流域内的降雨资料，预报出流断面洪水过程的方法。

7.2.1 洪水波的运动

在恒定流水面上因外来原因（如暴雨径流、水电站开启、水库或闸坝放水等）突然被注入一定水量，使原来恒定流水面受到干扰而形成一种高低起伏的不稳定波动，这就是洪水波。例如，流域内大量降水后产生的净雨迅速汇集注入河槽，引起流量剧增，河道沿程水面发生高低起伏的波动。

洪水波的特征可用附加比降、波速等物理量来描写。天然棱柱形河道里洪水波运动是一种渐变非恒定流。当洪水波沿河道自上游向下游演进时，由于存在着附加比降，洪水波不断变形，表现为洪水波的推移和坦化两种形态，且在传播过程中连续地同时发生。洪水波演进引起河道断面水位的涨落变化：波前阶段经过断面时水位不断上升，而波后阶段经过断面时水位则下降。图 7-1 就表示了洪水波与河段上、下站水位过程线之间的关系，反映了附加比降的变化是洪水波变形的主要因素。至于河道断面边界条件的影响则是固定的，例如，当河段内有开阔滩地，到某一高水位即行漫滩，洪水波加剧坦化，波高明显衰减，致使下站洪峰水位降低，洪水历时增长。如果下游比上游断面狭窄，则受壅水作用，下游断面的波高比上游的大。此外，区间来水、回水顶托及分洪溃口等外界因素有时对洪水波变形也有很大的影响。

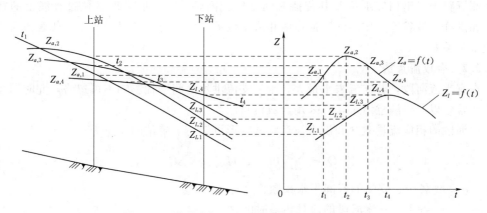

图 7-1　洪水波与上、下站水位过程关系示意图

7.2.2　河段洪水预报

河段洪水预报是根据河段洪水波运动和变形规律，利用河段上断面的实测水位（流量）预报河段下断面未来水位（流量）的方法。

河段洪水演算的常用方法主要有相应水位（流量）法和合成流量法。

7.2.2.1　相应水位（流量）法

1. 基本原理

相应水位（流量）是指河段上下站同次洪水过程线上同位相的水位（流量）。如图 7-2所示，某次洪水过程线上的各个特征点，如上游 a 点洪峰水位经过河段传播时间 τ，在下游站 a' 点的洪峰水位，就是同位相的水位。处于同一位相点上下站的流量称为相应流量。

河段相应水位与相应流量有直接关系，要研究河道中水位的变化规律，就应当研究形成该水位的流量变化规律。

设河段上、下游两站的距离为 L，t 时刻的上游站流量为 $Q_{上,t}$，经过时间 τ 传播，下

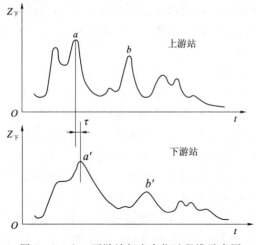

图 7-2 上、下游站相应水位过程线示意图

游站相应流量为 $Q_{下,t+\tau}$。若无区间入流，两者的关系为

$$Q_{下,t+\tau}=Q_{上,t}-\Delta Q_L \qquad (7-1)$$

式中 ΔQ_L——上下游站相应流量的差值，称为洪水波展开量，与附加比降有关。

若在 τ 时间内，河段有区间入流 q，则下游站 $t+\tau$ 时刻形成的流量为

$$Q_{下,t+\tau}=Q_{上,t}-\Delta Q_L+q \qquad (7-2)$$

式（7-2）是相应水位（流量）法的基本方程。

2. 简单的相应水位法

在制订相应水位法的预报方案时，要从实测资料中找出相应水位及其传播时间是比较困难的。一般采取水位过程线上的特征点，如洪峰、波谷等，作出该特征点的相应水位关系曲线与传播时间曲线，代表该河段的相应水位关系。

7.2.2.2 合成流量法

在有支流河段，若支流来水量大，干、支流洪水之间干扰影响不可忽略，此时用相应水位法常难以取得满意结果，可采用合成流量法。

由河段的相应流量概念和洪水波运动的变形可知，下游站的流量为

$$Q_t=\sum_{i=1}^{n}\left[(1+a_i)I_{i,t-\tau_i}-\Delta Q_i\right] \qquad (7-3)$$

式中 a_i——各干、支流的区间来水系数；

τ_i——各干、支流河段的流量传播时间；

ΔQ_i——各传播流量的变形量；

n——各干、支流河段数。

若令各 a_i 相等，ΔQ_i 是 I_i 的函数，则式（7-3）成为

$$Q_i=f\left(\sum_{i=1}^{n}I_{i,t-\tau_i}\right) \qquad (7-4)$$

式中 $\sum_{i=1}^{n}I_{i,t-\tau_i}$——同时流达下游断面的各上游站相应流量之和，称为合成流量。

合成流量法的关键是 τ 值的确定。由于上游来水量大小不同，干、支流涨水不同步，使干、支流洪水波相遇后相互干扰，部分水量被滞留于河槽中，直到总退水时才下泄到下游河道，因而下游站的洪水过程线常显平坦，同上游各站相应流量之和的过程线不相同，这在比降小、河槽宽的平原性河流上尤为明显。若用上、下游各站流量过程线的特征点（如峰、谷、转折点等）确定 τ_i 值就不正确。

实际工作中常用两种方法求值 τ_i，一种是按上、下游站实测断面流速资料分析计算波速 c_i，则 $\tau_i=L_i/c_i$。另一种是试算法：假定 τ_i 值，计算 $\sum_{i=1}^{n}I_{i,t-\tau_i}$ 值，点绘式（7-3）的

关系曲线，若点据较密集，则假定的 τ_i 值即为所求；否则重新假定 τ_i 值直到满足要求为止。

7.2.3 降雨径流预报

降雨径流预报是利用流域降雨量经过产流计算和汇流计算，预报出流域出口断面的径流过程。因此，降雨径流预报包括两方面内容：①降雨量推求净雨量；②由净雨过程推求流域出口断面的径流过程。

其预报基本工作程序大体上包括以下两步。

1. 编制降雨径流方案

根据流域自然地理特征和实测资料条件，运用产汇流原理和方法，建立流域产汇流计算方案，如降雨径流相关图、单位线等，并对方案的预报精度进行评定和检验。

2. 降雨径流预报作业

在实施预报作业中，当 t_0 时刻发布预报时所依据的降雨量常包括两部分：一部分是 t_0 以前的实测降雨量；另一部分是 t_0 以后到 t' 时段内预报的降雨量。然后应用产汇流方案，计算出 $t_0 \sim t_0 + t' + \tau$（τ 流域汇流历时）时段内预报的洪水过程，如图 7-3 所示。

但由于 t_0 时刻以后的雨量是预报值，有一定的误差，在实施预报作业时应根据实测时段降雨量或实测流量对预报的径流进行逐时段修正。

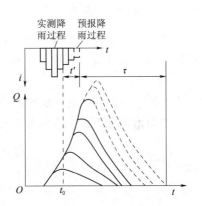

图 7-3　降雨径流法预报洪水过程示意图

7.3 枯 水 预 报

7.3.1 概述

流域内降雨量较少，通过河流断面的流量过程低落而比较稳定的时期，称为枯水季节（简称枯季）或枯水期，其间所呈现出的河流水文情势称为枯水。在枯季，由于江河水量小，水资源供需矛盾较突出，如灌溉、航运、工农业生产、城市生活供水发电，以及环境需水等诸方面对水资源的需求常难以满足。为合理调配水资源，做好枯季径流预报是很有必要的。此外，由于枯季江河水量少、水位低，是水利水电工程施工（沿江防洪堤、导截流、闸门维修等），特别是大坝截流期施工的宝贵季节。因此，为了确保施工安全，枯季径流预报肩负重大责任，枯季径流的起伏变动常常是枯季径流预报关注的对象。

枯水期的河流流量主要由汛末滞留在流域中的蓄水量的消退而形成，其次来源于枯季降雨。流域蓄水量包括地面、地下蓄水量两部分。地面蓄水量存在于地表洼地、河网、水库、湖泊和沼泽之中；地下蓄水量存在于土壤孔隙、岩石裂隙和层间含水带之中。由于地下蓄水量的消退比地面蓄水量慢得多，故长期无雨后河流中水量几乎全由地下水补给。

我国大部分地区属季风气候区，枯季降雨稀少，河川的枯季径流主要依赖流域蓄水补给，控制断面的流量过程一般呈较稳定的消退规律，因此目前枯季径流预报大多是根据这一特点，以控制断面的退水规律为依据进行河网退水预报。但由于枯季径流还受地下水运动的制约，因此，要改进枯季径流预报方法、提高预报精度，还必须加强地下水变化规律的研究。

常用的枯季径流预报方法有三种：退水曲线法、前后期径流相关法和河网蓄水法。枯季径流预报的时段较长，常取旬、月甚至整个枯水期为时段，与洪水预报的预报时段以 h 为单位不同。

下面简要介绍退水曲线法和前后期径流相关法。

7.3.2　退水曲线法

流域退水规律是十分复杂的，常用的是退水曲线，对于具有自由表面的地下潜水，可以假定地下蓄水量 S 与出流量 Q 之间存在着线性关系：

$$S=KQ \tag{7-5}$$

式中　K——相当于地下水的汇流时间。

当退水期地下水无入渗补给与蒸发损失时，有

$$\begin{cases} Q=\dfrac{\mathrm{d}s}{\mathrm{d}t} \\[2mm] \mathrm{d}_s=K\mathrm{d}Q=-Q\mathrm{d}t，即\dfrac{\mathrm{d}Q}{Q}=-\dfrac{\mathrm{d}t}{K} \\[2mm] Q_t=Q_0\mathrm{e}^{-\beta t} \end{cases} \tag{7-6}$$

式中　Q_t——退水开始后 t 时刻的流量，m^3/s；

　　　Q_0——开始退水时的流量，m^3/s；

　　　β——退水系数，$\beta=\dfrac{1}{K}$；

　　　e——自然对数的底数。

对于有实测资料的流域，可以根据无雨期退水流量资料求得退水曲线。把各次退水曲线绘在同一张图上，沿水平方向移动，把各条退水曲线下端互相重合、连接，取其下包线，即得所求的退水曲线，如图 7-4 所示。

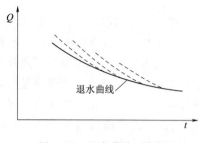

图 7-4　退水曲线示意图

β（或 K）反映流域汇流时间的系数，掌握了 β（或 K）的变化规律也就掌握了退水曲线的规律，因此，分析退水曲线也就是分析 β 的变化。

用退水曲线作预报，只能预报出前期蓄水量的消退过程，而没有考虑预见期内降水量的影响。

7.3.3　前后期径流相关法

前后期径流相关法是以建立前后期径流相关图为手段，从已知的前期径流量预报未来的后期径流量的一种方法。这类方法一般用于较长期的预报，时间长度可取旬、月或整个

枯水季。此法简单、方便、易行，是枯季径流预报中常用的方法。

7.4 施工期预报

水利水电工程施工以河槽为主要工作环境，凡在施工时受到施工回水影响的河段，称为施工区。对于大中型水利水电，施工期一般跨越几个季度甚至多年，在这样长的施工期间，会遇到各种不同的来水情况。同时，由于工程施工的不同阶段采用不同的导流方式，极大地改变了天然河道的条件，因此，做好施工期河流水情预报，对于工程施工的进度和安全至关重要。

水利水电工程施工区以上河道，可能原来就有测站或临时设立的入库站，这些测站以上河段仍是天然情况。因而，入库站的水情预报可以采用前面介绍的方法，对施工的各个阶段进行不同要求的水文预报。施工区的水文预报是以入库站为上游计算断面，预报下游施工区的水情变化。施工区各个阶段的实际情况不同，对水文预报的要求也不同。

7.4.1 明渠导流期的水位-流量预报

在修筑围堰及导流建筑物阶段，要求预报围堰前的水位-流量，以防止进入施工区的河水漫入施工区。

修筑围堰后，围堰使天然河道束窄，水位壅高，围堰上游天然情况下的水位-流量关系发生变化，此时应重新建立上游水位-流量关系曲线。

根据坝址流量，推求束窄河段水位的壅高值 ΔZ，可用下列公式近似计算：

$$\Delta Z = Z_{上} - Z_{下} = \frac{\alpha v_c^2}{2g} - \frac{a v_{上}^2}{2g} \tag{7-7}$$

$$v_c = \frac{Q}{A_c} \tag{7-8}$$

$$v_{上} = \frac{Q}{A_{上}} \tag{7-9}$$

式中　$Z_{上}$、$Z_{下}$——围堰上、下游断面水位，m；

$v_{上}$、v_c——上游及束窄断面的平均流速，m/s；

$A_{上}$、A_c——上游及束窄处的断面面积，m^2；

Q——坝址断面预报流量，m^3/s；

α——动能修正系数，一般可取 1.0~1.1；

g——重力加速度，m/s^2。

在计算时，要求具备下游断面的水位-流量关系 $Q = f(Z_{下})$，上游及束窄断面的水位-面积曲线 $A_{上} = f_1(Z_{上})$、$A_c = f_2(Z_{下})$，用试算法计算 ΔZ 值，其步骤如下。

（1）拟定过水流量 Q，查 $Q = f(Z_{下})$ 曲线得 $Z_{下}$。

（2）由 $Z_{下}$ 值查 $A_c = f_2(Z_{下})$ 曲线得 A_c，由此计算出 v_c，并算出 $\alpha v_c^2/2g$。

（3）假定壅水高度 $\Delta Z'$，则得上游水位 $Z_{上} = Z_{下} + \Delta Z$，由 $A_{上} = f(Z_{上})$ 曲线查得 $A_{上}$，计算出 $v_{上}$，并计算出 $\alpha v_{上}^2/2g$。

（4）按式（7-7）计算水高度 ΔZ，若计算出的 ΔZ 与假定的 $\Delta Z'$ 相符，则试算完毕；否则重新试算。

计算出各级流量的壅水高度，即可建立上游壅高后的水位-流量关系曲线 $Q=f(Z_下+\Delta Z)=f(Z_上)$，如图 7-5 所示。围堰下游的水位-流量关系仍是天然情况下的，即 $Q=f(Z_下)$。有了围堰上、下游水位-流量关系，便可利用前面预报的流量 Q，推求出上游水位 $Z_上$ 和下游水位 $Z_下$，完成围堰上、下游的水位预报。

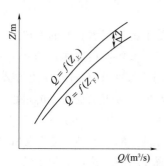

图 7-5　围堰上、下游水位-流量关系曲线

7.4.2　截流期的水位、流速预报

截流期水文预报主要内容是上游围堰合龙过程中的龙口水位、流速预报和坝体泄水时的水位、流量预报。

围堰合龙施工一般在枯水季进行，河流来水量属枯季径流预报，详见 7.3 节。

在围堰戗堤不断推进过程中，过水断面不断减小，流速增大，上游壅水。因施工使过水断面形状多变且不稳定，在围堰合龙过程中要不断测量流速和水位，及时修正预报值。

龙口过水断面的水流要素一般都按水力学中的宽顶堰计算，并分为自由出流和淹没出流两种情况，如图 7-6 所示。

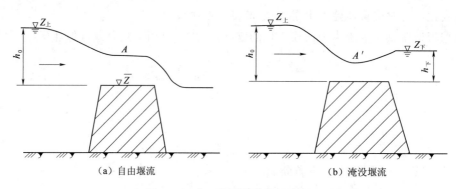

(a) 自由堰流　　　　　　　　　　　(b) 淹没堰流

图 7-6　龙口宽顶堰水流示意图

当 $\dfrac{h_下}{h_0}<0.8$ 时，为自由堰流，计算流量的近似公式为

$$Q=\varphi A\sqrt{Z_上\ \overline{Z}} \tag{7-10}$$

式中　$Z_上$——围堰上游水位，m；

　　　A——相应于 $Z_上$ 时的龙口过水断面面积，m^2；

　　　$\overline{Z}$——龙口底部的平均高程，m；

　　　φ——流量系数，$\varphi=1.33\sim1.70$。

当 $\dfrac{h_下}{h_0}>0.8$ 时，为淹没堰流，计算流量的公式为

$$Q=\varphi'A'\sqrt{2g(Z_上-Z_下)} \tag{7-11}$$

式中　A'——相应于 $Z_上$ 时的龙口过水断面面积，m^2；

　　　φ'——流量系数，有侧收缩时，$\varphi'=0.88\sim1.00$；

　　　$Z_下$——围堰下游水位，m。

复 习 思 考 题

1. 水文预报的作用是什么？
2. 水文预报的分类有哪些？
3. 水文预报工作的基本分类是什么？
4. 研究洪水波运动规律对建立河段洪水预报方案有何意义？
5. 做好施工期河流水情预报，对于工程施工的进度和安全有何意义？

第8章 水 库 特 性

教学内容：①水库基本特征；②水库水量损失；③水库死水位的确定；④水库径流调节分类。

教学要求：了解水库径流调节分类；掌握水库特征水位和特征库容；掌握水库特性曲线的绘制；掌握水库死水位的确定；掌握水库水量损失计算。

在河流上拦河筑坝形成人工水体用来进行径流调节，这就是水库。一般地说，坝筑得越高，水库的容积（简称库容）就越大。但在不同的河流上，即使坝高相同，其库容也很不相同，这主要与库区内的地形有关。如库区内地形开阔，则库容较大；如为一峡谷，则库容较小。此外，河流的纵坡对库容大小也有影响，坡降小的库容较大，坡降大的库容较小。根据库区河谷形状，水库有河道型和湖泊型两种。

水库建成后，可起防洪、供水、航运、发电、灌溉等作用。

8.1 水 库 基 本 特 征

8.1.1 水库特性曲线

水库形体特性，其定量表示主要就是水库水位-面积关系和水库水位-库容关系。

水库水位越高则水库水面积越大，库容越大。不同水位有相应的水库面积和库容。因此，在设计时，必须先作出水库水位-面积和水库水位-库容关系曲线，这两者是最主要的水库特性资料。

为绘制水库水位-面积和水库水位-库容关系曲线，一般可根据1∶10000～1∶5000比例尺的地形图（图8-1），用求积仪（或按比例尺数方格）求得不同高程时水库的水面面积（如果有数字化地形图，利用 GIS 软件可以方便地量算出水库水面面积），然后以水位为纵坐标，以水库面积为横坐标，画出水位面积关系曲线。然后分别计算各相邻高程之间的部分容积，自河底向上累加得相应水位之下的库容，即可画出水位库容的关系曲线。相邻高程间的部分容积可按下式计算：

$$\Delta V = \frac{F_i + F_{i+1}}{2} \Delta Z \tag{8-1}$$

式中　ΔV——相邻高程间（即相邻两条等水位线间）的容积，m^3；

　F_i、F_{i+1}——相邻上、下两条等水位的水库面积，m^2；

　　ΔZ——相邻上、下两条等水位的水位差，m。

较精确的公式为

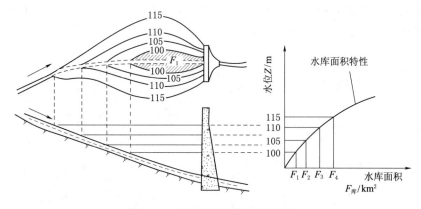

图 8-1　水库面积特性绘制示意图

$$\Delta V = \frac{1}{3}(F_i + \sqrt{F_i F_{i+1}} + F_{i+1})\Delta Z \tag{8-2}$$

水库水位 Z-面积 F 和水库水位 Z-库容曲线的一般形状，如图 8-2 所示。

总库容是水库最主要的一个指标，通常按总库容的大小把水库区分为下列 6 级：大（1）型 10 亿 m^3 以上；大（2）型 1.0 亿～10 亿 m^3；中型 0.1 亿～1 亿 m^3；小（1）型 0.01 亿～0.1 亿 m^3；小（2）型 0.001 亿～0.01 亿 m^3；塘坝 10 万 m^3 以下。

在生产实践中为了能与来水的流量单位直接对应，便于调节计算，水库库容的计量单位常用（m^3/s）·月表示，它是 1m^3/s 的流量在一个月中的累积总水量，即 1[（m^3/s）·月]＝30.4×24×3600＝2.63×10^6（m^3）。

前面讨论的面积特性曲线和库容特性曲线，均建立在假定入库流量为零且水面是水

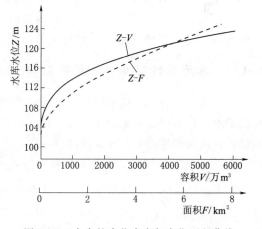

图 8-2　水库的水位库容与水位面积曲线

平的基础上。这是水库内的水体静止（即流速为零）时，所观察到的水静力平衡条件下自由水面，因此，这种库容称为静水库容（简称静库容）。如有一定入库流量时，水库中水流有一定流速，则水库水面从坝址起上溯，其回水曲线越接近上游，水面越往上翘，直到入库端与天然水面相切为止。静水面线与动水面线之间包含的水库容积称为楔形蓄量，如图 8-3 所示。静库容与楔形蓄量的总和称为动库容。以入库流量为参数的坝前水位与相应动库容的关系曲线称为动库容曲线。

当确定水库回水淹没和浸没的范围或作库区洪水流量演进计算时，或当动库容数值占调洪库容的比例较大时，必须考虑动库容影响。

动库容曲线绘制步骤：假定一个入库流量 Q_1 和一组坝前水位，然后根据水力学公式，求出一组以入库流量 Q_1 为参数的水面曲线；再计算坝前至回水末端不同回水曲线以下的库容，将不同回水以下的库容相加，就可求出以入库流量 Q_1 为参数的总的动库容曲

线。假定不同的入库流量 Q_2，Q_3，…按上面的方法计算可求得以不同的入库流量为参数的水库动库容曲线，如图 8-4 所示。

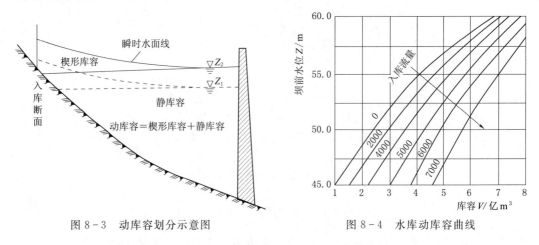

图 8-3　动库容划分示意图　　　　　　　　图 8-4　水库动库容曲线

在图 8-4 中，$Q_入=0$ 的曲线也就是前面所说的静库容曲线。由图 8-4 上可知，坝前水位不变时，入库流量越大，则动库容总值也越大。由于动库容曲线计算需要的资料多，比较麻烦，为了简便起见，一般的调节计算仍多采用静库容曲线。

8.1.2　水库的特征水位和相应库容

在河道、山谷、低洼地修建挡水坝或堤堰，形成蓄积水量的人工湖称为水库。水库具有拦截来水、调节径流、集中落差等功能，可以满足防洪、发电、灌溉、供水、航运、养殖、旅游、环境保护等需要，可以承担单一或综合利用任务。水库按其所在位置和形成条件，一般分为山区水库河道型和平原水库湖泊型两种类型，水库特征库容和相应的特征水位如图 8-5 所示。在进行水库规划设计时，首先要合理确定各种特征库容和相应的特征水位。

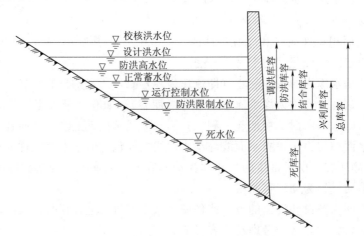

图 8-5　水库特征水位与特征库容示意图

水库特征水位主要有正常蓄水位、死水位、防洪限制水位、防洪高水位、设计洪水位、校核洪水位等。

1. 死水位和死库容

死水位是指水库在正常运用情况下，允许削落的最低水位。相应的库容为死库容，也称垫底库容，是指死水位以下的水库容积。死库容在一般情况下是不动用的，除非特殊干旱年份，为了满足紧要的供水或发电需要，才允许临时动用死库容内的部分存水。

2. 正常蓄水位和兴利库容

正常蓄水位是指水库在正常运用时，为满足兴利要求蓄到的最高水位，又称正常高水位或设计蓄水位，相应的库容为正常蓄水位以下库容。兴利库容又称调节库容或有效库容，是正常蓄水位至死水位之间的库容，是水库实际可用于调节径流的库容。正常蓄水位与死水位之间的水位差称为工作深度或削落深度。

正常蓄水位，是设计水库时需确定的重要参数，它直接关系到一些主要水工建筑物的尺寸、投资、淹没、人口迁移及政治、社会、环境影响等许多方面，因此，需要经过充分的技术经济论证，全面考虑，综合分析确定。

3. 防洪限制水位和结合库容

防洪限制水位又称汛期限制水位，是水库在汛期允许兴利蓄水的上限水位，一般情况下也是汛期水库下游防洪调度的起调水位。多数水库防洪限制水位低于正常蓄水位。结合库容又称重叠库容或重复库容，是指正常蓄水位与防洪限制水位之间防洪库容与兴利库容结合的水库容积。该库容在汛期用于防洪，在枯季用于兴利。

由此可见，防洪限制水位实际上是结合库容的下边界相应的水位，以此水位作为进行下游防洪标准的设计洪水、大坝设计及校核洪水调节计算时的起始水位。

4. 防洪高水位和防洪库容

防洪高水位是指水库遭遇下游防护对象的设计标准洪水时，水库按下游防洪要求控制放水，坝前达到的最高水位。当水库不承担下游防洪要求时，无这一水位。防洪库容是指防洪高水位至防洪限制水位之间的水库容积。

5. 设计洪水位和拦洪库容

设计洪水位是指水库遭遇大坝的设计标准洪水时，坝前达到的最高水位。设计洪水位是水库正常运用情况下允许达到的最高水位，也是水工建筑物稳定计算的主要依据。拦洪库容是设计洪水位与防洪限制水位之间的水库容积。

由于大坝的设计标准一般要比下游防洪对象的防洪标准高，所以设计洪水位一般高于防洪高水位。

6. 校核洪水位和调洪库容

校核洪水位是指水库遭遇大坝的校核标准洪水时，坝前达到的最高水位。校核洪水位是水库在非常运用情况下，允许临时达到的最高水位。调洪库容是指校核洪水位至防限制水位之间的水库容积。

7. 总库容

总库容是指校核洪水位以下的库容，多指静库容。

校核洪水位加上相应的风浪爬高和安全超高，与正常蓄水位或设计洪水位加上相应的风浪爬高和安全超高取大值，就是坝顶高程。

8. 运行控制水位

为满足水库特定任务要求而设置的坝前水位,包括排沙控制水位、库区防洪控制水位、防凌控制水位、发电运行控制水位等。

8.1.3 设计保证率

由于特枯水年来水相对较少,如果在特枯水年也要百分之百保证兴利部门的正常用水要求,就需要有相当大的库容,显然是不经济和不合理的。因此,对于特枯水年一般允许有一定程度的供水破坏。这就需要研究用水部门允许减少的供水的可能性和合理范围,确定多年工作期间正常用水得到的保证程度,常用正常供水保证率(简称设计保证率)来表示。

设计保证率有 3 种不同的衡量方法,即按保证供水的数量、按保证供水的历时、按保证供水的年数来衡量。三者都是以多年工作期中的相对百分数表示。目前,在水库的规划设计中最常用的是第三种衡量方法。例如,灌溉水库、年调节以上的水电站、工业和民用供水工程等都用水库在多年工作期中能保证正常工作的相对年数表示,即

$$P(\%)=\frac{总年数-破坏年数}{总年数}\times100\%=\frac{正常工作年数}{总年数}\times100\% \qquad (8-3)$$

无调节或日调节水电站及航运部门一般用正常工作的相对日数(历时)表示保证率,即

$$P(\%)=\frac{总历时-破坏历时}{总历时}\times100\%=\frac{正常工作年数}{总年数}\times100\% \qquad (8-4)$$

设计保证率的高低与供水对象的重要性和工程的等级有关。设计保证率越高,供水对象的正常用水受破坏的机率就越小,但所需的水库容积就越大;反之,如设计保证率越低,则库容可以较小,但正常用水破坏的机率就多。保证率是对工程投资和经济效益影响很大的一个参数。

8.2 水 库 水 量 损 失

水库建成后,将形成很大水体,水库的水面面积远远大于原来的河面,一部分原来是陆面蒸发的地方变成了水面蒸发,因而要考虑水库建成后所增加的水量蒸发损失。另外,由于水库水位抬高,水压力增大,水库库床渗漏随之加大,这部分渗漏量应作为水库的水量损失。

8.2.1 蒸发损失计算

蓄水工程的蒸发损失是指水库修建前后由陆面面积变成水面而增加的蒸发损失:

$$\left.\begin{array}{l} Q_{蒸}=1000(E_{水}-E_{陆})\dfrac{F_{v}}{\Delta T} \\[2mm] E_{水}=kE_{m} \\[2mm] E_{陆}=\overline{H}-\overline{R} \end{array}\right\} \qquad (8-5)$$

式中 F_{v}——建库增加的水面面积,km^2;

$E_{水}$、$E_{陆}$——ΔT 时段内的水面蒸发量和陆面蒸发量,mm;

E_m——ΔT 时段蒸发皿实测水面蒸发量，mm；

k——蒸发皿折算系数，以 E-601 型蒸发皿为准，其他蒸发皿折算系数一般为 0.65～0.8；

$\overline{H}$——闭合流域多年平均降雨量，mm；

$\overline{R}$——闭合流域多年平均径流深，mm。

【例 8-1】 已知某水库观测资料，由 980 蒸发皿观测得出的年水面蒸发量较大值为 1506mm，蒸发皿折算系数 $k=0.8$，流域多年平均年降雨量 $\overline{H}=1310$mm，多年平均年径流深 $\overline{R}=787$mm，蒸发量的多年平均年内分配系数（百分比）列于表 8-1 中，试计算水库的年蒸发损失及相应的年内分配。

解

（1）陆面蒸发：$E_陆 = \overline{H} - \overline{R} = 1310 - 787 = 523$mm。

（2）水面蒸发：$E_水 = kE_测 = 0.8 \times 1506 = 1205$mm。

（3）水库年蒸发损失：$E_水 - E_陆 = 1205 - 523 = 682$mm。

（4）水库各月蒸发损失：用 $E_水 - E_陆 = 682$mm 乘以各月蒸发损失系数（百分比），计算成果填于表 8-1 中。

表 8-1 某水库蒸发损失计算

项目	1月	2月	3月	4月	5月	6月	7月	8月	9月	10月	11月	12月	全年
月损失系数/%	3.09	3.82	6.88	8.52	11.80	14.21	13.05	13.30	9.81	7.61	4.69	3.21	100
蒸发损失/mm	21	26	47	58	80	97	89	91	67	52	32	22	682

8.2.2 渗漏损失计算

水库渗漏损失包括坝基（肩）渗漏、闸门止水不严、水库渗漏等。详细的渗漏损失计算可利用渗漏理论的达西公式估算，本小节介绍经验估算方法。

1. 损失率法

$$Q_渗 = aV \tag{8-6}$$

式中 V——ΔT 时段水库平均蓄水量；

a——渗漏损失系数，据水文地质条件其取值为每月 0～3%。

其中，渗漏损失系数，据水文地质条件其取值可以有以下几个。

（1）当水文地质条件优良时（库床为不透水层，地下水面与库面接近），按每年 0～10%或每月 0～1%计。

（2）当水文地质条件中等时，按每年 10%～20%或每月 1%～1.5%计。

（3）当水文地质条件较差时，按每年 20%～40%或每月 1.5%～3%计。

2. 渗漏强度法

$$Q_渗 = \beta HF \tag{8-7}$$

式中 β——单位换算系数；

H——渗漏强度，据水文地质条件取值，为每日 0～3mm；

F——ΔT 时段内的平均水面面积，km²。

149

8.3 水库死水位的确定

水库建成后，并不是全部库容都可以用来进行径流调节的。首先，泥沙的沉积会将部分容积淤满；其次，自流灌溉、水力发电、航运、渔业等各用水部门也各自要求水库水位不能低于某一高程。所以，水库实际运用必须有一个允许的最低水位，这就是死水位；相应死水位的死库容一般是不动用的。

8.3.1 确定死水位考虑的因素

死水位选择应综合分析发电、灌溉、供水、航运、渔业、旅游及生态环境、水库淤积与排沙措施等方面对最低水位的要求而确定。

因此，确定死水位应考虑的主要因素有：

（1）保证水库有足够的、发挥正常效用的使用年限（俗称水库寿命），主要是考虑留部分库容供泥沙淤积的需要。

（2）保证水电站所需要的最低兴利水位和自流灌溉、供水所必要的取水高程。水电站水轮机的选择都有一个允许的水头变化范围，其取水口高程也要求库水位始终保持在某一高程以上。自流灌溉和供水要求库水位不应低于灌区、供水区高程加上引水水头损失值，死水位越高，则自流控制的灌溉范围或受水区范围越大，提水扬程也越小。

（3）库区航运和渔业的要求。当水库回水尾端有浅滩，影响库尾水体的流速和航道尺寸，或库区有港口或航道入口，则为维持最小航深，均要求死水位不能低于相应的库水位。水库的建造，为发展渔业提供了优良的条件，因此，死库容的大小，必须考虑在水库水位削落到最低时，尚有足够的水面面积和容积，以维持鱼群生存的需要。

（4）对于北方地区的水库，因冬季有冰冻现象，还应计及在死水位冰层以下，仍能保留足够的容积，供鱼群栖息。

水库在供水期末应该放空到死水位，以便能充分利用水库容积和河川来水。

8.3.2 确定水库死水位

1. 根据淤积要求确定死水位

在河道上修筑水坝形成水库后，水深增大，水面坡度变缓，水流速度变小，水流挟沙能力降低，水库便出现泥沙淤积。淤积逐年增加，到一定程度，将会影响水库的正常使用。从水库建成到水库不能正常使用所经历的时间，称为水库的淤积年限，或称使用年限。在水库规划设计时考虑的水库淤积年限，称为设计淤积年限 T，按规定大型水库 T 为 $50\sim100$ 年，中型水库 T 为 50 年，小型水库 T 为 $20\sim30$ 年。

影响水库泥沙淤积形成的主要因素有水库的来水来沙情况、泥沙特性、库区形态及水库运用方式等，水库泥沙淤积的纵向形态可分为三角形淤积、锥形淤积和带形淤积等基本形态。在规划设计时，一般假定全部泥沙沉积在淤积库容之内，如图 8-6 所示。

泥沙估算：淤积库容是保证在设计使用年限内，不影响水库正常使用而用来淤积泥沙的库容 $V_{淤}$。

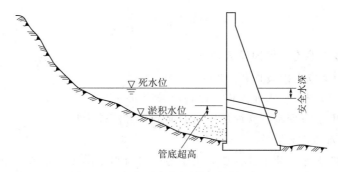

图 8-6 水库死水位与淤积水位示意图

$$V_淤 = TV_{年淤} \tag{8-8}$$

式中 $V_{年淤}$——平均年淤积泥沙库容，m^3；

$\qquad$ T——设计淤积年限，年。

（1）有悬移质泥沙测验资料时。

$$V_{年淤} = V_悬 + V_推 \tag{8-9}$$

$$V_悬 = \frac{\bar{\rho}\overline{W}m}{(1-p)\gamma} \tag{8-10}$$

$$V_推 = \beta V_悬 \tag{8-11}$$

式中 $V_悬$、$V_推$——悬、推移质年淤积量，m^3；

$\qquad$ $\bar{\rho}$——坝址断面多年平均含沙量，kg/m^3；

$\qquad$ $\overline{W}$——坝址断面多年平均年径流量，m^3；

$\qquad$ m——库中泥沙的沉积率，％，无排沙设备的中小型水库，采用 $m=1$ 较为安全；

$\qquad$ p——淤积体的孔隙率，$p=0.3\sim0.4$；

$\qquad$ γ——干沙颗粒的质量密度，kg/m^3，$\gamma=2.0\sim2.8kg/m^3$；

$\qquad$ β——推移质与悬移质输沙量之比，β 值的经验值为：平原河流$=0.01\sim$ 0.05，丘陵地区$=0.05\sim0.15$，山区$=0.15\sim0.3$。就我国而言，南方少沙河流，泥沙粒径较不均匀，β 值较大，可大于 0.3；北方多沙河流，泥沙粒径细而均匀，β 值较小。

上述估算推移质泥沙容积的方法较为简单，适用于一般河流。如库区预计会塌岸时，还需计入塌岸量。

$V_{年淤}$ 求出后，用式（8-8）乘以设计淤积年限 T，即可求出淤积库容 $V_淤$，根据 $V_淤$ 查水位-库容曲线，得相应的淤积水位 $Z_淤$。

（2）无实测泥沙资料时。

中小型河流一般缺少实测泥沙资料，可从各地水文手册或水文图集中查求年侵蚀模数 M，用下式直接估算淤积库容 $V_淤$：

$$V_淤 = mM_蚀 \frac{FT}{(1-P)\gamma} \qquad (8-12)$$

式中　$M_蚀$——多年平均年侵蚀模数，t/km^2；

　　　　F——坝址以上流域面积，km^2；

　　　　m——一般中小型水库无排沙设备，采用 $m=1$。

式（8-8）用于缺少实测含沙量资料的河流，方法较为粗糙。

2. 考虑自流灌溉引水高程

以灌溉为主的水库，死水位主要取决于灌区自流引水灌溉的要求，在渠系设计中定出干渠渠首设计高程后（如图 8-7 中 B 点高程），根据引水管坡降和长度推算出进水口处 A 点高程。依据输水结构的型式和尺寸进行水力计算，推求渠道设计流量所需要的最小水头 H_{min}，再加上 $1/2$ 引水管内径，即得相应的死水位：

$$Z_死 = Z_渠 + iL + \frac{D_内}{2} + H_{min} \qquad (8-13)$$

式中　$Z_渠$——渠首设计控制高程，m；

　　　i、L——引水管坡度和长度，m；

　　　　$D_内$——引水管内径，m；

　　　$H_{最小}$——渠道设计流量的最小水头，m。

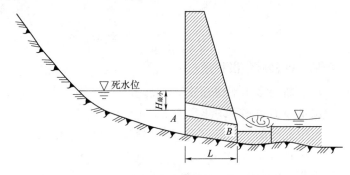

图 8-7　考虑灌溉确定死水位示意图

3. 考虑发电最低水头

死水位的选择要考虑保证水电站水轮机组所需要的最低水头和最佳削落深度，以利于发出较多的电能和出力。

4. 其他用水部门对死水位的要求

对于综合利用的水库，还需要考虑其他有关用水部门的要求。如水库有水产养殖任务时，要考虑养鱼对水量、水深和水面面积等的要求，要求水库死水位选定在适当高程，以保证水库在枯水期末放水后仍有一定的水体供鱼类活动和生长。如需考虑库区航运，按船只吨位，以保证航运的最小水深来确定死水位；其他如库区的环境卫生等的要求也应统筹考虑。

水库死水位是水库的设计参数之一，它不单纯是个技术问题，在规划阶段，也需适当做一些经济比较工作。对于中小型水库选择死水位的工作可以有所简化，主要根据各用水部门（包括淤积要求）对死水位的技术要求，拟定出死水位的可能范围，然后通过必要的综合分析论证，选定较合理的死水位。

8.4 水库径流调节分类

建造水库调节河川径流，是解决来水与需水之间矛盾的一种常用、有效的方法。根据不同的自然条件和要求，可从不同角度对径流调节进行分类。

8.4.1 按调节周期分类

调节周期是指水库一次蓄泄循环经历的时间，即水库从库空到库满再到库空所经历的时间。根据调节周期，水库可分为无调节、日调节、周调节、年（季）调节和多年调节等。

1. 无调节、日调节和周调节

无调节、日调节、周调节等短期调节，通常用于发电、供水水库。枯水期河川径流在一天或一周内的变化一般是不大的，而用电负荷和生产生活用水在白天和夜晚，或工作日和休息日之间，差异甚大。有了水库，就可把夜间或休息日用水少时的多余水量，蓄存起来用以增加白天和工作日的正常供水。这种调节称为日调节和周调节，如图8-8和图8-9所示。

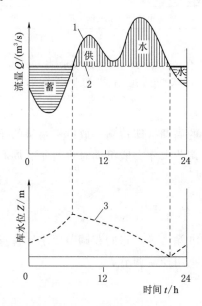

图8-8 日调节水库
1—用水流量；2—天然日平均流量；
3—库水位变化过程

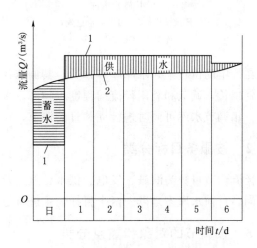

图8-9 周调节水库
1—用水流量；2—天然流量

2. 年调节或季调节

我国多数用水部门如发电、航运、供水等，一年内需水量变化不大，洪水期和枯水期

153

来水量相差悬殊，因此往往感到枯水期水量不足，汛期过剩。这就要求在一年范围内进行天然径流的重新分配，将汛期多余水量调剂到枯期使用，称为年调节或季调节，其调节周期为一年，如图 8-10 所示。

3. 多年调节

如果水库很大，可将丰水年多余的水量蓄入库内，以补枯水年水量的不足，就称为多年调节。这种水库的有效库容一般并非年年蓄满或放空，它的调节周期要经过若干年，如图 8-11 所示。

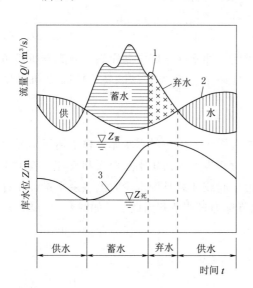

图 8-10　年调节水库
1—天然流量过程；2—用水流量过程；
3—库水位变化过程

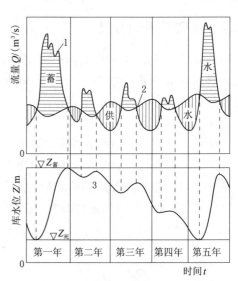

图 8-11　多年调节水库
1—天然流量过程；2—用水流量过程；
3—库水位变化过程

在特定的位置上，水库库容越大，其调节径流的周期（即蓄满—放空—蓄满的循环时间）就越长，调节和利用径流的程度也越高。多年调节水库一般可同时进行年、周和日的调节。年调节水库可同时进行周和日的调节。

8.4.2　按服务目标分类

径流调节可分为灌溉、发电、供水、航运及防洪除涝等。它们在调节要求和特点上各有不同。目前水库多是以一两个目标为主进行综合利用径流调节。

8.4.3　按调节的对象和重点分类

按调节的对象和重点分，有洪水调节和枯水调节。洪水调节重点在于削减洪峰和调蓄洪量，枯水则是为了增加枯水期的供水量，以满足各用水部门的要求。

8.4.4　其他形式的调节

其他形式的调节包括补偿调节、反调节、库群调节等。

（1）补偿调节。当水库与下游用水部门的取水口间有区间入流时，因区间来水不能控制，故水库调度要视区间来水多少进行补偿调节。

（2）反调节。日调节的水电站下游，若有灌溉取水或航运要求时，往往需要对水电站的放水过程进行一次再调节，以适应灌溉或航运的需要，称为反调节。

（3）库群调节。有多个水库时，研究它们如何联合运行，才能达到最有效地满足各用水部门的要求。库群调节是很复杂的径流调节，也是开发和治理河流的发展方向。如黔中水利枢纽工程串联了 5 座反调节水库，4 座正调节水库，形成了"长藤结瓜"的库群调节。

复 习 思 考 题

1. 什么是径流调节？水库兴利调节计算需要哪些基本资料？
2. 水库特性曲线包括哪两种曲线？
3. 水库特征水位和特征库容有哪些？它们是何意义？
4. 为什么在兴利调节中要考虑水库的水量损失？
5. 确定水库的死水位应考虑哪些方面的要求？
6. 水库径流调节分类有哪些？

习 题

1. 已由地形图上量得甲水库水位 Z 与面积 F 的关系，见表 8-2，列入题表绘制水库特性曲线 Z-F 与 Z-V 曲线。

表 8-2　　　　　　　　　　甲水库 Z-F 关系

水位 Z/m	97.0	110.0	115.0	120.0	125.0	130.0	135.0	140.0
面积 F/万 m²	0	54	102	206	328	401	479	587
水位 Z/m	145.0	150.0	155.0	160.0	165.0	170.0	175.0	
面积 F/万 m²	719	925	1081	1262	1490	1983	2559	

2. 甲水库集水面积 $F=472\text{km}^2$，多年平均径流量 $\overline{Q}=18.92\text{m}^3/\text{s}$，多年平均降水量为 $\overline{H}=2004\text{mm}$，水面蒸发量为 $E_{测}=1650\text{mm}$，折算系数 $K=0.8$，水库蒸发分配百分比见表 8-3，试求水库的年蒸发损失及相应的年内分配。

表 8-3　　　　　　　　　　某水库蒸发损失计算

月份	1	2	3	4	5	6	7	8	9	10	11	12	全年
月损失系数/%	6.8	5.3	7.1	7.6	9.3	8.3	10.4	9.8	9.7	9.8	8.8	7.1	100

第9章 水库兴利调节计算

教学内容: ①兴利调节计算基本内容;②兴利调节计算基本原理;③年调节水库兴利调节计算;④多年调节水库兴利调节计算。

教学要求: 熟悉水库兴利调节计算基本原理、基本内容和多年调节水库兴利调节计算;掌握年调节水库兴利调节计算中的时历列表法。

9.1 兴利调节计算基本内容

为了满足灌溉、发电、供水和航运等部门的兴利用水要求,需利用水库的调蓄作用,将河川径流丰水期(丰水年)多余的水量蓄存起来,以提高枯水期(枯水年)的供水量而进行的调节计算,称为水库兴利调节计算。

兴利调节计算的任务就是借助水库调节作用,按用水要求重新分配河川天然径流。调节计算主要是研究天然来水、各部门用水与水库库容三者之间的关系,实质是进行来水和用水的对照和平衡:当来水大于用水时,水库蓄水;当来水小于用水时,水库供水。

兴利调节计算包括以下基本内容。

(1) 根据天然来水过程和用水部门的需水要求,求出所需兴利库容。

(2) 根据来水过程和已定的兴利库容,求水库可提供的调节流量。

9.2 水库兴利调节计算基本原理

9.2.1 径流调节计算基本原理

水库兴利调节计算的基本原理是水库的水量平衡。将整个调节周期划分为若干个计算时段 Δt (一般取月或旬),然后按时历顺序进行逐时段的水库水量平衡计算。某一计算时段 Δt 内水库水量平衡方程式可表示为

$$\Delta V = \Delta W_1 - \Delta W_2 \tag{9-1}$$

式中　ΔW_1——时段 Δt 内的入库水量,m^3;

　　　ΔW_2——时段 Δt 内的出库水量,m^3;

　　　ΔV——时段 Δt 内水库蓄水容积的变化值,m^3。

当用时段平均流量表示时,则式(9-1)可改写为

$$\Delta V = (Q - q)\Delta t \tag{9-2}$$

式中　ΔV——时段 Δt 内水库蓄水的变化量,m^3;

　　　Q——时段 Δt 内平均入库流量,m^3/s;

q——时段 Δt 内平均出库流量，$\mathrm{m^3/s}$，包括各兴利部门的用水流量、水库蒸发损失、渗漏损失、水库蓄满后的无效弃水等；

Δt——计算时段，s。

时段 Δt 的长短，根据调节周期的长短及入流和需水变化情况而定。对于日调节水库，Δt 可取 h 为单位；年调节水库 Δt 可加长，一般枯水季按月，洪水期按旬或更短的时段。选择时段过长会使计算所得的调节流量或调节库容产生较大的误差，且总是偏于不安全；选择时段越短，计算工作量越大。

9.2.2　水库的调节周期中水库的运用情况分析

水库的调节周期是指水库从死水位开始蓄水，达到正常蓄水位后又削落到死水位的历时。不同调节性能的水库具有不同的调节周期，如日调节水库的调节周期为一日（24h）、年调节水库的调节周期为一年等。

水库的运用是指在调节周期内，水库的蓄水、供水过程。由于水库来水流量过程 $Q\text{-}t$ 与供水流量过程 $q\text{-}t$ 配合情况不同，调节周期中水库的蓄水、供水过程有不同的组合。因此，必须分析调节周期水库的运用情况，以便正确确定水库的调节库容。

1. 水库一次运用

水库在调节周期内只有一个余水期和一个缺水期的情况，称为水库一次运用。如图 9-1 所示，$Q\text{-}t$、$q\text{-}t$ 分别代表水库天然来水和用水过程。W_1 为余水量，W_2 为缺水量，且当 $W_1 \geqslant W_2$ 时，只要水库能够充蓄 W_2 的水量，就能保证用水的需要，故水库兴利库容 $V_{兴} = W_2$。

2. 水库二次运用

水库在调节周期内有两个余水期和两个缺水期的情况，称为水库二次运用，如图 9-2 所示。假设第一次运用余水量为 W_1，缺水量为 W_2，第二次运用余水量为 W_3，缺水量为 W_4，此时调节库容的确定可分为下列几种情况。

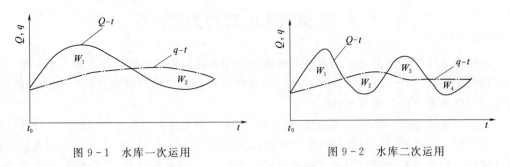

图 9-1　水库一次运用　　　　　　　　图 9-2　水库二次运用

（1）当 $W_1 > W_2$、$W_3 > W_4$ 时，水库二次运用是独立的和互不影响的，此时有

$$V_{兴} = \max\{W_2, W_4\}$$

（2）当 $W_1 > W_2$、$W_3 < W_4$ 时，要满足相应于 W_4 时间缺水量要求，就须事先多存 W_3 不能满足的那一部分水量 $W_4 - W_3$，此时，有

$$V_{兴} = W_2 + W_4 - W_3$$

（3）当 $W_1 > W_2$、$W_2 < W_3 < W_4$ 时，$W_2 + (W_4 - W_3) < W_4$，此时，有

$$V_{兴}=W_4$$

3. 水库多次运用

水库在一个调节周期内余水期和缺水期多于两次时，称为水库的多次运用，如图9-3所示，确定兴利库容可从库空时刻起算（$V_{兴}=0$），有逆时序和顺时序两种计算方法。

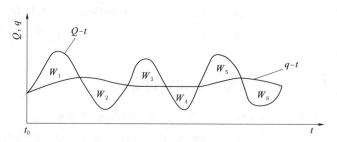

图9-3 水库多次运用

逆时序计算：从$V_{兴}=0$开始，遇缺水就加，遇余水就减，若得负值就取零，求出各时刻水库需要的蓄水量，取其中的最大值即为所需要的兴利库容$V_{兴}$。

顺时序计算：从$V_{兴}=0$开始，由零顺时序累加（$W_{来}-W_{用}$）值，经过一个调节年度又回到计算的起点，当$\sum(W_{来}-W_{用})$不为零时，则有余水量C，兴利库容为$V_{兴}=\sum(W_{来}-W_{用})_{最大}-C$。

【例9-1】 假设图9-3中$W_1=20$万m^3，$W_2=3$万m^3，$W_3=4$万m^3，$W_4=5$万m^3，$W_5=3$万m^3，$W_6=4$万m^3，求兴利库容。

解 由于$W_3>W_2$，用W_3完全可以补充W_2的缺水，因此，W_2缺水不影响后面时段的缺水。又由于受兴利库容的限制，W_3也不可能影响后面时段的余缺水。由此可见，W_1、W_4、W_5、W_6组成新的二次运用情况。

因为$W_1>W_4$、$W_5<W_6$，所以由二次运用判断准则可得

$$V_{兴}=W_4+W_6-W_5=5+4-3=6(万\ m^3)$$

9.3 年调节水库兴利调节计算

年调节水库兴利调节计算的方法，根据所应用的河川径流特性可分为两大类：第一类是利用径流的时历特性进行计算的方法，称为时历法；第二类是利用径流的统计（频率）特性进行计算的方法，称为数理统计法。

时历法采用按时序排列的实测径流系列作为入库径流过程进行水库径流调节计算，其特点是利用已出现的径流过程的时序特性反映未来的径流变化。时历法又分为列表法和模拟计算法：列表法是直接利用过去观测到的径流资料（即流量过程），以列表形式进行计算的方法；模拟计算法则是在电子计算机上进行模拟运行的调节计算法。

数理统计法多用于多年调节计算，计算的结果直接以调节水量、水库存水量、多余和不足水量的频率曲线的形式表示。

9.3.1 时历列表法

时历列表法是时历法的一种基本方法，它计算简单、实用性强，是规划设计中最常用

的方法。

采用时历列表法计算时，根据是否计入水库水量损失，又分为考虑水量损失和不考虑水量损失两种情况。

9.3.1.1　不计水量损失的时历列表法

年调节水库的调节周期为一年，计算时段一般采用月（或旬）。根据已知的调节流量和某年天然来水流量，按水量平衡公式求供水期各月不足水量，累加后即得所需兴利库容。

【例 9-2】　某年调节水库的来水、用水情况见表 9-1，调节周期是由当年 7 月初到次年 6 月止。其中 7—11 月为余水期，12 月初到次年 6 月末为缺水期，属于水库的一次运用，求所需的调节库容。

表 9-1　　　　　　　　　　水库年调节时历列表计算（不计水量损失）　　　　　　单位：万 m³

月份	来水量	用水量	来水量—用水量		早蓄方案		晚蓄方案	
			余水	缺水	月末蓄水	弃水	月末蓄水	弃水
(1)	(2)	(3)	(4)	(5)	(6)	(7)	(8)	(9)
7	14920	7080	7840		7840		6070	1770
8	12260	4490	7770		15610		13840	
9	5420	1290	4130		19740		17970	
10	6240	1540	4700		24220	220	22670	
11	2420	870	1550		24220	1550	24220	
12	1080	1130		50	24170		24170	
1	1120	1500		380	23790		23790	
2	1060	2280		1220	22570		22570	
3	1260	4410		3150	19420		19420	
4	2140	8470		6330	13090		13090	
5	2850	10220		7370	5720		5720	
6	3920	9640		5720	0		0	
合计	54690	52920	25990	24220		1770		1770

解　表中第（2）、（3）栏分别为天然来水过程和各部门综合用水过程（变动用水）。用来水量减去用水量，如为余水则填入第（4）栏，如为缺水则填入第（5）栏。

从 12 月直到次年 6 月均为缺水期，即为水库的供水期。

依次累加供水期的缺水量，得到 24220 万 m³，该值即所需的调节库容。

水库年调节时历列表计算又可分为早蓄方案和晚蓄方案两种方法。

1. 早蓄方案

早蓄方案是先蓄水后弃水，采用顺时序计算方法：有余水就蓄，蓄满后就弃，到缺水期放水，直至放空。

第（6）栏和第（7）栏为采用早蓄方案的水库蓄水过程。在余水期先蓄水，将蓄满调节库容后的余水作为弃水。从蓄水期 7 月开始，依次累加余水量，到 10 月水库已蓄到调节库容 2420 万 m³，并有 220 万 m³ 的余水作为弃水，11 月仍为余水期，余水量 1550 万 m³ 全部为弃水。11 月末称为库满点，之后从 12 月开始为缺水期，需要水库供水，用蓄水量 24220 万 m³ 依次减去以后各月的缺水量，填入第（6）栏，到 6 月末正好库空，为库空点。

2. 晚蓄方案

晚蓄方案是先弃水后蓄水，采用逆时序计算方法：遇缺水时相加，遇余水时相减，直到水库蓄满，若蓄水量为零，还有余水就弃。

第（8）栏和第（9）栏为采用晚蓄方案的水库蓄水过程。在余水期先弃水，但应保证在余水期末蓄满所需的调节库容。通过早蓄方案计算可知，蓄水期总弃水量为 220＋1550＝1770（万 m³）。因 7 月的余水大于总弃水量 1770 万 m³，因此弃水全部发生在该月之后，水库逐月蓄水，到 11 月末水库正好蓄到调节库容 24220 万 m³，为库满点。从 12 月开始为缺水期，需要水库供水，用调节库容 24220 万 m³ 依次减去以后各月的缺水量，填入第（8）栏，到 6 月末正好库空，为库空点。

9.3.1.2 考虑水量损失的历时列表法

水库在蓄水、供水过程中，一定会发生水量损失。因此，水库应适当增大库容，以抵偿损失的水量，从而保证正常供水。

水库的蒸发损失和渗漏损失与水库水面面积、蓄水量有关，而水库水面面积、蓄水量是随时间变化的。因此，考虑水量损失的历时列表法只能采用逐次渐近的方法进行计算。其做法是将不计入损失的计算成果作为第一次近似计算的起点，采用该成果中水库蓄水变化过程作为近似计算水库水量蒸发的依据；然后再以第一次近似计算的成果作为第二次近似计算的起点。循序渐进，直至前后两次计算成果的差异满足允许误差要求。一般情况下只需进行两三次完整的调节计算，就能得到比较满意的成果。

【例 9 - 3】 某坝址处的多年平均年径流量为 1104.6 万 m³，多年平均流量为 35m³/s，死库容为 50 万 m³。设计枯水年的天然来水过程及各部门综合用水过程分别列入表 9 - 2 中第（2）、（3）栏和第（4）、（5）栏。本例年调节水库的调节年度由当年 7 月初始到次年的 6 月末止。其中 7—9 月为丰水期，10 月初到次年 6 月末为枯水期，求所需的调节库容。

解 表 9 - 2 共分 16 栏。第（1）～（6）栏为未计入水量损失的调节计算项目。第（1）～（3）栏可直接填入；第（4）栏为时段末水库蓄水量；第（5）栏为第（4）栏月初和月末蓄水量的平均值；第（6）栏为水库各月平均水面面积，由第（5）栏的数值查水库库容曲线、水库面积曲线而得。

第（7）～（11）栏为损失水量计算项目。第（7）栏为各月蒸发深度；第（8）栏为各月蒸发损失水量，由各月蒸发深度乘相应月份水库平均水面面积而得，即（8）＝（6）×（7）；渗漏损失水量按当月平均库存水量的 1％计，即（10）＝（5）×1％；第（11）栏为蒸发损失量与渗漏损失量的合计。

第（12）～（16）栏为计入水量损失后的调节库容和水库蓄水过程的推算项目。其中第（12）栏为计入水量损失后的毛用水量，即（12）＝（3）＋（11）；然后逐时段进行水量平衡，将第（2）栏减第（12）栏的正值记入第（13）栏，负值记入第（14）栏；最后累计整个

表 9-2 **计入水量损失的年调节列表计算**

时段/月		天然来水量/万 m³	未计入水量损失情况			时段内平均水面面积/万 m²	水量损失					计入水量损失情况				
			用水量/万 m³	时段末水库蓄水量/万 m³	时段平均蓄水量/万 m³		蒸发 深度/mm	蒸发 水量/万 m²	渗漏 强度/%	渗漏 水量/万 m²	水量损失值/万 m³	毛用水量/万 m³	多余水量/万 m³	不足水量/万 m³	时段末兴利库容蓄水量/万 m³	弃水量/万 m³
(1)		(2)	(3)	(4)	(5)	(6)	(7)	(8)	(9)	(10)	(11)	(12)	(13)	(14)	(15)	(16)
丰水期				50.00											50.00	
	7	132.82	78.90	103.92	76.96	9.6	130	1.248		0.770	2.02	80.92	51.90		101.9	0
	8	264.32	78.90	202.29	153.10	15.2	115	1.748		1.531	3.28	82.18	182.14		223.84	60.20
	9	65.75	63.11	202.29	202.29	17.6	90	1.584		2.023	3.61	65.75			223.84	
枯水期	10	28.67	24.99	200.97	201.63	17.00	75	1.275	按当月库存水量的1%计算	2.016	3.29	28.28		4.61	219.23	
	11	19.73	24.99	195.71	198.34	16.40	35	0.574		1.983	2.56	27.55		7.82	211.41	
	12	10.52	24.99	181.24	188.48	16.20	20	0.324		1.885	2.21	27.20		16.68	194.73	
	1	6.84	24.99	163.09	172.66	16.00	15	0.240		1.727	1.97	26.96		20.12	174.61	
	2	2.63	24.99	140.73	151.91	15.15	30	0.455		1.519	1.97	26.96		24.33	150.28	
	3	26.3	39.45	127.58	134.15	14.24	80	1.139		1.342	2.48	41.93		15.63	134.65	
	4	21.04	39.45	109.17	118.38	13.00	110	1.430		1.184	2.61	42.06		21.02	113.65	
	5	11.84	39.45	81.56	95.36	11.00	150	1.650		0.954	2.60	42.05		30.21	83.42	
	6	7.89	39.45	50.00	65.78	8.00	150	1.200		0.658	1.86	41.31		33.42	50.00	
合计		598.35	503.66				1000	12.867		17.592	30.46	533.15	234.04	173.84		60.20

供水期不足水量，即求得所需调节库容 $V_{调} = 173.84$ 万 m^3。此值比不计水量损失所需调节库容增加 21.55 万 m^3，增值恰等于供水期水量损失之和。

应该指出，表 9-2 仍有近似性，这是由于计算水量损失时采用了不计水量损失时的水面面积。为了修正这种误差，可按上述同样步骤和方法再次计算。

时历列表法计算也可由供水期末开始，采用逆时序进行逐月试算。年调节水库供水期末（本例为 6 月末）的水位应为死水位，这时，先假定月初水位，根据月末死水位及假定的月初水位算出该月平均水位，然后由水库面积特性曲线查出相应的平均水面面积和蓄水量，进而计算月损失水量；再根据该月天然来水量、用水量和损失水量，计算 6 月初水库应有蓄水量及其相应水位，若此水位与假定的月初水位相符，则说明原假定是正确的；否则重新假定，直到试算相符为止。然后对供水期倒数第二个月（本例为 5 个月）进行试算。依次逐月递推，便可求出供水期初的水位（即正常蓄水位），该水位和死水位之间的库容即为所求的调节库容。

9.3.1.3　考虑水量损失的简算法

在中小型水库的设计工作中，为简化计算，可按下述方法考虑水量损失。根据不计水量损失求得的调节库容可算出供水期的平均库容 $\overline{V} = V_死 + \dfrac{1}{2} V_兴$，由此值查水库水位-容积（$Z-V$）曲线得全年平均水位 Z，再查水位-面积曲线（$Z-F$）得面积 F，据此算出水库的蒸发和渗漏损失水量，将此损失水量与不计损失的调节库容相加求得计入损失的调节库容。

在上例中，对应于全年蓄水量 126.20 万 m^3 的水库水面面积为 13.7 万 m^3，则年损失水量为 $1720 \times 13.7/1000 = 23.6$（万 m^3），每月损失水量约为 1.96 万 m^3，供水期 9 个月总损失水量为 17.7 万 m^3。因此，计入水量损失后所需兴利库容为 $152.29 + 17.70 = 170.0$（万 m^3）。

9.3.2　简化水量平衡法

采用时历列表法求年调节库容时，用水量每个月不是固定不变的。在水库规划中，各月用水量可概化为常数，然后将一年划分为一个余水期和一个供水期，用水量平衡法计算年调节库容：

$$V = \overline{q} T_供 - W_供 \tag{9-3}$$

式中　V——年调节库容；

　　　$\overline{q}$——各月用水量（常数）；

　　　$T_供$——供水期历时；

　　　$W_供$——供水期天然来水量。

确定供水期应注意以下几个问题。

（1）一年只能划分一个余水期和一个供水期。

（2）余水期包含的连续几个月来水的月平均值应大于用水月平均值，供水期包含的连续几个月的月平均来水量应小于用水月平均值。

（3）如果只是根据一年的来水、用水资料确定供水期时，只要满足上述（1）、（2）两条即可。此时，余水期的历时与供水期历时之和为一个调节周期（或 12 个月）。

（4）如果将一个长系列（几十年）的各年均划分为一个余水期和一个供水期时，不能只以本年度各月来水、用水为依据，还需要结合与相邻的前一年与后一年的来水用水资料，划分余水期和供水期。此时，余水期历时与供水期历时之和可以大于或小于 12 个月。

【例 9-4】 某水库的年来水过程见表 9-3。各月用水量为 $20\text{m}^3/\text{s}$。用简化水量平衡法计算该年所需的调节库容。

表 9-3 水库某年的来水过程 单位：m^3/s

月份	3	4	5	6	7	8	9	10	11	12	1	2
来水量	33.1	46.0	52.6	64.0	43.7	36.0	16.6	25.2	6.2	7.8	28.3	10.7

解

（1）确定供水期。由表 9-3 可知，连续最长月来水量小于月用水量 $20\text{m}^3/\text{s}$ 的是 11 月、12 月，因此这两个月一定属于供水期。

9 月、10 月平均来水量为 $(16.6+25.2)/2=20.9(\text{m}^3/\text{s})$，大于月平均用水量，不属于供水期；1 月、2 月平均来水量为 $(28.3+10.7)/2=19.5(\text{m}^3/\text{s})$，小于月平均用水量，属于供水期。最后，该调节年的供水期为 11 月、12 月、1 月、2 月共 4 个月。

（2）计算该年所需的调节库容。由式（9-3）得

$$V=\overline{q}T_{供}-W_{供}=20\times4-(6.2+7.8+28.3+10.7)=27.0[(\text{m}^3/\text{s})\cdot月]$$

9.3.3 兴利库容与正常蓄水位的确定

在某一年的来水与用水过程给定的情况下，可以采用前述的历时列表法或水量平衡法确定当年所需的调节库容。但由于天然来水量各年不同，年内分配也不一样，因此即便用水过程完全相同，每年所需的调节库容也不一样。那么水库的兴利库容究竟要多大才合适呢？这就是如何推求水库的设计兴利库容的问题。通常可根据资料情况及对成果要求的不同，采用长系列法或代表年法来确定水库的设计兴利库容。

9.3.3.1 长系列法确定兴利库容

当水库坝址有 N 年长系列来水资料，即设计的长期年、月径流量系列时，可以根据给定的用水过程，对每一年进行年调节计算，得到 N 个年调节库容。将此 N 个调节库容由小到大排列，用式（9-4）进行库容保证率计算，在普通坐标上点绘 V-p 频率曲线，如图 9-4 所示。

$$P=\frac{M}{N}\times100\% \qquad (9-4)$$

根据选定的设计保证率 $P_{设}$，查 V-p 频率曲线即可求得相应的兴利库容 $V_{兴}$。

用长系列法推求年调节兴利库容，保证率的概念十分明确。但需要有足够长的年、月径流量系列，且工作量较大。

在缺乏长期的年、月径流量资料时，或初

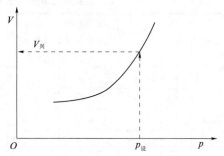

图 9-4 V-p 关系（库容频率）曲线

步规划阶段，常常采用代表年法。

【例 9 - 5】 贵州青龙堡水库任务为工业园区供水，结合社会经济发展和当地水资源条件以及供水对象的特点，供水保证率取 $P=90\%$。工业园区供水量 817 万 m^3。

青龙堡水库修建后将要返还下游 300 亩水田灌溉用水过程，多年平均灌溉用水量为 30.1 万 m^3；库损量（蒸发和渗漏损失）按水库正常蓄水位相应库容的 10% 计，为 66.9 万 m^3/a；坝址处环境水年按多年平均流量的 10% 均匀下放，每年需均匀下放 0.0442m^3/s（140 万 m^3）的环境用水。

试按长系列法进行兴利调节计算。

解 兴利调节采用时序法（长系列）进行调节计算。

通过调节计算在确保下游生态环境用水及返还下游 300 亩水田用水的情况下，保证工业园区用水量 817 万 m^3 需要的兴利库容为 651.1 万 m^3，兴利调节计算成果及过程见表 9 - 4。

表 9 - 4 青龙堡水库兴利调节计算成果表

项 目		单位	数值
集水面积		km^2	22.2
多年平均来水量（天然）	流量	m^3/s	0.442
	径流量	万 m^3	1394
正常蓄水位		m	965
正常蓄水位以下库容		万 m^3	669
死水位		m	915
死水位以下库容		万 m^3	17.9
调节库容		万 m^3	651.1
工业毛供水量（$P=90\%$）		万 m^3/a	817
生态环境用水量		万 m^3/a	140
库容系数		%	46.7
调节性能			多年调节
水量利用系数		%	58.6

兴利调节计算采用时历法（长系列法）兴利计算摘录，见表 9 - 5、表 9 - 6 和图 9 - 5。

表 9 - 5 采用时历法（长系列法）进行兴利调节计算表

年份	月份	来水过程/万 m^3	下游灌溉用水过程/万 m^3	工业园区用水过程/万 m^3	下游环境用水过程/万 m^3	水库损失过程/万 m^3	来水-用水/万 m^3	蓄水过程/万 m^3	弃水过程/万 m^3	兴利库容/万 m^3
	4							17.9		
	5	152	3.07	69.4	11.9	5.7	62.0	79.9	0	
1959	6	512	3.57	67.2	11.5	5.5	424.3	113.3	391	
	7	38.6	12.7	69.4	11.9	5.7	−61.1	52.3	0	
	8	68.0	10.3	69.4	11.9	5.7	−29.3	23.0	0	

164

续表

年份	月份	来水过程 /万 m³	下游灌溉用水过程 /万 m³	工业园区用水过程 /万 m³	下游环境用水过程 /万 m³	水库损失过程 /万 m³	来水-用水 /万 m³	蓄水过程 /万 m³	弃水过程 /万 m³	兴利库容 /万 m³
1959	9	221	0	67.2	11.5	5.5	136.8	159.9	0	
	10	167	0	69.4	11.9	5.7	80.0	239.9	0	
	11	62.5	0.586	67.2	11.5	5.5	−22.2	217.7	0	
	12	25.0	0.68	69.4	11.9	5.7	−62.6	155.0	0	
1960	1	46.9	1.24	69.4	11.9	5.7	−41.3	113.7	0	
	2	30.7	0.714	62.7	10.7	5.1	−48.6	65.2	0	
	3	41.0	1.29	69.4	11.9	5.7	−47.3	17.9	0	
	4	91.2	0	67.2	11.5	5.5	7.0	24.9	0	
合计		1455.9	34.2	817	140	66.9			390.8	222
	5	170	3.15	69.4	11.9	5.7	79.9	104.8	0	
	6	726	5.27	67.2	11.5	5.5	636.6	104.8	636.6	
	7	313	7.05	69.4	11.9	5.7	219.0	210.9	112.9	
	8	61.3	10.5	69.4	11.9	5.7	−36.2	174.7	0	
	9	76.3	0	67.2	11.5	5.5	−7.9	166.9	0	
	10	65.9	0	69.4	11.9	5.7	−21.1	145.8	0	
	11	94.1	0.209	67.2	11.5	5.5	9.7	155.6	0	
	12	56.2	1.48	69.4	11.9	5.7	−32.2	123.3	0	
1961	1	31.9	1.41	69.4	11.9	5.7	−56.5	66.8	0	
	2	30.5	0.878	62.7	10.7	5.1	−48.9	17.9	0	
	3	92.7	1.44	69.4	11.9	5.7	4.3	22.2	0	
	4	246	0	67.2	11.5	5.5	161.8	184.1	0	
合计		1963.9	31.4	817	140	66.9			749.5	193

表 9-6　　　　　　　　　青龙堡水库兴利调节计算兴利库容排频表

序号	水利年	兴利库容/万 m³		经验频率 /%
		排序前	排序后	
1	1959—1960	222	0.001	1.89
2	1960—1961	193	0.001	3.77
3	1961—1962	233	52.5	5.66
4	1962—1963	290	85.8	7.55
5	1963—1964	216	90	9.43
6	1964—1965	216	111	11.3
7	1965—1966	301	151	13.2
8	1966—1967	630	166	15.1

序号	水利年	兴利库容/万 m³		经验频率 /%
		排序前	排序后	
9	1967—1968	151	187	17.0
10	1968—1969	111	193	18.9
11	1969—1970	85.8	203	20.8
12	1970—1971	204	204	22.6
13	1971—1972	267	204	24.5
14	1972—1973	187	207	26.4
15	1973—1974	311	207	28.3
16	1974—1975	207	212	30.2
17	1975—1976	212	216	32.1
18	1976—1977	229	216	34.0
19	1977—1978	290	222	35.8
20	1978—1979	632	223	37.7
21	1979—1980	801	223	39.6
22	1980—1981	940	224	41.5
23	1981—1982	0.001	229	43.4
24	1982—1983	90	232	45.3
25	1983—1984	343	233	47.2
26	1984—1985	223	249	49.1
27	1985—1986	409	252	50.9
28	1986—1987	449	255	52.8
29	1987—1988	260	260	54.7
30	1988—1989	207	267	56.6
31	1989—1990	203	287	58.5
32	1990—1991	659	290	60.4
33	1991—1992	252	290	62.3
34	1992—1993	354	292	64.2
35	1993—1994	255	301	66.0
36	1994—1995	52.5	311	67.9
37	1995—1996	376	321	69.8

续表

序号	水利年	兴利库容/万 m³		经验频率/%
		排序前	排序后	
38	1996—1997	166	337	71.7
39	1997—1998	232	343	73.6
40	1998—1999	287	354	75.5
41	1999—2000	204	376	77.4
42	2000—2001	249	385	79.2
43	2001—2002	292	409	81.1
44	2002—2003	223	449	83.0
45	2003—2004	321	564	84.9
46	2004—2005	224	630	86.8
47	2005—2006	385	632	88.7
48	2006—2007	564	659	90.6
49	2007—2008	675	675	92.5
50	2008—2009	947	801	94.3
51	2009—2010	0.001	940	96.2
52	2010—2011	337	947	98.1

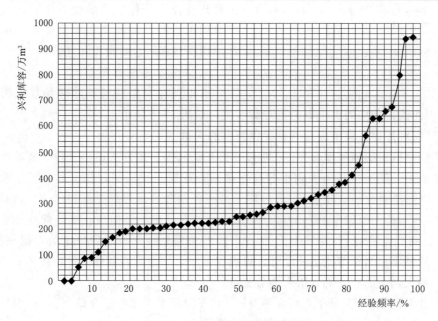

图 9-5　青龙堡水库兴利调节计算兴利库容排频图

9.3.3.2　代表年法

代表年法是指选择一个合适的年型作为代表年，以该代表年的来水过程和用水过程进行年调节计算，求得的年调节库容即为设计兴利库容。根据代表年来水、用水过程的不同选择，又可分为实际代表年法与设计代表年法两类。

1. 实际代表年法

实际代表年法，所选择的代表年来水、用水过程是符合设计保证率的某种年型的实测来水过程和用水过程。根据代表年的选择方法不同，又分为单一选年法、库容排频法和实际干旱年法三种。

（1）单一选年法。单一选年法是仅以来水频率曲线或仅以用水频率曲线为依据，选择符合或接近设计保证率、年内分配偏于不利的实际年来水过程与同年的用水过程，或实际年用水过程与同一年的年来水过程。

（2）库容排频法。库容排频法是简化了的长系列法，它是在来水频率曲线或用水频率曲线上各选出 3～5 个调节库容在选用的频率范围内，按大小次序重新排列，求出对应于设计保证率的库容，即为设计兴利库容。这种方法在一定程度上避免了单一选年法只选一个代表年的任意性。

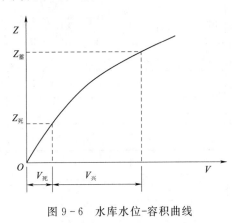

图 9-6　水库水位-容积曲线

（3）实际干旱年法。实际干旱年法是通过旱情与水情的调查分析，选择某一实际发生的干旱年的来、用水过程。实际干旱年法虽然保证率的概念不明确，但成果更能符合实际，因而在灌溉水库的规划设计中用得较多。

2. 设计代表年法

设计代表年法，所选择的代表年来、用水过程是符合设计保证率的设计年径流过程与设计年用水过程。设计代表年法在水库的规划设计中用得较多，也称典型年法。

3. 正常蓄水位的确定

求得兴利库容后与死库容相加，再查水库水位-容积曲线得相应的水位即为正常蓄水位，如图 9-6 所示。

9.3.3.3　兴利库容、调节流量与设计保证率的关系

对于任一给定的兴利库容 $V_{兴}$，可利用径流系列按上述方法逐年进行计算，求得各年期的调节流量，然后按其由大到小的次序排列，计算经验频率，作出调节流量频率曲线 Q_P-P。以同样的方法，改变 $V_{兴}$ 值可作出另一条调节流量频率曲线 Q_P-P。因此，可作出图 9-7 所示的一组以 $V_{兴}$ 为参数的调节流量与保证率关系曲线。这组曲线综合了兴利库容 $V_{兴}$、调节流量 Q_P 和保证率 P 三者之间的关系。当调节库容一定时，提高保证率，则调节流量减小；当调节流量一定时，提高保证率，则意味着要增加调节库容；当保证率一定时，加大调节库容，则可增大调节流量。

在设计保证率 P_0 条件下，可在图 9-7 上查得每个 $V_{兴}$ 对应的 Q_P 值，再点绘出设计保证率 P_0 条件下的 $V_{兴}-Q_P$ 线，如图 9-8 所示。

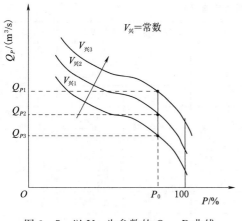

图 9-7 以 $V_兴$ 为参数的 Q_P-P 曲线

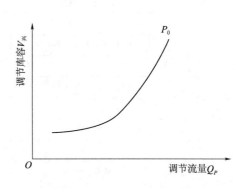

图 9-8 设计保证率 P_0 条件下的 $V_兴$-Q_P 曲线

9.4 多年调节水库兴利调节计算

由年调节水库的兴利调节计算可知，当设计年用水量小于设计年来水量时，只要将当年汛期的部分多余水量蓄起来，就能满足枯水期所缺的水量，即水库只需进行年内调节。但当设计年来水量小于设计年用水量时，说明设计年来水量不够用，需要将丰水年的余水蓄存在水库中，跨年度补给枯水年使用，这种跨年度的径流调节称为水库的多年调节。

多年调节与年调节的不同之处，在于它不仅能重新分配年内来水量，而且同时能重新分配年与年之间的来水量。因此，多年调节所需的调节库容大，调节程度高，对来水的利用较充分。

水库的多年调节计算，要考虑年径流系列中各种连续枯水年组成的总缺水情况，其兴利库容的大小将决定于连续枯水年组的总亏水量，故对年径流系列要求更长些（一般要在30年以上），并且系列具有较好的代表性。兴利调节计算的基本原理与方法，则与年调节计算相类似。

9.4.1 长系列时历列表法

长系列时历列表法与年调节水库的长系列法基本相同。需要注意的是，多年调节时有些年份的调节库容不能只以本年度缺水期的缺水量来定，而必须与前一年或前几年的余缺水量统一考虑。

【例 9-6】 某水库具有 24 年的径流系列，经分析认为具有一定的代表性。试用此来做多年调节计算。

解

（1）根据来水和用水，将各水利年都划分为一个余水期和一个缺水期，并统计余水期和缺水期的水量，见表 9-7 中的第（2）～（4）栏。

（2）计算各水利年所需要的调节库容。若某水利年余水量大于缺水量，则该年能实现年调节；反之为多年调节。例如，1950—1955 年，余水大于缺水，则属于年调节。1952—1953 年，余水小于缺水，则为多年调节，每年需要的调节库容见表 9-7 第（6）栏。

表 9 - 7		某水库逐年调节库容计算		单位：万 m³	
水利年	起止月份	余水量	缺水量	差积水量	调节库容
(1)	(2)	(3)	(4)	(5)	(6)
1950—1951	11 月至次年 7 月	5744.5		5744.5	974.5
	8—9		974.5	4770.0	
1951—1952	10 月至次年 5 月	3722.2		8492.2	3188.0
	6—8		3188.0	5304.2	
1952—1953	9 月至次年 3 月	1215.1		6519.3	5338.6
	4—10		3365.7	3153.6	
1953—1954	11 月至次年 8 月	17781.1		20934.7	2159.2
	9—10		2159.2	18775.5	
1954—1955	11 月至次年 8 月	1523.3		20298.8	5431.1
	9—12		4795.2	15503.6	
1955—1956	1—8	12344.0		27847.6	3279.7
	9—10		3279.7	24567.9	
1956—1957	11 月至次年 6 月	854.9		25322.8	12686.7
	7—10		10261.9	15160.9	
1957—1958	12 月至次年 8 月	1433.3		16594.2	13572.7
	9		2319.3	14274.9	
1958—1959	10 月至次年 6 月	4643.7		18918.6	20207.4
	7—9		11278.4	7640.2	
1959—1960	11 月至次年 7 月	6300.4		13940.6	20597.9
	8—10		6690.9	7249.7	
1960—1961	11 月至次年 3 月	149.2		7398.9	35351.9
	4—10		14903.2	−7504.3	
1961—1962	11 月至次年 2 月	659.1		−6845.2	39408.1
	3—10		4715.3	−11560.5	
1962—1963	11 月至次年 8 月	6932.9		−4627.9	1611.0
	9—10		1611.0	−6238.6	
1963—1964	11 月至次年 7 月	6137.3		−101.3	3628.5
	8—9		3628.5	−3729.8	
1964—1965	10 月至次年 2 月	1114.3		−2615.5	8724.9
	3—9		6210.7	−8826.2	
1965—1965	10 月至次年 3 月	430.0		−8396.2	48259.0
	4—10		12015.2	−20411.4	
1966—1967	11 月至次年 6 月	4321.1		−16090.3	3463.9
	7—9		3463.9	−19554.2	

水利年	起止月份	余水量	缺水量	差积水量	调节库容
（1）	（2）	（3）	（4）	（5）	（6）
1967—1968	10月至次年7月	13718.2		−5836.0	4338.9
	8—9		4338.9	−10174.9	
1968—1969	11月至次年8月	11198.9		1024	639.2
	9—10		639.2	384.8	
1969—1970	11月至次年7月	10430.1		10814.9	2381.7
	8		2381.7	8433.2	
1970—1971	9月至次年7月	4466.9		12900.1	3504
	8—9		3504.0	9396.1	
1971—1972	10月至次年6月	3348.2		12744.3	7453.7
	7—9		7297.9	5446.4	
1972—1973	7—9	16044.7		21491.1	0
	10月至次年9月		0	21491.1	
1973—1974	10月至次年6月	7522.8		29013.9	7831.5
	7—10		7831.5	21182.4	

若某水利年为年调节，则该年的缺水量即为所需的调节库容。例如1950—1951年为年调节，该年所需的调节库容为该年的缺水量，即974.5万 m^3。

若某水利年为多年调节，则该年所需的调节库容要联系它前一年甚至是多年的余水期与缺水期来计算。计算方法与前述年调节水库多次运用情况相似。例如，1952—1953年为多年调节，该年所需的调节库容为 $3365.7−1215.1+3188.0=538.6$（万 m^3），又如1957—1958年为多年调节，该年所需的调节库容为 $2319.3−1433.3+10261.9−854.9+3279.7=13572.7$（万 m^3）。

9.4.2 差积曲线法

利用差积曲线计算各年所需的调节库容时，某年的调节库容等于该年缺水期末最低点与前一年甚至是多年余水期末最高点纵坐标的差值，即为该水利年所需要的调节库容。

计算步骤如下：

（1）根据来水和用水，将各水利年都划分为一个余水期和一个缺水期，并统计余水期和缺水期的水量。

（2）按时序计算余水、缺水的累积值，即差积水量。

（3）以差积水量为纵坐标、时间（年）为横坐标，绘制差积曲线。

（4）根据差积曲线计算各水利年所需的调节库容。

（5）求得各年需要的调节库容后进行频率计算，求出满足设计保证率的调节库容，即为兴利库容（设计值）。

9.4.3　试算法求兴利库容

为了避免逐年分析库容的麻烦，还可使用试算法。该法是先假定一个兴利库容 $V_兴$，逐年逐时段连续调节计算，然后统计用水破坏的年数，再计算保证率。如果计算的保证率与设计保证率相符，则假定的库容就是多年调节兴利库容。

这种计算方法一般是从水库满（正常蓄水位）或放空（死水位）开始，逐月进行水量平衡计算，遇到余水就蓄，蓄满了还有余水就弃；遇缺水就供，直到 $V_兴$ 放空还缺水（不论破坏时间长短和水量的多少）时，就算这年供水遭到破坏。然后从下一年的蓄水期开始再继续进行计算，直到全系列操作完，统计出供水破坏的年数，用下式计算供水保证率：

$$P=\frac{总年数-破坏年数}{总年数+1}\times100\% \tag{9-5}$$

若计算的供水保证率不等于设计保证率，则再假定兴利库容重复上述计算过程，直到两者相等为止。

为避免多次试算的盲目性，试算几次后，可将试算结果得到的几个 $V_兴$ 与 P 对应数据点绘成图9-9所示的关系曲线，以设计保证率 $P_设$ 查此曲线得到兴利库容 $V_{兴设}$。

9.4.4　考虑水量损失的简化计算

考虑多年调节水库的水量损失时，仍然采用年调节水库水量损失的计算方法，为减小计算工作量，通常采用简化方法。

方法步骤如下：

（1）先不考虑水量损失初步计算出兴利库容，并以此值计算多年平均的蓄水容积及多年平均的水面面积。

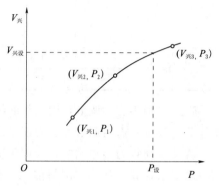

图 9-9　$V_兴$-P 关系曲线

（2）计算多年平均的逐月蒸发损失和渗漏损失。

（3）在用水系列中，逐年逐月加入这一水量损失，得到一个新的用水系列，再与来水系列配合，计算逐年所需的调节库容。

（4）作库容-频率曲线，按设计保证率查算出兴利库容。

【例 9-7】　某多年调节水库有 24 年的来水、用水资料，设计保证率为 75%，死库容为 708 万 m^3，不考虑水量损失初步计算的多年调节兴利库容为 12600 万 m^3。试计算该水库多年平均的逐月损失水量。

解　以平均蓄水容积和平均水面面积计算水库蒸发损失和渗漏损失。

平均蓄水容积为

$$\overline{V}=V_死+\frac{1}{2}V_兴=708+\frac{1}{2}\times12600=7008（万\ m^3）$$

相应地，水面面积由水库面积曲线查 $\overline{F}=9.35km^2$。

月渗漏损失标准取多年平均蓄水容积的 0.5%，则月渗漏损失为 $7008\times0.5\%=35.0$

（万 m³），月蒸发损失标准等于多年平均的各月蒸发损失深度，以此深度乘以多年平均水面面积得多年平均各月蒸发损失，计算结果见表 9-8。

表 9-8　　　　　　　　　某水库多年平均水量损失计算

月份	蒸发损失标准/mm	蒸发损失/万 m³	渗漏损失/万 m³	总损失/万 m³	月份	蒸发损失标准/mm	蒸发损失/万 m³	渗漏损失/万 m³	总损失/万 m³
1	14.5	13.6	35.0	48.6	8	45.4	45.5	35.0	80.5
2	15.8	14.8	35.0	49.8	9	34.5	34.5	35.0	69.5
3	12.0	11.2	35.0	46.2	10	31.0	31.0	35.0	66.0
4	5.7	5.3	35.0	40.3	11	15.0	14.9	35.0	49.9
5	11.9	11.1	35.0	46.1	12	13.4	13.4	35.0	48.4
6	36.0	33.7	35.0	68.7	全年	265.1	265.1	35.0	685.1
7	38.6	36.1	35.0	71.1					

9.4.5　数理统计法

多年调节计算的数理统计法，是建立在径流的年际变化规律可以用数理统计中的频率曲线来描述的基础上的。它以频率曲线为依据，利用水量平衡原理及频率曲线组合的原理，来进行水库的多年调节计算。

用数理统计法进行水库的多年调节计算，其方法可分为三大类：①合成（或组合）总库容法；②直接总库容法；③随机模拟法。

复 习 思 考 题

1. 如何判断多次运用的调节库容？
2. 如何考虑水库的水量损失？
3. 水库的设计兴利库容是如何确定的？
4. 水库兴利调节计算的基本原理是什么？什么是水库运用？

习　　　题

1. 怎样确定水库的正常蓄水位？
2. 已知某水库 1978—1979 水利年的来水量和用水量，见表 9-9。

试求：①调节库容；②分别用早蓄和晚蓄方案求水库月末蓄水量及弃水量。

表 9-9　　　　　　　　某水库 1978—1979 水利年的来水量及用水量

月　份	7	8	9	10	11	12	1	2	3	4	5	6
来水量/万 m³	2075	775	575	275	275	95	175	95	115	225	305	425
用水量/万 m³	785	285	85	385	185	165	135	15	485	385	685	1000

3. 已知某年调节水库的设计代表年（$P=80\%$）各月来水、用水、蒸发损失标准及水库特性曲线等资料，见表 9-10 和表 9-11，渗漏损失按相应月库容的 1% 计算，死库容为 300 万 m^3。

试求：①不考虑水量损失的调节库容；②考虑水量损失的调节库容。

表 9-10　　　　　　　　　　某水库设计来水、用水及蒸发分配资料

月份	1	2	3	4	5	6	7	8	9	10	11	12
来水量/万 m^3	410	381	1273	428	404	1126	3988	4994	997	474	181	170
用水量/万 m^3	210	210	465	980	650	840	1240	2000	543	210	985	1246
蒸发分配/mm	9	11	24	49	65	70	75	79	73	32	15	10

表 9-11　　　　　　　　　　　　某 水 库 特 性 曲 线

水位 Z/m	150	152	154	156	158	160	162	164	166	168	170
面积 F/km^2	0	0.3	0.62	0.93	1.22	1.68	2.08	2.43	2.90	3.35	3.95
容积/万 m^3	0	100	300	1500	240	3200	3900	4500	4900	5300	5600

第 10 章　水库防洪调节计算

教学内容：①水库防洪计算基本内容；②水库的调洪作用和计算原理；③水库防洪标准和有关特征值选择；④水库调洪计算。

教学要求：了解水库调洪作用和计算原理及基本内容；熟悉水库的库容与下泄流量关系曲线的计算与绘制、防洪标准及有关特征值选择；掌握无闸门控制水库调洪计算的列表试算法、半图解法和小型水库调洪计算的简化三角形法。

10.1　水库防洪计算基本内容

我国是世界上洪水灾害最严重国家之一，暴雨洪水是造成我国洪水灾害的主要成因。随着兴建和投入运用的水库数目的迅速增长，水库自身安全度汛和如何利用水库的库容对洪水起有效的调蓄作用，已成为我国防洪实践中备受关注的问题。在长期的防洪实践中，我国对水库防洪调度问题开展了大量的研究工作，积累了很多有益的经验。水利部先后颁布了《水库工程管理通则》《综合利用水库调度通则》《水库洪水调度考评规定》等规章、规程，对我国水库防洪调度科学技术水平的普及和提高，起着积极、有效的指导和促进作用。

水库是在河流上对洪水起有效控制作用的防洪工程措施，其修建目的是兴利除害。防洪任务：一是通过设置蓄洪库容和泄洪措施保护水库不受洪水漫顶的威胁；二是通过设置防洪库容调节洪水，减轻或免除对下游的威胁。

水库防洪调节计算的主要内容包括水库调洪计算和水库防洪计算。调洪计算的目的是在已拟定泄洪建筑物型式和尺寸的条件下，根据各种标准的设计洪水，遵循水库汛期的控制运用规则，计算出水库的泄流过程，确定最大泄量、防洪水位及防洪库容。水库防洪计算的目的是在调洪计算的基础上，主要对各种拟定的防洪方案进行比较，以期选择最佳的泄流方案。

10.2　水库的调洪作用和计算原理

10.2.1　水库的调洪作用

在水库的泄洪设计中，根据水库的具体条件可设置表面式溢洪道或深水式泄洪洞，或两者兼有。溢洪道又分为有闸控制和无闸控制两种形式。深水式泄洪洞都有闸门控制。

1. 溢洪道无闸门控制

无闸门控制的开敞式溢洪道具有结构简单、造价低、易管理、操作方便等特点，常用

175

于中小型水库。如图 10-1 所示，泄洪道无闸门控制时，洪水入库时水位与溢洪道堰顶齐平，图中 $Q-t$ 为入库洪水过程，$q-t$ 为下泄洪水过程，$Z-t$ 为库水位变化过程。水库对洪水的调节过程分为三个阶段：

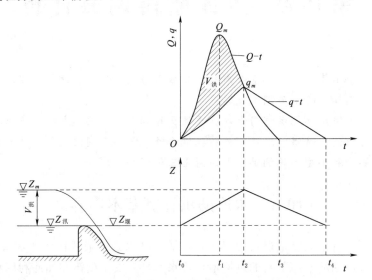

图 10-1　溢洪道无闸控制的调洪作用（$Z_汛 = Z_堰$）

（1）洪水入库时刻 t_0 为起调时刻，此时起调水位 $Z = Z_汛 = Z_堰$，下泄量 $q = 0$。

（2）在 $t_0 \sim t_2$ 时刻，$Q > q$，水库始终处于蓄水状态，库水位 Z 不断升高，下泄量 q 也相应增大。至 t_2 时刻，$Q = q$，水库达到最高水位 Z_m 与最大蓄水量 $V_洪$，下泄量也达到最大 q_m。

（3）t_2 时刻以后，$Q < q$，前一段暂蓄的洪水逐渐下泄，库水位逐渐下降，下泄量也随之减小。至 t_4 时刻，库水位回到堰顶高程，调洪过程结束。

如果洪水入库时 $Z_汛 < Z_堰$，如图 10-2 所示，水位则需先充蓄至堰顶高程，其后溢洪道才开始泄流，开始泄流后的调洪过程与前相同。如果入库洪水相同，则因堰顶以下、汛限水位以上的库容 $V_蓄$ 起到了拦蓄部分洪水的作用，因而调洪过程中出现的最高洪水位相对较低，溢洪道最大泄量也相应变小。

2. 溢洪道有闸门控制

对大中型水库，特别是承担下游防洪任务的水库，溢洪道一般都设有闸门，此时水库的防洪与兴利库容相结合成为可能。有闸控制水库的调洪作用，因水库汛期控制运用情况不同而变得复杂，下面介绍一种较为简单的情况。

如图 10-3 所示，起调水位为汛限水位，入库洪水为相应于下游防洪标准的洪水，下游防洪控制区的允许安全泄量为 $q_允$。水库对洪水的调节过程分为以下五个阶段：

（1）在 $t = t_0$ 时刻，起调水位 $Z = Z_汛$，$Z_汛 > Z_堰$，下泄量 $q = 0$。

（2）在 $t_0 \sim t_1$ 时段，考虑到汛后兴利的需要，应控制闸门的开度，使 $q = Q$，相应的库水位稳定在汛限水位。泄流过程为图中的 ab 段，该阶段为控制泄流阶段。至 t_1 时刻闸门已完全开启，溢洪道自由泄流。

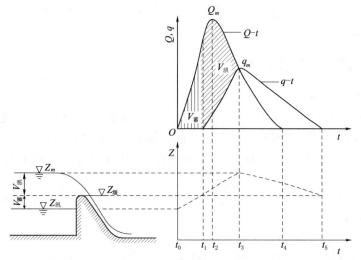

图 10-2　溢洪道无闸控制的调洪作用（$Z_汛 < Z_堰$）

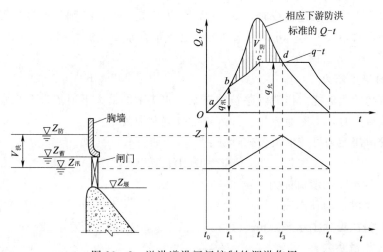

图 10-3　溢洪道设闸门控制的调洪作用

（3）在 $t_1 \sim t_2$ 时段，由于后续入库流量持续增大，为尽快泄洪，闸门处于全开状态，$Q > q$，水库进入蓄水状态，库水位升高，下泄量也相应增大，直至 t_2 时刻 $q = q_允$。泄流过程为图中 bc 段，该阶段为自由泄流。

（4）在 $t_2 \sim t_3$ 时段，由于 t_2 时刻以后入库流量大于水库泄流能力，为确保下游安全，应逐渐减小闸门开度，使 $q = q_允$，泄流过程为图中 cd 段，该阶段为控制泄流。

（5）在 $t_3 \sim t_4$ 时段，到 t_3 时刻水库的蓄洪量达到最大值（防洪库容 $V_防$），相应的最高洪水位即为防洪高水位 $Z_防$。t_3 时刻以后，为尽快将水位降低至 $Z_汛$，闸门开度又逐渐加大，在保证 q 不超过 $q_允$ 的条件下，迅速腾空库容，迎接下次洪水。

由有无闸门调洪过程可知水库的调洪作用表现在：通过对入库洪水的蓄、泄，出库洪水过程相对于入库洪水过程变得更为平缓，洪水历时拉长，洪峰流量减小。水库对洪水的这种调节作用主要与入库洪水、泄流建筑物型式与尺寸、汛期水库的控制运用方式和下游的防洪要求有关，它们之间是相互关联、相互影响的。水库防洪调节计算，就是要定量地分析它们之间的关系。

10.2.2　水库的调洪计算原理

1. 水库的水量平衡方程

洪水进入水库后形成的洪水波运动，其水力学性质属于明渠渐变非恒定流。常用的调洪计算方法，往往忽略库区回水水面比降对蓄水容积的影响，只按水平面的近似情况考虑水库的蓄水容积（即静库容）。因此，水库调洪计算的基本公式是水量平衡方程式：

$$\frac{1}{2}(Q_t + Q_{t+1})\Delta t - \frac{1}{2}(q_t + q_{t+1})\Delta t = V_{t+1} - V_t \tag{10-1}$$

式中　　Δt——计算时段长度，s；

Q_t、Q_{t+1}——t 时段初、末的入库流量，m^3/s；

q_t、q_{t+1}——t 时段初、末的出库流量，m^3/s；

V_t、V_{t+1}——t 时段初、末水库蓄水量，m^3。

当已知水库入库洪水过程线时，Q_t、Q_{t+1} 均为已知；V_t、q_t 则是计算时段 t 开始的初始条件。于是，式中仅 V_{t+1}、q_{t+1} 为未知数。必须配合水库泄流方程 $q = f(V)$ 与式（10-1）联立求解 V_{t+1}、q_{t+1} 的值。

2. 水库的泄流能力

泄洪建筑物的泄流能力指泄洪建筑物在某一水头下的最大下泄流量。当水库同时为兴利用水而泄放流量时，水库泄流量应计入这部分兴利泄流量。

溢洪道的泄流能力可按堰流公式计算：

$$q_溢 = M_1 B H^{3/2} \tag{10-2}$$

式中　　$q_溢$——溢洪道的泄流能力，m^3/s；

B——溢洪道堰顶净宽，m；

H——溢洪道堰上水头，m；

M_1——流量系数。

泄洪洞的泄流能力可按有压管流公式计算：

$$q_洞 = M_2 \omega H_2^{1/2} \tag{10-3}$$

式中　　$q_洞$——泄洪洞的泄流能力，m^3/s；

ω——泄洪洞的出流面积，m^2；

H_2——计算水头，m，非淹没出流时等于库水位与洞口中心高程之差，淹没出流时等于上、下游水位之差；

M_2——流量系数。

3. 水库的蓄泄方程

由式（10-2）或式（10-3）所反映泄流量 q 与泄洪建筑物水头 H 的函数关系可转换为泄流量 q 与库水位 Z 的关系曲线 $q = f(Z)$。借助水库容积特性 $V = f(Z)$，可进一步求出水库下泄流量 q 与蓄水容积 V 的关系，即蓄泄方程为

$$q = f_1(Z) = f_2(V) = f_3(H) \tag{10-4}$$

10.3 水库调洪计算

水库调洪计算主要有列表试算法、图解法和简化三角形法等，列表法是应用最广泛的一种方法。

10.3.1 无闸门控制的水库调洪计算

中小型水库为了节省投资、便于管理，溢洪道一般不设闸门。水库不设闸门时，有以下几个特点：

（1）为保证正常兴利用水的供给，溢洪道堰顶高程与正常蓄水位齐平。

（2）兴利库容与防洪库容不能结合使用，水库的汛限水位与正常蓄水位齐平。

（3）起调水位取在堰顶高程处，属于自由泄流方式。

对于无闸门控制而自由泄流的水库，调洪计算的主要成果有：选择溢洪道宽度 B、确定调洪库容 V 及其相应的洪水位 Z 和最大下泄量 q。

10.3.1.1 列表试算法

通过列表试算，可逐时段求得水库的蓄水量，这种通过试算求方程组解的方法称为列表试算法。计算步骤如下：

（1）根据库容曲线和拟定的泄流建筑物型式和尺寸，用泄流式（10-2）和式（10-3）计算并绘制蓄泄关系 q-V 曲线，如图 10-4 所示。

（2）根据水库汛期的控制运用方式，确定调洪计算的初始条件，如起调水位 Z_1 及相应的库容 V_1、下泄流量 q_1，根据入库洪水特点确定计算时段 Δt。

（3）试算法求泄流量 q_2。假设第一时段末的 q_2，由水量平衡方程式（10-1）求 V_2，再由 V_2 在蓄泄曲线 q-V 上查得 q_2，若它与假设的 q_2 相等，即为所求；否则，需重新假设 q_2。完成了第一个时段的计算后，把第一时段末的 V_2、q_2 作为第二时段初的 V_1 与 q_1，用同样的方法进行第二时段的试算。这样连续计算便可求得整个泄流过程 q-t。

（4）将入库洪水过程 Q-t 和计算的泄流（出库）过程 q-t 绘在同一张图上，如图 10-5 所示。根据调洪原理，若计算出的最大下泄流量 q_m 正好是两线的交点，说明计算的 q_m 正确；否则，应缩小 q_m 附近的计算时段 Δt 值，重新进行试算，直至计算的 q_m 正好是两线的交点为止。

（5）由 q_m 查蓄泄曲线 q-V，可得最高洪水位时的库容 V_m。由 V_m 减去起调水位相应的库容，即得水库对入库洪水的调洪库容 $V_{洪}$。再由 V_m 查水库的库容曲线 Z-V，得到最高洪水位 Z_m。显然，当入库洪水为相应的设计标准的洪水、起调水位为汛限水位时，求得的 $V_{洪}$ 和 Z_m 即是设计调洪库容与设计洪水位；当入库洪水为校核标准的洪水、起调水位为汛限水位时，求得的 $V_{洪}$ 和 Z_m 即是校核调洪库容与校核洪水位。

【例 10-1】 某水库泄流建筑物为无闸溢洪道，堰顶高程与正常蓄水位齐平，均为 132m，堰顶净宽 $B=40\text{m}$，流量系数 $M_1=1.6$。该水库设有小型水电站，汛期按水轮机过水能力 $q_{电}=10\text{m}^3/\text{s}$ 引水发电，尾水再引入渠首灌溉。水库的水位容积关系曲线见表 10-1。设计标准为百年一遇的设计洪水过程线见表 10-2 中第（1）、（3）行所列。用试算法求水库泄流过程、设计最大下泄流量、设计调洪库容和设计洪水位。

表 10-1　　　　　　　　　　　　　　水库水位-容积关系

水位 Z/m	116	118	120	122	124	126	128	130	132	134	136	138
库容 V/万 m³	0	20	82	210	418	732	1212	1700	2730	3600	4460	4880

表 10-2　　　　　　　　　　　　　　水库蓄泄关系曲线计算

库水位 Z/m	(1)	132	132.5	133	133.5	134	134.5	135	136	137
溢洪道堰顶水头 H/m	(2)	0	0.5	1	1.5	2	2.5	3	4	5
溢洪道泄量 $q_溢$/(m³/s)	(3)	0	22	64	118	181	253	333	512	716
发电洞泄量 $q_电$/(m²/s)	(4)	10	10	10	10	10	10	10	10	10
总泄流量 q/(m³/s)	(5)	10	32	74	128	191	263	343	522	726
库容 V/万 m³	(6)	2730	2980	3180	3420	3600	3840	4060	4460	4880

解

（1）首先绘出 $Z-V$ 关系曲线，再计算并绘制水库的蓄泄曲线 $q-V$。具体算见表10-2。

表 10-2 中第（1）行为堰顶高程 132m 以上假设的不同库水位 Z。第（2）行为堰顶调节水头 H，等于库水位 Z 减去堰顶高程。第（3）行为溢洪道泄量，可用下式计算：

$$q_溢 = M_1 B H^{3/2} = 1.6 \times 40 H^{3/2} = 64 H^{3/2}$$

第（4）行为发电流量 10m³/s。第（5）行为总的泄流量。第（6）行为相应库水位 Z 的库容 V，可由库容曲线查得。

利用表 10-2 中第（5）、（6）行对应值绘制 $q-V$ 蓄泄曲线，如图 10-4 所示。

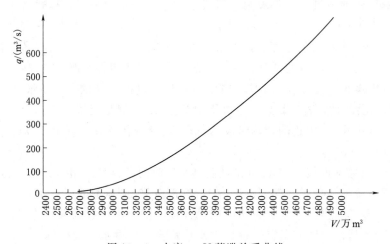

图 10-4　水库 $q-V$ 蓄泄关系曲线

（2）确定调洪起始条件。由于水库溢洪道无闸门控制，因此起调水位等于汛限水位并与堰顶高程齐平（132m），相应库容为 2730 万 m³，初始泄量为发电流量 10m³/s。

（3）逐时段试算推求泄流过程 $q-t$。试算过程采用列表方式，见表 10-3。计算时段 Δt 取 8h。对于第一时段，可由已知的起始条件 $q_1 = 10$m³/s、$V_1 = 2730$ 万 m³ 以及已知的

$Q_1 = 0\text{m}^3/\text{s}$、$Q_2 = 100\text{m}^3/\text{s}$,假设 q_2 值,逐栏推算,求得第(9)栏 ΔV 值。

表 10-3　　　　　　　　　某水库调洪计算表(部分)

时间 /h	时段 Δt /h	Q /(m³/s)	$\dfrac{Q_1+Q_2}{2}$ /(m³/s)	$\left(\dfrac{Q_1+Q_2}{2}\right)\Delta t$ /万 m³	q /(m³/s)	$\dfrac{q_1+q_2}{2}$ /(m³/s)	$\left(\dfrac{q_1+q_2}{2}\right)\Delta t$ /万 m³	ΔV /万 m³	V /万 m³	Z /m
(1)	(2)	(3)	(4)	(5)	(6)	(7)	(8)	(9)	(10)	(11)
0		0			10				2730	132.0
8	8	100	50	144.0	16	13	37.4	106.6	2837	132.2
16	8	480	290	835.2	134	75	216.0	619.2	3456	133.6
24	8	840	660	1900.8	510	322	927.4	973.4	4429	135.9
28	4	730	785	1130.4	640	575	828.0	302.4	4731	136.6
30	2	650	690	496.8	660	650	468.0	28.8	4760	136.7
32	2	560	605	435.6	638	649	467.3	−31.7	4728	136.6
40	8	340	450	1296.0	490	564	1624.3	−328.3	4400	135.8
48	8	210	275	792.0	330	410	1180.8	−388.8	4011	134.9
…	…	…	…	…	…	…	…	…	…	…

假设 $q_2 = 20\text{m}^3/\text{s}$ 时,求得 $\Delta V = 100.8$ 万 m³,进而求得第(10)栏 V_2 值为 2831 万 m³,以此 V_2 值,由图 10-4 中查得 $q_2 = 15\text{m}^3/\text{s}$。查得的 q_2 值与原假设不符,需重新假设 $q_2 = 16\text{m}^3/\text{s}$,求得 $\Delta V = 106.6$ 万 m³,$V_2 = 2837$ 万 m³,由此值再查蓄泄曲线 $q-V$,得 $q_2 = 16\text{m}^3/\text{s}$,与假设相符,即为所求,填入表 10-3 中的第(6)栏。

将第一时段末的 V_2、q_2 作为第二时段初的 V_1、q_1,重复类似的计算可求得第二时段末的 $q_2 = 134\text{m}^3/\text{s}$,$V_2 = 3456$ 万 m³。如此连续试算下去,即可得到时段 Δt 为 8h 的泄流过程 $q-t$。

(4) 绘制 $Q-t$ 与 $q-t$ 曲线,求最大下泄流量 q_m。以表 10-3 中第(1)、(3)、(6)栏相应的数值,绘制 $Q-t$ 与 $q-t$ 曲线,如图 10-5 所示。由图可知,以 $\Delta t = 8\text{h}$ 求得的 $q_m = 638\text{m}^3/\text{s}$,并不正好落在 $Q-t$ 曲线上(图中虚线表示的 $q-t$ 段),也就是说 $Q-t$ 与 $q-t$ 的交点并不是 q_m 值,这说明计算时段 Δt 在第 4 时段取得太长。

将计算时段 Δt 在 $t = 24\text{h}$ 与 32h 之间减小为 4h 和 2h,重新进行试算,则得表 10-4 中第(6)栏相应于 $t = 28\text{h}$、30h、32h 时的泄流值。以此最终成果重新绘图,即为图中以实线表示的过程。最大泄量 q_m(660m³/s) 发生在 $t = 30\text{h}$ 时刻,正好是 $Q-t$ 与 $q-t$ 的交点,即为所求。

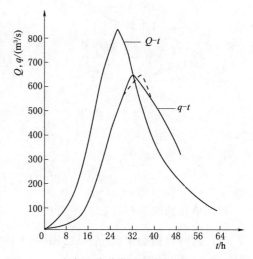

图 10-5 水库设计洪水过程线与下泄流量过程线

（5）求设计调洪库容 $V_设$ 和设计洪水位 $Z_设$，利用表 10-3 中第（10）栏各时段末库容值 V，在库容曲线上查得各时段末的相应库水位 Z，即表中第（11）栏。$q_m = 660\text{m}^3/\text{s}$ 的库容为 4760 万 m^3，减去堰顶高程以下库容 2730 万 m^3，即为 $V_设 = 2030$ 万 m^3，而相应于 4760 万 m^3 的库水位，即为 $Z_设 = 136.7\text{m}$。

不难看出，列表法概念清晰、易于掌握。虽然试算工作量较大，但它既可用于无闸，也可用于有闸；既适用于固定时段 Δt，也适用于变动时段的调洪计算。

10.3.1.2 图解法

1. 单辅助线半图解法

为避免试算，可采用单辅助线半图解法。辅助线法的基本原理依然是逐时段连续求解水量平衡方程和蓄泄方程。

先将水量平衡方程式（10-1）改写为

$$\frac{V_2}{\Delta t} + \frac{q_2}{2} = \frac{Q_1 + Q_2}{2} - q_1 + \frac{V_1}{\Delta t} + \frac{q_1}{2} \tag{10-5}$$

根据水库蓄泄方程式（10-5）计算并绘制出辅助曲线，如图 10-6 所示。

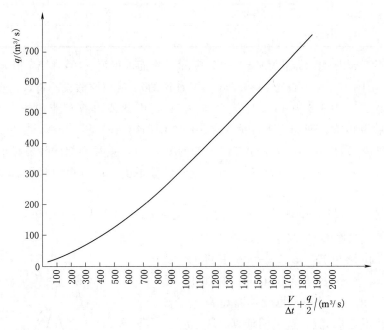

图 10-6 某水库 $q - \left(\dfrac{V}{\Delta t} + \dfrac{q}{2}\right)$ 单辅助曲线

单辅助线表达式为

$$q = f\left(\frac{V}{\Delta t} + \frac{q}{2}\right) \tag{10-6}$$

利用单辅助线进行计算的步骤如下：

（1）由时段初的 V_1、q_1 及已知的 Q_1、Q_2，按式（10-5）计算 $\left(\dfrac{V_2}{\Delta t} + \dfrac{q_2}{2}\right)$。

（2）由 $\left(\dfrac{V_2}{\Delta t}+\dfrac{q_2}{2}\right)$ 在辅助线 $q-\left(\dfrac{V}{\Delta t}+\dfrac{q}{2}\right)$ 上查时段末的 q_2。

（3）由 q_2 在水库的蓄泄曲线 $q=f(V)$ 上查时段末的 V_2。

（4）本时段末的 V_2、q_2 即为下一时段初的 V_1、q_1，重复上述（1）、（2）、（3）步骤，如此逐时段连续图解计算，便可求得水库的泄流过程 $q-t$。

由辅助线 $q-\left(\dfrac{V}{\Delta t}+\dfrac{q}{2}\right)$ 的形式可知，一条辅助线对应一个固定的 Δt 值，故辅助线法只适用于 Δt 固定的情况。当 Δt 有变化时，应按改变后的 Δt 重作辅助线，或用试算法计算。

2. 双辅助线图解法

双辅助线图解法是将水库的水量平衡方程式（10-1）改写为

$$\left(\frac{V_2}{\Delta t}+\frac{q_2}{2}\right)=\overline{Q}+\left(\frac{V_1}{\Delta t}-\frac{q_1}{2}\right) \tag{10-7}$$

式中　$\overline{Q}=\dfrac{Q_1+Q_2}{2}$——时段平均入库流量。

把蓄泄曲线改成 $q-\left(\dfrac{V}{\Delta t}+\dfrac{q}{2}\right)$ 与 $q-\left(\dfrac{V}{\Delta t}-\dfrac{q}{2}\right)$ 两辅助线，如图 10-7 所示。图解是从第一时段开始，已知时段平均入流量 $\overline{Q}$ 和时段初的 q_1，以在图 10-7 所示的纵坐标上定出 A 点，作水平线交曲线 $q-\left(\dfrac{V}{\Delta t}-\dfrac{q}{2}\right)$ 于 B 点，延长 AB 线到 C，使 $BC=\overline{Q}$，过 C 点作垂线与曲线 $q-\left(\dfrac{V}{\Delta t}+\dfrac{q}{2}\right)$ 交于 D 点，则 D 点的纵坐标即为时段末的下泄流量 q_2。第一时段的 q_2 也是第二时段的 q_1，用这样的方法继续图解下去，即可得到整个下泄过程 $q-t$ 曲线。

10.3.1.3 简化三角形法

中小型水库作规划设计并进行多方案比较时，往往只需求出最大泄量 q_m 与调洪库容 $V_洪$，而无需求出整个泄流过程。为避免上述列表试算法或图解法的麻烦，对于溢洪道无闸的水库，此时可采用简化三角形法进行调洪计算。该法假定入库洪水过程和出库流量过程均可以概化为三角形，如图 10-8 所示。于是入库洪水总量 W 为

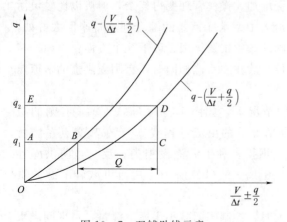

图 10-7　双辅助线示意

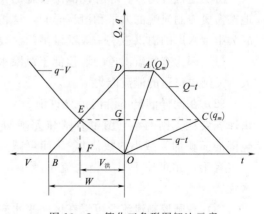

图 10-8　简化三角形图解法示意

$$W = \frac{1}{2} Q_m T \tag{10-8}$$

调洪库容 $V_{洪}$（阴影面积）为

$$V_{洪} = \frac{1}{2} Q_m T - \frac{1}{2} q_m T = \frac{1}{2} Q_m T \left(1 - \frac{q_m}{Q_m}\right) \tag{10-9}$$

式中　Q_m、q_m——入库洪峰流量、出库最大泄流，$\mathrm{m^3/s}$；

　　　　T——洪水历时，s。

将式（10-8）代入式（10-9）有

$$V_{洪} = W \left(1 - \frac{q_m}{Q_m}\right) \tag{10-10}$$

或

$$q_m = Q_m \left(1 - \frac{V_{洪}}{W}\right) \tag{10-11}$$

利用式（10-11）和水库蓄泄曲线 $q = f(V)$（V 采用堰顶以上库容），在设计洪量 W 和设计洪峰 Q_m 已知的情况下，可用试算法或图解法求得未知量 q_m 和 $V_{洪}$。

1. 试算法

假定 q_m，利用式（10-10）求得 $V_{洪}$，再由 q-V 关系曲线用 $V_{洪}$ 查得一个 q_m，若 q_m 与假定的 q_m 值相等，则所假设的 q_m 与求出的 $V_{洪}$ 即为所求；否则，需重新假定 q_m 再试算。

2. 图解法

绘制 Q-t 于第一象限及 q-V 于第二象限，如图 10-8 所示。截取 $OB = W$，由 A 作平行于横轴的平行线 AD，交纵轴于 D 点，连接 DB 交 q-V 线于 E 点，则 E 点的纵坐标值 OG 即为 q_m，横坐标值 OF 即为 $V_{洪}$。该法的图解原理可由 $\triangle BEF$ 与 $\triangle BDO$ 的对应边成比例而得到证明。

10.3.2　有闸门控制的水库调洪计算

1. 设闸的作用

溢洪道设置闸门，尽管使泄洪设施的投资增加，操作管理变得复杂，但可以比较灵活地按需要控制泄流的大小和泄流时间，这将给大中型水库枢纽的综合利用带来巨大好处，故大中型水库的溢洪道上一般都设闸门。设闸的作用主要体现在以下几个方面：

（1）因为有闸溢洪道的堰顶低于汛限水位，故在库水位相同时，有闸溢洪道的泄流能大于无闸溢洪道的泄流能力。

（2）在同样满足下游河道允许泄量 $q_允$ 的情况下，如图 10-9（a）所示，有闸的防洪库容要比无闸的小（图中有闸和无闸两种情况下的出流过程线 q-t 在其交点左侧所包围的面积即为减小的数值），从而可减少大坝投资和上游淹没损失；反之，防洪库容一定有闸，则可使下泄的最大流量减小，如图 10-9（b）所示，从而可减轻下游的洪水灾害。

（3）有闸控制泄流，可以在区间来水较大时，控制闸门减小水库下泄量，待区间洪水减小时，再加大水库下泄量，使上游洪水和区间洪水错开，从而可以有效地削减下游河段

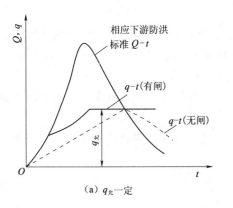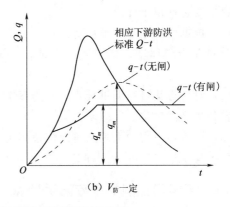

图 10-9 溢洪道有闸与无闸控制时调洪情况的比较

的最大流量。

（4）在溢洪道设闸的情况下，正常蓄水位 $Z_正$ 高于汛限水位 $Z_汛$，$Z_汛$ 和 $Z_正$ 之间的库容作为结合库容，在汛期用来防洪，非汛期蓄水兴利，这样可使水库的总库容减小。

（5）水库溢洪道设闸，还便于考虑洪水预报，提前预泄并腾空库容。

2．水库汛期控制运用方式

有闸门控制溢洪道，随着闸门的启闭，泄流的状态也有所不同，当闸门部分开启时为控制泄流，当闸门全开时则为自由泄流。因此，需要事先确定汛期的控制运用规则与方式，才能进行调洪计算。水库汛期控制运用方式如下：

（1）当入库洪水为相应下游防洪标准洪水时，泄洪开始，起调水位为 $Z_限$，初始阶段 $Q \leqslant q_限$（$q_限$ 为汛限水位时溢洪道的泄洪能力），为保持库水位不变，确保兴利要求，应控制闸门开度，按 $q = Q$ 下泄。

（2）当入库洪水流量 Q 继续增加，$Q > q_限$ 时，为保证下游安全的条件下尽快排洪，闸门全部打开自由泄流，此时下泄量仍小于 $q_限$。

（3）当下泄量继续增加，达到下游允许安全泄量 $q_允$ 时，逐渐关闭闸门控制固定泄流，即使 $q = q_允$，以保证下游防洪要求，此时入库洪水仍大于下泄流量，则库水位继续上涨，达到最大时即为防洪库容，相应水位即为防洪高水位 $Z_防$。

（4）当入库洪水为设计标准洪水时，该标准洪水已超过下游防洪标准，由于无水文预报，水库控制运用过程开始仍按下游防洪标准洪水操作，直到水位达到 $Z_防$ 为止，此后入库洪水仍然是 $Q > q_允$，库水位继续上涨，说明该次洪水已超过了下游防洪标准，不能再保证下游的安全，而应以保证大坝本身安全为主，故控制运用改为再次闸门全开，转入自由泄流，直至出现最大库容和最高水位。

（5）当入库洪水为校核标准洪水时，如同前方法一样，仍按分级调洪演算。

10.4 水库防洪计算

水库防洪计算任务主要是对各种拟订的方案进行调洪计算，求得最大下泄流量、调洪库容和最高洪水位等技术参数，为技术经济论证和选择最佳方案提供依据。水库防洪计算的内容主要包括以下几点：

（1）根据库区地形、地质等条件，分析洪水特性及灾害情况，考虑兴利库容与调洪库容结合的可能和程度，拟定若干个泄流建筑物型式、位置、尺寸以及汛期运用方式的方案。

（2）对各方案进行调洪计算，求得每个方案相应于各种设计洪水的最大下泄流量、调洪库容和最高洪水位。

（3）计算各方案的大坝造价、淹没损失、泄流建筑物投资效益等经济指标，进行技术经济分析与比较，选择最佳方案。

10.4.1　无闸门控制的水库防洪计算

根据下游有无防洪要求，防洪计算可分为以下两种情况。

10.4.1.1　下游无防洪要求

因水库下游没有防洪要求，故水库下泄流量没有限制。防洪计算的步骤如下。

（1）拟定泄洪建筑物尺寸方案。根据库区地形与地质条件，拟定若干个可能的溢洪道宽度 B 方案。

（2）调洪计算。相应于水库枢纽设计洪水与校核洪水，对各方案进行调洪计算，求得相应的调洪库容 $V_设$ 与 $V_校$、最大下泄流量 $q_{m设}$ 与 $q_{m校}$、最高洪水位 $Z_设$ 与 $Z_校$。

（3）计算坝顶高程。对某一 B 方案的 $Z_设$ 与 $Z_校$，利用式（10-12）计算坝顶高程，并取较大者作为该方案的坝顶高程 $Z_坝$。所以，在某一方案 B 下则有

$$\begin{cases} Z_坝 = Z_设 + h_{浪,设} + \Delta h_设 \\ Z_坝 = Z_校 + h_{浪,校} + \Delta h_校 \end{cases} \tag{10-12}$$

式中　$Z_设$、$Z_校$——某一 B 方案的设计洪水位和校核洪水位；

　　　$h_{浪,设}$、$h_{浪,校}$——设计条件和校核条件下的风浪高（与水面大小、风速高低、坝坡情况有关，按有关规范计算）；

　　　$\Delta h_设$、$\Delta h_校$——分别为（$Z_设 + h_{浪,设}$）和（$Z_校 + h_{浪,校}$）的安全超高（按《水利水电枢纽工程等级划分及设计标准》（SDJ 217—87）中的规定选取）。

（4）方案比较和选择。计算各个 B 方案的经济指标，点绘溢洪道宽度 B 与大坝投资、上游淹没损失及管理维修费之和 S_V 的关系；点绘 B 与溢洪道设施投资、下游堤防修建费及下游淹没损失费之和 S_D 的关系；点绘 B 与总投资 $S = S_V + S_D$ 的关系，如图 10-10 所示，同时点绘 B 与坝顶高程 $Z_坝$、B 与最大下泄流量 $q_{m校}$ 的关系，如图 10-11 所示。按总投资最小的原则由图 10-10 可查得最佳溢洪道宽度 B_p，再由图 10-11 可查出相应的坝顶高程与最大下泄流量。

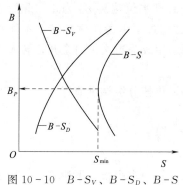

图 10-10　B-S_V、B-S_D、B-S
关系曲线

10.4.1.2　下游有防洪要求

下游有防洪要求的无闸控制防洪计算，基本步骤与上面无防洪要求的相同。区别在于下游有防洪要求，故防洪标准既有枢纽的标准，又有下游防护对象的标准。

在防洪计算中需要考虑下游安全泄量的要求，分别对枢纽标准与下游防洪标准的洪水进行调洪计算。具体步骤如下：

（1）假定不同的溢洪道宽度 B 方案。

（2）对下游防洪标准的设计洪水进行调洪计算，求得 B 与 q_m 的关系，舍去 q_m 超过下游安全泄量 $q_允$ 的宽度 B 方案。

（3）以满足下游防洪要求的诸 B 方案，再对枢纽防洪标准的洪水进行调洪计算，计算过程与无防洪要求的基本相同。对每一方案 B 确定坝高、设计洪水位与校核洪水位以及相应调洪库容后，再进行经济比较，求得经济上合理或最佳的 B 方案。

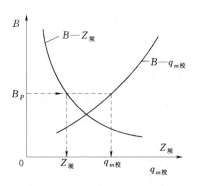

图 10-11　B-$Z_坝$、B-$q_{m校}$
关系曲线

10.4.2　有闸门控制的水库防洪计算

溢洪道有闸门控制的防洪计算要复杂些，主要步骤如下。

1. 防洪方案拟订

溢洪道有闸门控制时，由于组合的因素中除溢洪道宽度 B 外，还有堰顶高程 $Z_堰$、汛限水位 $Z_汛$、正常蓄水位 $Z_正$、闸门顶高程 $Z_门$ 等，当有非常泄洪设施时，还要考虑其位置、类型、规模、启用水位等，其中任一因素的改变，都构成一个拟订的方案。下面就未遇到的几个因素，介绍其方案拟订的一些经验和方法。

（1）当闸门顶以上没有胸墙时，闸门顶高程 $Z_门$ 应不低于正常蓄水位 $Z_正$，即 $Z_门 \geqslant Z_正$。

（2）溢洪道堰顶高程 $Z_堰$ 与 $Z_门$ 的关系为 $Z_堰 = Z_门 - h_门$（$h_门$ 为闸门高度，m）。

（3）防洪限制水位 $Z_汛$ 是指汛期水库允许维持的上限水位。在每场洪水过后要尽快使之恢复到该水位，迎接下次洪水。在设计条件下，$Z_汛$ 就是起调水位。该水位反映了兴利库容与调洪库容结合的程度 $Z_汛$ 与 $Z_正$、$Z_堰$ 的关系为 $Z_堰 \leqslant Z_汛 \leqslant Z_正$，如图 10-12 所示。

2. 拟订调洪方式

拟订调洪方式时，应考虑下游防洪、非常泄洪和是否有可靠的洪水预报等情况。

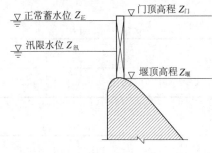

图 10-12　水库 $Z_汛$、$Z_正$、$Z_堰$
及 $h_门$ 的关系

水库汛期的调洪方式，随水库的具体情况和承担的任务不同而不同。一般来讲，当水库不考虑洪水预报、以库水位作为设计洪水的判别条件时，汛期的控制运用方式是自由泄流与控制固定泄流相结合，并以库水位作为改变泄流的依据。当入库洪水是下游防洪标准的洪水时，水库达到的最高水位即为防洪高水位 $Z_防$。当入库洪水是相应于枢纽设计洪水时，所达到的最高库水位即为设计洪水 $Z_设$。当入库洪水是相应于水库枢纽校核洪水时，则最高洪水位即为校核洪水位 $Z_{校}$。

3. 调洪计算

对某一拟定的溢洪道宽度 B、堰顶高程、汛限水位方案以及确定的调洪方式，对下游防护对象标准洪水、水库枢纽设计洪水和校核洪水分别进行调洪计算。

首先，对下游防护对象标准的洪水进行调洪计算，求得防洪库容和防洪高水位。

其次，对于设计标准的洪水属于发生机会较多的洪水，按规范规定应由正常泄洪设施（指设闸的溢洪道）排泄，由前述调洪方式进行调洪计算，求得设计洪水位、设计调洪库容及最大下泄流量。

对于校核标准的洪水，除了应用正常泄洪设施外，还应考虑用非常泄洪设施排洪。仍用前述的调洪方式进行调洪计算，求校核洪水位、校核调洪库容及最大下泄流量。

4. 方案比较与选择

有了各方案的设计洪水位与校核洪水位，就可以确定坝高。然后，如同溢洪道无闸控制时的情况一样，进行各方案的技术经济比较论证，从各方案中选择技术上可行、经济上合理的最佳方案。

复 习 思 考 题

1. 水库的调洪机理是什么？
2. 水库的调洪计算原理是什么？
3. 有闸溢洪道有什么好处？
4. 调洪计算的目的是什么？
5. 防洪计算的目的是什么？

习　　题

1. 某水库为无闸溢洪道，已知：设计洪水过程线（表 10-4）和水库特性曲线（表 10-5），堰顶高程为 140m，相应的堰下库容为 305 万 m^3，堰顶宽度为 10m，流量系为 1.6，汛期水电站用水流量为 5m^3/s，计算时段取 1h。试推求：①防洪库容；②最大下泄流量及时刻；③防洪水位；④下泄流量过程线。

表 10-4　　　　　　　设计洪水过程线表 （$P=1\%$）

时间 t/h	0	1	2	3	4	5	6	7
流量 Q/(m^3/s)	5.0	30.3	55.5	37.5	25.2	15.0	6.7	5.0

表 10-5　　　　　　　水 库 特 性 曲 线 表

库水位 Z/m	140.0	140.5	141.0	141.5	142.0	142.5	143.0
容积 V/万 m^3	305	325	350	375	400	425	455

2. 某水库为有闸溢洪道，已知：水库特性曲线（表 10 - 6），水位与下泄量的关系（由水力学公式算出，见表 10 - 7），设计洪水过程线（表 10 - 8），堰顶高程为 126m，堰顶宽度为 60m，闸门高度为 9m，正常蓄水位与闸门顶齐平，起调水位为 135m，相应最大泄量为 3390m³/s。当来水小于 3390m³/s 时，通过控制闸门开度可以来多少泄多少，当来水大于 3390m³/s 时，闸门全开自由泄流。试推求：①设计洪水位；②下泄流量过程线。

表 10 - 6　　　　　　　　　　　　水 库 特 性 曲 线 表

库水位 Z/m	100	105	110	115	120	125	130	135	140
容积 V/亿 m³	0.125	0.5	1.12	1.955	3.185	4.77	6.86	9.66	13.44

表 10 - 7　　　　　　　　　　　　水 位 与 泄 量 关 系 表

水位 Z/m	126	128	130	132	134	135	136	138	140
水头 H/m	0	2	4	6	8	9	10	12	14
流量 q/(m³/s)	0	356	1002	1830	2820	3390	3960	5196	6540

表 10 - 8　　　　　　　　　　　设 计 洪 水 过 程 线 （$P=1\%$）

历时 t/h	0	12	24	36	48	60	72	84	96	108	120	132	144	156	168
流量 Q/(m³/s)	600	1040	2000	3390	5500	5000	3980	2980	2550	2000	1560	1200	910	680	600

附　表

附表 1　　　　　　　　皮尔逊-Ⅲ型曲线的离均系数 Φ 值表

C_s	$P/\%$													
	0.001	0.01	0.1	0.2	0.333	0.5	1	2	3	5	10	20	25	30
0.0	4.26	3.72	3.09	2.88	2.71	2.58	2.33	2.05	1.88	1.64	1.28	0.84	0.67	0.52
0.1	4.56	3.94	3.23	3.00	2.82	2.67	2.40	2.11	1.92	1.67	1.29	0.84	0.66	0.51
0.2	4.86	4.16	3.38	3.12	2.92	2.76	2.47	2.16	1.96	1.70	1.30	0.83	0.65	0.50
0.3	5.16	4.38	3.52	3.24	3.03	2.86	2.54	2.21	2.00	1.73	1.31	0.82	0.64	0.48
0.4	5.47	4.61	3.67	3.36	3.14	2.95	2.62	2.26	2.04	1.75	1.32	0.82	0.64	0.47
0.5	5.78	4.83	3.81	3.48	3.25	3.04	2.68	2.31	2.08	1.77	1.32	0.81	0.62	0.46
0.6	6.09	5.05	3.96	3.60	3.35	3.13	2.75	2.35	2.12	1.80	1.33	0.80	0.61	0.44
0.7	6.40	5.28	4.10	3.72	3.45	3.22	2.82	2.40	2.15	1.82	1.33	0.79	0.59	0.43
0.8	6.71	5.50	4.24	3.85	3.55	3.31	2.89	2.45	2.18	1.84	1.34	0.78	0.58	0.41
0.9	7.02	5.73	4.39	3.97	3.65	3.40	2.96	2.50	2.22	1.86	1.34	0.77	0.57	0.40
1.0	7.33	5.96	4.53	4.09	3.76	3.49	3.02	2.54	2.25	1.88	1.34	0.76	0.55	0.38
1.1	7.65	6.18	4.67	4.20	3.86	3.58	3.09	2.58	2.28	1.89	1.34	0.74	0.54	0.36
1.2	7.97	6.41	4.80	4.32	3.95	3.66	3.15	2.62	2.31	1.91	1.34	0.73	0.52	0.35
1.3	8.29	6.64	4.95	4.44	4.05	3.74	3.21	2.67	2.34	1.92	1.34	0.72	0.51	0.33
1.4	8.61	6.87	5.09	4.56	4.15	3.83	3.27	2.71	2.37	1.94	1.33	0.71	0.49	0.31
1.5	8.93	7.09	5.23	4.68	4.24	3.91	3.33	2.74	2.39	1.95	1.33	0.69	0.47	0.30
1.6	9.25	7.31	5.37	4.80	4.34	3.99	3.39	2.78	2.42	1.96	1.33	0.68	0.46	0.28
1.7	9.57	7.54	5.50	4.91	4.43	4.07	3.44	2.82	2.44	1.97	1.32	0.66	0.44	0.26
1.8	9.89	7.76	5.64	5.01	4.52	4.15	3.50	2.85	2.46	1.98	1.32	0.64	0.42	0.24
1.9	10.20	7.98	5.77	5.12	4.61	4.23	3.55	2.88	2.49	1.99	1.31	0.63	0.40	0.22
2.0	10.51	8.21	5.91	5.22	4.70	4.30	3.61	2.91	2.51	2.00	1.30	0.61	0.39	0.20
2.1	10.83	8.43	6.04	5.33	4.79	4.37	3.66	2.93	2.53	2.00	1.29	0.59	0.37	0.19
2.2	11.14	8.65	6.17	5.43	4.88	4.44	3.71	2.96	2.55	2.00	1.28	0.57	0.35	0.17
2.3	11.45	8.87	6.30	5.53	4.97	4.51	3.76	2.99	2.56	2.00	1.27	0.55	0.33	0.15
2.4	11.76	9.08	6.42	5.63	5.05	4.58	3.81	3.02	2.57	2.01	1.26	0.54	0.31	0.13
2.5	12.07	9.30	6.55	5.73	5.13	4.65	3.85	3.04	2.59	2.01	1.25	0.52	0.29	0.11
2.6	12.38	9.51	6.67	5.82	5.20	4.72	3.89	3.06	2.60	2.01	1.23	0.50	0.27	0.09
2.7	12.69	9.72	6.79	5.92	5.28	4.78	3.93	3.09	2.61	2.01	1.22	0.48	0.25	0.08

C_s	P/%													
	0.001	0.01	0.1	0.2	0.333	0.5	1	2	3	5	10	20	25	30
2.8	13.00	9.93	6.91	6.01	5.36	4.84	3.97	3.11	2.62	2.01	1.21	0.46	0.23	0.06
2.9	13.31	10.14	7.03	6.10	5.44	4.90	4.01	3.13	2.63	2.01	1.20	0.44	0.21	0.04
3.0	13.61	10.35	7.15	6.20	5.51	4.96	4.05	3.15	2.64	2.00	1.18	0.42	0.19	0.03
3.1	13.92	10.56	7.26	6.30	5.59	5.02	4.08	3.17	2.64	2.00	1.16	0.40	0.17	0.01
3.2	14.22	10.77	7.38	6.39	5.66	5.08	4.12	3.19	2.65	2.00	1.14	0.38	0.15	−0.01
3.3	14.52	10.97	7.49	6.48	5.74	5.14	4.15	3.21	2.65	1.99	1.12	0.36	0.14	−0.02
3.4	14.81	11.17	7.60	6.56	5.80	5.20	4.18	3.22	2.65	1.98	1.11	0.34	0.12	−0.04
3.5	15.11	11.37	7.72	6.65	5.86	5.25	4.22	3.23	2.65	1.97	1.09	0.32	0.10	−0.06
3.6	15.41	11.57	7.83	6.73	5.93	5.30	4.25	3.24	2.66	1.96	1.08	0.30	0.09	−0.07
3.7	15.70	11.77	7.94	6.81	5.99	5.35	4.28	3.25	2.66	1.95	1.06	0.28	0.07	−0.09
3.8	16.00	11.97	8.05	6.89	6.05	5.40	4.31	3.26	2.66	1.94	1.04	0.26	0.06	−0.10
3.9	16.29	12.16	8.15	6.97	6.11	5.45	4.34	3.27	2.66	1.93	1.02	0.24	0.04	−0.11
4.0	16.58	12.36	8.25	7.05	6.18	5.50	4.37	3.27	2.66	1.92	1.00	0.23	0.02	−0.13
4.1	16.87	12.55	8.35	7.13	6.24	5.54	4.39	3.28	2.66	1.91	0.98	0.21	0.00	−0.14
4.2	17.16	12.74	8.45	7.21	6.30	5.59	4.41	3.29	2.65	1.90	0.96	0.19	−0.02	−0.15
4.3	17.44	12.93	8.55	7.29	6.36	5.63	4.44	3.29	2.65	1.88	0.94	0.17	−0.03	−0.16
4.4	17.72	13.12	8.65	7.36	6.41	5.68	4.46	3.30	2.65	1.87	0.92	0.16	−0.04	−0.17
4.5	18.01	13.30	8.75	7.43	6.46	5.72	4.48	3.30	2.64	1.85	0.90	0.14	−0.05	−0.18
4.6	18.29	13.49	8.85	7.50	6.52	5.76	4.50	3.30	2.63	1.84	0.88	0.13	−0.06	−0.18
4.7	18.57	13.67	8.95	7.56	6.57	5.80	4.52	3.30	2.62	1.82	0.86	0.11	−0.07	−0.19
4.8	18.85	13.85	9.04	7.63	6.63	5.84	4.54	3.30	2.61	1.80	0.84	0.09	−0.08	−0.20
4.9	19.13	14.04	9.13	7.70	6.68	5.88	4.55	3.30	2.60	1.78	0.82	0.08	−0.10	−0.21
5.0	19.41	14.22	9.22	7.77	6.73	5.92	4.57	3.30	2.60	1.77	0.80	0.06	−0.11	−0.22
5.1	19.68	14.40	9.31	7.84	6.78	5.95	4.58	3.30	2.59	1.75	0.78	0.05	−0.12	−0.22
5.2	19.95	14.57	9.40	7.90	6.83	5.99	4.59	3.30	2.58	1.73	0.76	0.03	−0.13	−0.22
5.3	20.22	14.75	9.49	7.96	6.87	6.02	4.60	3.30	2.57	1.72	0.74	0.02	−0.14	−0.22
5.4	20.46	14.92	9.57	8.02	6.91	6.05	4.62	3.29	2.56	1.70	0.72	0.00	−0.14	−0.23
5.5	20.76	15.10	9.66	8.08	6.96	6.08	4.63	3.28	2.55	1.68	0.70	−0.01	−0.15	−0.23
5.6	21.03	15.27	9.74	8.14	7.00	6.11	4.64	3.28	2.53	1.66	0.67	−0.03	−0.16	−0.24
5.7	21.31	15.45	9.82	8.21	7.04	6.14	4.65	3.27	2.52	1.65	0.62	−0.04	−0.17	−0.24
5.8	21.58	15.62	9.91	8.27	7.08	6.17	4.67	3.27	2.51	1.63	0.63	−0.05	−0.18	−0.25
5.9	21.84	15.78	9.99	8.32	7.12	6.20	4.68	3.26	2.49	1.61	0.61	−0.06	−0.18	−0.25
6.0	22.10	15.94	10.07	8.38	7.15	6.23	4.68	3.25	2.48	1.59	0.59	−0.07	−0.19	−0.25
6.1	22.37	16.11	10.15	8.43	7.19	6.26	4.69	3.24	2.46	1.57	0.57	−0.08	−0.19	−0.26
6.2	22.63	16.28	10.22	8.49	7.23	6.28	4.70	3.23	2.45	1.55	0.55	−0.09	−0.20	−0.26
6.3	22.89	16.45	10.30	8.54	7.26	6.30	4.70	3.22	2.43	1.53	0.53	−0.10	−0.20	−0.26
6.4	23.15	16.61	10.38	8.60	7.30	6.32	4.71	3.21	2.41	1.51	0.51	−0.11	−0.21	−0.26

C_s	P/%												
	40	50	60	70	75	80	85	90	95	97	99	99.9	100
0.0	−0.25	−0.00	−0.25	−0.52	−0.67	−0.84	−1.01	−1.28	−1.64	−1.88	−2.33	−3.09	−∞
0.1	−0.24	−0.02	−0.27	−0.53	−0.68	−0.85	−1.01	−1.27	−1.62	−1.84	−2.25	−2.95	−20.0
0.2	−0.22	−0.03	−0.28	−0.55	−0.69	−0.85	−1.03	−1.26	−1.59	−1.79	−2.18	−2.81	−10.0
0.3	−0.20	−0.05	−0.30	−0.56	−0.70	−0.85	−1.03	−1.24	−1.55	−1.75	−2.10	−2.67	−6.67
0.4	−0.19	−0.07	−0.31	−0.57	−0.71	−0.85	−1.03	−1.23	−1.52	−1.70	−2.03	−2.54	−5.00
0.5	−0.17	−0.08	−0.33	−0.58	−0.71	−0.85	−1.02	−1.22	−1.49	−1.66	−1.96	−2.40	−4.00
0.6	−0.16	−0.10	−0.34	−0.59	−0.72	−0.85	−1.02	−1.20	−1.45	−1.61	−1.88	−2.27	−3.33
0.7	−0.14	−0.12	−0.36	−0.60	−0.72	−0.85	−1.04	−1.18	−1.42	−1.57	−1.81	−2.14	−2.86
0.8	−0.12	−0.13	−0.37	−0.60	−0.73	−0.85	−1.00	−1.17	−1.38	−1.52	−1.74	−2.02	−2.50
0.9	−0.11	−0.15	−0.38	−0.61	0.73	−0.85	−0.99	−1.15	−1.35	−1.47	−1.66	−1.90	−2.22
1.0	−0.09	−0.16	−0.39	−0.62	−0.73	−0.85	−0.98	−1.13	−1.32	−1.42	−1.59	−1.79	−2.00
1.1	−0.07	−0.18	−0.41	−0.62	−0.74	−0.85	−0.97	−1.10	−1.28	−1.38	−1.52	−1.68	−1.82
1.2	−0.05	−0.19	−0.42	−0.63	−0.74	−0.84	−0.96	−1.08	−1.24	−1.33	−1.45	−1.58	−1.67
1.3	−0.04	−0.21	−0.43	−0.63	−0.74	−0.84	−0.95	−1.06	−1.20	−1.28	−1.38	−1.48	−1.54
1.4	−0.02	−0.22	−0.44	−0.64	−0.73	−0.83	−0.93	−1.04	−1.17	−1.23	−1.32	−1.39	−1.43
1.5	−0.00	−0.24	−0.45	−0.64	−0.73	−0.82	−0.92	−1.02	−1.13	−1.19	−1.26	−1.31	−1.33
1.6	−0.02	−0.25	−0.46	−0.64	−0.73	−0.81	−0.90	−0.99	−1.10	−1.14	−1.20	−1.24	−1.25
1.7	−0.03	−0.27	−0.47	−0.64	−0.72	−0.81	−0.89	−0.97	−1.06	−1.10	−1.14	−1.17	−1.18
1.8	−0.05	−0.28	−0.48	−0.64	−0.72	−0.80	−0.87	−0.94	−1.02	−1.06	−1.09	−1.11	−1.11
1.9	−0.07	−0.29	−0.48	−0.64	−0.72	−0.79	−0.85	−0.92	−0.98	−1.01	−1.04	−1.05	−1.05
2.0	−0.08	−0.31	−0.49	−0.64	−0.71	−0.78	−0.84	−0.895	−0.949	−0.970	−0.989	−0.999	−1.000
2.1	−0.10	−0.32	−0.49	−0.64	−0.71	−0.76	−0.82	−0.869	−0.914	−0.935	−0.945	−0.952	−0.952
2.2	−0.11	−0.33	−0.50	−0.64	−0.70	−0.75	−0.80	−0.844	−0.879	−0.900	−0.905	−0.909	−0.909
2.3	−0.13	−0.34	−0.50	−0.64	−0.69	−0.74	−0.78	−0.820	−0.849	−0.865	−0.867	−0.870	−0.870
2.4	−0.15	−0.35	−0.51	−0.63	−0.68	−0.72	−0.77	−0.795	−0.820	−0.830	−0.831	−0.833	−0.833
2.5	−0.16	−0.36	−0.51	−0.63	−0.67	−0.71	−0.75	−0.772	−0.791	−0.800	−0.800	−0.800	−0.800
2.6	−0.17	−0.37	−0.51	−0.62	−0.66	−0.70	−0.73	−0.748	−0.764	−0.769	−0.769	−0.769	−0.769
2.7	−0.18	−0.37	−0.51	−0.61	−0.65	−0.68	−0.71	−0.726	−0.736	−0.740	−0.740	−0.741	−0.741
2.8	−0.20	−0.38	−0.51	−0.61	−0.64	−0.67	−0.69	−0.702	−0.710	−0.714	−0.714	−0.714	−0.714
2.9	−0.21	−0.39	−0.51	−0.60	−0.63	−0.66	−0.67	−0.680	−0.687	−0.690	−0.690	−0.690	−0.690
3.0	−0.23	−0.39	−0.51	−0.59	−0.62	−0.64	−0.65	−0.658	−0.665	−0.667	−0.667	−0.667	−0.667
3.1	0.24	−0.40	−0.51	−0.58	−0.60	−0.62	−0.63	−0.639	−0.644	−0.645	−0.645	−0.645	−0.645
3.2	−0.25	−0.40	−0.51	−0.57	−0.59	−0.61	−0.62	0.621	−0.625	−0.625	−0.625	−0.625	−0.625

续表

C_s	P/%												
	40	50	60	70	75	80	85	90	95	97	99	99.9	100
3.3	−0.26	−0.40	−0.50	−0.56	−0.58	−0.59	−0.60	−0.604	−0.606	−0.606	−0.606	−0.606	−0.606
3.4	−0.27	−0.41	−0.50	−0.55	−0.57	−0.58	−0.58	−0.587	−0.588	−0.588	−0.588	−0.588	−0.588
3.5	−0.28	−0.41	−0.50	−0.54	−0.55	−0.56	−0.56	−0.570	−0.571	−0.571	−0.571	−0.571	−0.571
3.6	−0.29	−0.41	−0.49	−0.53	−0.54	−0.55	−0.552	−0.555	−0.556	−0.556	−0.556	−0.556	−0.556
3.7	−0.29	−0.42	−0.48	−0.52	−0.53	−0.535	−0.537	−0.540	−0.541	−0.541	−0.541	−0.541	−0.541
3.8	−0.30	−0.42	−0.48	−0.51	−0.52	−0.522	−0.524	−0.525	−0.526	−0.526	−0.526	−0.526	−0.526
3.9	−0.30	−0.41	−0.47	−0.50	−0.506	−0.510	−0.511	−0.512	−0.513	−0.513	−0.513	−0.513	−0.513
4.0	−0.31	−0.41	−0.46	−0.49	−0.495	−0.498	−0.499	−0.500	−0.500	−0.500	−0.500	−0.500	−0.500
4.1	−0.32	−0.41	−0.46	−0.48	−0.484	−0.486	−0.487	−0.488	−0.488	−0.488	−0.488	−0.488	−0.488
4.2	−0.32	−0.41	−0.45	−0.47	−0.473	−0.475	−0.475	−0.476	−0.476	−0.476	−0.476	−0.476	−0.476
4.3	−0.33	−0.41	−0.44	−0.46	−0.462	−0.464	−0.464	−0.465	−0.465	−0.465	−0.465	−0.465	−0.465
4.4	−0.33	−0.40	−0.44	−0.45	−0.453	−0.454	−0.454	−0.455	−0.455	−0.455	−0.455	−0.455	−0.455
4.5	−0.33	−0.40	−0.43	−0.44	−0.444	−0.444	−0.444	−0.444	−0.444	−0.444	−0.444	−0.444	−0.444
4.6	−0.33	−0.40	−0.42	−0.43	−0.435	−0.435	−0.435	−0.435	−0.435	−0.435	−0.435	−0.435	−0.435
4.7	−0.33	−0.39	−0.42	−0.42	−0.426	−0.426	−0.426	−0.426	−0.426	−0.426	−0.426	−0.426	−0.426
4.8	−0.33	−0.39	−0.41	−0.41	−0.417	−0.417	−0.417	−0.417	−0.417	−0.417	−0.417	−0.417	−0.417
4.9	−0.33	−0.38	−0.40	−0.40	−0.408	−0.408	−0.408	−0.408	−0.408	−0.408	−0.408	−0.408	−0.408
5.0	−0.33	−0.379	−0.395	−0.399	−0.400	−0.400	−0.400	−0.400	−0.400	−0.400	−0.400	−0.400	−0.400
5.1	−0.32	−0.374	−0.387	−0.391	−0.392	−0.392	−0.392	−0.392	−0.392	−0.392	−0.392	−0.392	−0.392
5.2	−0.32	−0.369	−0.380	−0.384	−0.385	−0.385	−0.385	−0.385	−0.385	−0.385	−0.385	−0.385	−0.385
5.3	−0.32	−0.363	−0.373	−0.376	−0.377	−0.377	−0.377	−0.377	−0.377	−0.377	−0.377	−0.377	−0.377
5.4	−0.32	−0.358	−0.366	−0.369	−0.370	−0.370	−0.370	−0.370	−0.370	−0.370	−0.370	−0.370	−0.370
5.5	−0.32	−0.353	−0.360	−0.363	−0.364	−0.364	−0.364	−0.364	−0.364	−0.364	−0.364	−0.364	−0.364
5.6	−0.32	−0.349	−0.355	−0.356	−0.357	−0.357	−0.357	−0.357	−0.357	−0.357	−0.357	−0.357	−0.357
5.7	−0.32	−0.344	−0.349	−0.350	−0.351	−0.351	−0.351	−0.351	−0.351	−0.351	−0.351	−0.351	−0.351
5.8	−0.32	−0.339	−0.344	−0.345	−0.345	−0.345	−0.345	−0.345	−0.345	−0.345	−0.345	−0.345	−0.345
5.9	−0.31	−0.334	−0.338	−0.339	−0.339	−0.339	−0.339	−0.339	−0.339	−0.339	−0.339	−0.339	−0.339
6.0	−0.31	−0.329	−0.333	−0.333	−0.333	−0.333	−0.333	−0.333	−0.333	−0.333	−0.333	−0.333	−0.333
6.1	−0.31	−0.325	−0.328	−0.328	−0.328	−0.328	−0.328	−0.328	−0.328	−0.328	−0.328	−0.328	−0.328
6.2	−0.30	−0.320	−0.322	−0.323	−0.323	−0.323	−0.323	−0.323	−0.323	−0.323	−0.323	−0.323	−0.323
6.3	−0.30	−0.315	−0.317	−0.317	−0.317	−0.317	−0.317	−0.317	−0.317	−0.317	−0.317	−0.317	−0.317
6.4	−0.30	−0.311	−0.312	−0.313	−0.313	−0.313	−0.313	−0.313	−0.313	−0.313	−0.313	−0.313	−0.313

附表 2　　　　　　　皮尔逊-Ⅲ型曲线的模比系数 K_P 值表

C_v	P/%														
	0.01	0.1	0.2	0.33	0.5	1	2	5	10	20	50	75	90	95	99
(一) $C_s = C_v$															
0.05	1.19	1.16	1.15	1.14	1.13	1.12	1.11	1.09	1.07	1.04	1.00	0.97	0.94	0.92	0.89
0.10	1.39	1.32	1.30	1.28	1.27	1.24	1.21	1.17	1.13	1.08	1.00	0.93	0.87	0.84	0.78
0.15	1.61	1.50	1.46	1.43	1.41	1.37	1.32	1.26	1.20	1.13	1.00	0.90	0.81	0.77	0.67
0.20	1.83	1.68	1.62	1.58	1.55	1.49	1.43	1.34	1.26	1.17	0.99	0.86	0.75	0.68	0.56
0.25	2.07	1.86	1.80	1.74	1.70	1.63	1.55	1.43	1.33	1.21	0.99	0.83	0.69	0.61	0.47
0.30	2.31	2.06	1.97	1.91	1.86	1.76	1.66	1.52	1.39	1.25	0.98	0.79	0.63	0.54	0.37
0.35	2.57	2.26	2.16	2.08	2.02	1.91	1.78	1.61	1.46	1.29	0.98	0.76	0.57	0.47	0.28
0.40	2.84	2.47	2.34	2.26	2.18	2.05	1.90	1.70	1.53	1.33	0.97	0.72	0.51	0.39	0.19
0.45	3.13	2.69	2.54	2.44	2.35	2.19	2.03	1.79	1.60	1.37	0.97	0.69	0.45	0.33	0.10
0.50	3.42	2.91	2.74	2.63	2.52	2.34	2.16	1.89	1.66	1.40	0.96	0.65	0.39	0.26	0.02
0.55	3.72	3.14	2.95	2.82	2.70	2.49	2.29	1.98	1.73	1.44	0.95	0.61	0.34	0.20	−0.06
0.60	4.03	3.38	3.16	3.01	2.88	2.65	2.41	2.08	1.80	1.48	0.94	0.57	0.28	0.13	−0.13
0.65	4.36	3.62	3.38	3.21	3.07	2.81	2.55	2.18	1.87	1.52	0.93	0.53	0.23	0.07	−0.20
0.70	4.70	3.87	3.60	3.42	3.25	2.97	2.68	2.27	1.93	1.55	0.92	0.50	0.17	0.01	−0.27
0.75	5.05	4.13	3.84	3.63	3.45	3.14	2.82	2.37	2.00	1.59	0.91	0.46	0.12	−0.05	−0.33
0.80	5.40	4.39	4.08	3.84	3.65	3.31	2.96	2.47	2.07	1.62	0.90	0.42	0.06	−0.10	−0.39
0.85	5.78	4.67	4.33	4.07	3.86	3.49	3.11	2.57	2.14	1.66	0.88	0.37	0.01	−0.16	−0.44
0.90	6.16	4.95	4.57	4.29	4.06	3.66	3.25	2.67	2.21	1.69	0.86	0.34	−0.04	−0.22	−0.49
0.95	6.56	5.24	4.83	4.53	4.28	3.84	3.40	2.78	2.28	1.73	0.85	0.31	−0.09	−0.27	−0.55
1.00	6.96	5.53	5.09	4.76	4.49	4.02	3.54	2.88	2.34	1.76	0.84	0.27	−0.13	−0.32	−0.59
1.05	7.38	5.83	5.35	5.01	4.72	4.21	3.69	2.98	2.41	1.78	0.82	0.22	−0.17	−0.37	−0.63
1.10	7.80	6.14	5.62	5.25	4.94	4.40	3.84	3.08	2.47	1.81	0.80	0.19	−0.21	−0.41	−0.67
1.15	8.24	6.45	5.90	5.20	5.17	4.59	3.99	3.19	2.54	1.85	0.79	0.14	−0.26	−0.45	−0.71
1.20	8.69	6.77	6.18	5.74	5.39	4.78	4.14	3.29	2.61	1.88	0.77	0.11	−0.30	−0.49	−0.74
1.25	9.16	7.10	6.48	6.01	5.63	4.98	4.31	3.40	2.68	1.91	0.75	0.07	−0.34	−0.53	−0.77
1.30	9.63	7.44	6.77	6.27	5.86	5.17	4.47	3.50	2.74	1.94	0.73	0.04	−0.38	−0.56	−0.79
1.35	10.12	7.78	7.08	6.54	6.11	5.38	4.63	3.61	2.81	1.97	0.71	0.01	−0.42	−0.60	−0.82
1.40	10.62	8.13	7.38	6.81	6.36	5.58	4.79	3.72	2.88	1.99	0.69	−0.02	−0.46	−0.64	−0.85
1.45	11.12	8.48	7.70	7.09	6.62	5.79	4.95	3.82	2.94	2.02	0.66	−0.06	−0.50	−0.67	−0.87
1.50	11.64	8.85	8.02	7.36	6.87	6.00	5.11	3.92	3.00	2.04	0.64	−0.10	−0.53	−0.70	−0.89

C_v	$P/\%$														
	0.01	0.1	0.2	0.33	0.5	1	2	5	10	20	50	75	90	95	99
（二）$C_s=1.5C_v$															
0.05	1.19	1.16	1.15	1.14	1.13	1.12	1.10	1.08	1.06	1.04	1.00	0.97	0.94	0.92	0.89
0.10	1.40	1.33	1.31	1.29	1.27	1.24	1.21	1.17	1.13	1.08	1.00	0.93	0.87	0.84	0.78
0.15	1.63	1.51	1.47	1.44	1.42	1.37	1.32	1.26	1.19	1.12	1.00	0.90	0.81	0.77	0.68
0.20	1.88	1.70	1.65	1.60	1.57	1.51	1.44	1.35	1.26	1.16	1.00	0.86	0.75	0.69	0.58
0.25	2.14	1.91	1.83	1.78	1.73	1.65	1.56	1.44	1.33	1.20	0.99	0.83	0.69	0.62	0.49
0.30	2.42	2.12	2.03	1.96	1.90	1.80	1.68	1.53	1.40	1.25	0.98	0.79	0.63	0.55	0.40
0.35	2.71	2.35	2.23	2.15	2.07	1.95	1.81	1.62	1.46	1.28	0.97	0.75	0.58	0.49	0.33
0.40	3.02	2.58	2.44	2.34	2.25	2.10	1.94	1.72	1.53	1.32	0.93	0.71	0.52	0.42	0.25
0.45	3.35	2.83	2.66	2.54	2.44	2.26	2.07	1.82	1.60	1.35	0.95	0.68	0.47	0.36	0.18
0.50	3.70	3.08	2.89	2.75	2.64	2.43	2.21	1.92	1.67	1.39	0.94	0.64	0.41	0.30	0.11
0.55	4.06	3.35	3.13	2.97	2.84	2.60	2.35	2.02	1.73	1.42	0.93	0.60	0.36	0.25	0.06
0.60	4.44	3.63	3.38	3.19	3.04	2.78	2.50	2.12	1.80	1.46	0.91	0.56	0.31	0.19	0.00
0.65	4.84	3.92	3.64	3.42	3.25	2.95	2.64	2.22	1.87	1.49	0.90	0.52	0.27	0.14	−0.04
0.70	5.25	4.22	3.90	3.67	3.48	3.12	2.79	2.32	1.94	1.52	0.88	0.48	0.22	0.09	−0.08
0.75	5.68	4.53	4.17	3.91	3.70	3.32	2.87	2.42	2.00	1.55	0.87	0.45	0.18	0.05	−0.12
0.80	6.13	4.85	4.46	4.16	3.93	3.52	2.96	2.53	2.07	1.58	0.85	0.41	0.14	0.01	−0.16
0.85	6.60	5.18	4.75	4.42	4.16	3.72	3.19	2.63	2.19	1.61	0.83	0.37	0.10	−0.02	−0.19
0.90	7.09	5.52	5.05	4.69	4.40	3.92	3.42	2.74	2.21	1.65	0.80	0.33	0.06	−0.06	−0.22
0.95	7.58	5.87	5.37	4.96	4.50	4.12	3.58	2.84	2.27	1.67	0.78	0.30	0.02	−0.09	−0.24
1.00	8.09	6.23	5.68	5.24	4.91	4.33	3.74	2.95	2.33	1.69	0.76	0.27	−0.02	−0.13	−0.26
1.05	8.62	6.60	6.01	5.53	5.17	4.54	3.91	3.05	2.39	1.71	0.74	0.24	−0.05	−0.16	−0.27
1.10	9.16	6.98	6.34	5.82	5.43	4.76	4.08	3.16	2.45	1.74	0.71	0.21	−0.08	−0.19	−0.29
1.15	9.73	7.37	6.68	6.12	5.70	4.97	4.25	3.27	2.51	1.75	0.69	0.18	−0.10	−0.20	−0.30
1.20	10.31	7.77	7.01	6.42	5.98	5.20	4.42	3.38	2.58	1.77	0.66	0.14	−0.13	−0.22	−0.31
1.25	10.91	8.17	7.37	6.72	6.26	5.32	4.59	3.48	2.64	1.79	0.63	0.10	−0.15	−0.23	−0.31
1.30	11.52	8.59	7.72	7.05	6.54	5.65	4.76	3.59	2.70	1.81	0.61	0.07	−0.17	−0.25	−0.32
1.35	12.16	9.02	8.09	7.38	6.83	5.88	4.93	3.69	2.75	1.82	0.59	0.04	−0.19	−0.26	−0.32
1.40	12.80	9.46	8.46	7.70	7.12	6.12	5.10	3.80	2.81	1.83	0.55	0.01	−0.22	−0.28	−0.32
1.45	13.46	9.90	8.84	8.04	7.42	6.36	5.28	3.90	2.85	1.83	0.52	0.00	−0.23	−0.29	−0.33
1.50	14.14	10.36	9.22	8.39	7.72	6.60	5.47	4.00	2.90	1.84	0.49	−0.05	−0.25	−0.30	−0.33
（三）$C_s=2C_v$															
0.05	1.20	1.16	1.15	1.14	1.13	1.12	1.11	1.08	1.06	1.04	1.00	0.97	0.94	0.92	0.89

C_v	P/%														
	0.01	0.1	0.2	0.33	0.5	1	2	5	10	20	50	75	90	95	99
0.10	1.42	1.34	1.31	1.29	1.27	1.25	1.21	1.17	1.13	1.08	1.00	0.93	0.87	0.84	0.78
0.15	1.67	1.54	1.48	1.46	1.43	1.38	1.33	1.26	1.20	1.12	0.99	0.90	0.81	0.77	0.69
0.20	1.92	1.73	1.67	1.63	1.59	1.52	1.45	1.35	1.26	1.16	0.99	0.86	0.75	0.70	0.59
0.25	2.22	1.96	1.87	1.81	1.77	1.67	1.58	1.45	1.33	1.20	0.98	0.82	0.70	0.63	0.52
0.30	2.52	2.19	2.08	2.01	1.94	1.83	1.71	1.54	1.40	1.24	0.97	0.78	0.64	0.56	0.44
0.35	2.86	2.44	2.31	2.22	2.13	2.00	1.84	1.64	1.47	1.28	0.96	0.75	0.59	0.51	0.37
0.40	3.20	2.70	2.54	2.42	2.32	2.16	1.98	1.74	1.54	1.31	0.95	0.71	0.53	0.45	0.30
0.45	3.59	2.98	2.80	2.65	2.53	2.33	2.13	1.84	1.60	1.35	0.93	0.67	0.48	0.40	0.26
0.50	3.98	3.27	3.05	2.88	2.74	2.51	2.27	1.94	1.67	1.38	0.92	0.64	0.44	0.34	0.21
0.55	4.42	3.58	3.32	3.12	2.97	2.70	2.42	2.04	1.74	1.41	0.90	0.59	0.40	0.30	0.16
0.60	4.85	3.89	3.59	3.37	3.20	2.89	2.57	2.15	1.80	1.44	0.89	0.56	0.35	0.26	0.13
0.65	5.33	4.22	3.89	3.64	3.44	3.09	2.74	2.25	1.87	1.47	0.87	0.52	0.31	0.22	0.10
0.70	5.81	4.56	4.19	3.91	3.68	3.29	2.90	2.36	1.94	1.50	0.85	0.49	0.27	0.18	0.08
0.75	6.33	4.93	4.52	4.19	3.93	3.50	3.06	2.46	2.00	1.52	0.82	0.45	0.24	0.15	0.06
0.80	6.85	5.30	4.84	4.47	4.19	3.71	3.22	2.57	2.06	1.54	0.80	0.42	0.21	0.12	0.04
0.85	7.41	5.69	5.17	4.77	4.46	3.93	3.39	2.68	2.12	1.56	0.77	0.39	0.18	0.10	0.03
0.90	7.98	6.08	5.51	5.07	4.74	4.15	3.56	2.78	2.19	1.58	0.75	0.35	0.15	0.08	0.02
0.95	8.59	6.48	5.86	5.38	5.02	4.38	3.74	2.89	2.25	1.60	0.72	0.31	0.13	0.07	0.01
1.00	9.21	6.91	6.22	5.70	5.30	4.61	3.91	3.00	2.30	1.61	0.69	0.29	0.11	0.05	0.01
1.05	9.86	7.35	6.59	6.03	5.59	4.84	4.08	3.10	2.35	1.62	0.66	0.26	0.09	0.04	0.01
1.10	10.52	7.79	6.97	6.37	5.88	5.08	4.26	3.20	2.41	1.63	0.64	0.23	0.07	0.03	0.00
1.15	11.21	8.24	7.36	6.71	6.19	5.32	4.44	3.30	2.46	1.64	0.61	0.21	0.06	0.02	0.00
1.20	11.90	8.70	7.76	7.06	6.50	5.57	4.62	3.41	2.51	1.65	0.58	0.18	0.05	0.02	0.00
1.25	12.63	9.18	8.16	7.41	6.82	5.81	4.80	3.51	2.56	1.65	0.55	0.16	0.04	0.01	0.00
1.30	13.36	9.67	8.57	7.76	7.14	6.06	4.98	3.61	2.60	1.65	0.52	0.14	0.03	0.01	0.00
1.35	14.13	10.17	8.99	8.13	7.46	6.31	5.16	3.71	2.65	1.65	0.50	0.12	0.02	0.01	0.00
1.40	14.90	10.67	9.41	8.50	7.78	6.56	5.35	3.81	2.69	1.64	0.47	0.10	0.02	0.01	0.00
1.45	15.71	11.20	9.85	8.89	8.11	6.82	5.54	3.91	2.73	1.64	0.44	0.09	0.01	0.00	0.00
1.50	16.53	11.73	10.30	9.27	8.44	7.08	5.73	4.00	2.77	1.63	0.42	0.07	0.01	0.00	0.00
（四）$C_s = 2.5 C_v$															
0.05	1.20	1.16	1.15	1.14	1.14	1.12	1.11	1.08	1.07	1.04	1.00	0.97	0.94	0.92	0.89
0.10	1.43	1.35	1.31	1.29	1.28	1.25	1.22	1.17	1.13	1.08	1.00	0.93	0.88	0.84	0.79
0.15	1.70	1.55	1.50	1.47	1.44	1.39	1.34	1.26	1.20	1.12	0.99	0.89	0.82	0.77	0.70
0.20	1.97	0.76	1.70	1.65	1.61	1.54	1.46	1.35	1.26	1.16	0.98	0.86	0.76	0.70	0.61

C_v	P/%														
	0.01	0.1	0.2	0.33	0.5	1	2	5	10	20	50	75	90	95	99
0.25	2.29	2.00	1.92	1.85	1.79	1.70	1.60	1.45	1.33	1.20	0.97	0.82	0.70	0.64	0.54
0.30	2.62	2.25	2.14	2.05	1.98	1.86	1.73	1.55	1.40	1.24	0.96	0.78	0.65	0.58	0.47
0.35	3.00	2.53	2.39	2.27	2.19	2.03	1.87	1.65	1.47	1.27	0.95	0.75	0.60	0.53	0.41
0.40	3.38	2.81	2.64	2.50	2.40	2.21	2.02	1.75	1.54	1.30	0.94	0.71	0.55	0.47	0.36
0.45	3.82	3.12	2.91	2.75	2.62	2.40	2.17	1.85	1.60	1.33	0.92	0.67	0.51	0.43	0.32
0.50	4.26	3.44	3.19	3.00	2.85	2.59	2.32	1.96	1.67	1.36	0.90	0.63	0.47	0.39	0.29
0.55	4.75	3.79	3.50	3.27	3.10	2.79	2.48	2.07	1.73	1.39	0.88	0.60	0.43	0.35	0.26
0.60	5.25	4.14	3.81	3.54	3.35	3.00	2.64	2.17	1.80	1.42	0.86	0.56	0.39	0.32	0.24
0.65	5.80	4.52	4.14	3.83	3.61	3.21	2.81	2.27	1.86	1.44	0.83	0.53	0.36	0.30	0.23
0.70	6.36	4.90	4.47	4.13	3.88	3.43	2.98	2.39	1.92	1.46	0.81	0.50	0.33	0.27	0.22
0.75	6.96	5.31	4.82	4.44	4.16	3.66	3.15	2.49	1.98	1.47	0.78	0.46	0.31	0.26	0.21
0.80	7.57	5.73	5.18	4.76	4.44	3.89	3.33	2.60	2.04	1.49	0.75	0.43	0.28	0.24	0.21
0.85	8.22	6.17	5.55	5.09	4.73	4.12	3.50	2.70	2.10	1.50	0.72	0.40	0.27	0.23	0.21
0.90	8.88	6.61	5.93	5.43	5.03	4.36	3.68	2.80	2.15	1.50	0.70	0.37	0.25	0.22	0.20
0.95	9.59	7.09	6.33	5.78	5.34	4.60	3.86	2.90	2.20	1.51	0.67	0.35	0.24	0.21	0.20
1.00	10.30	7.55	6.73	6.13	5.65	4.85	4.04	3.01	2.25	1.52	0.64	0.33	0.23	0.21	0.20
1.05	11.05	8.04	7.14	6.49	5.97	5.10	4.22	3.11	2.29	1.52	0.61	0.31	0.22	0.20	0.20
1.10	11.80	8.54	7.56	6.85	6.29	5.35	4.41	3.21	2.34	1.52	0.53	0.29	0.21	0.20	0.20
1.15	12.61	9.06	8.00	7.23	6.62	5.60	4.59	3.30	2.38	1.51	0.55	0.27	0.21	0.20	0.20
1.20	13.42	9.58	8.44	7.61	6.95	5.86	4.78	3.40	2.42	1.50	0.53	0.26	0.21	0.20	0.20
1.25	14.27	10.12	8.90	8.01	7.29	6.12	4.97	3.50	2.44	1.49	0.50	0.25	0.21	0.20	0.20
1.30	15.13	10.67	9.37	8.41	7.64	6.38	5.16	3.60	2.47	1.48	0.48	0.24	0.20	0.20	0.20
1.35	16.02	11.24	9.84	8.80	8.00	6.64	5.34	3.68	2.50	1.46	0.45	0.23	0.20	0.20	0.20
1.40	16.92	11.81	10.31	9.20	8.35	6.91	5.52	3.76	2.53	1.45	0.43	0.23	0.20	0.20	0.20
1.45	17.86	12.40	10.79	9.61	8.70	7.17	5.70	3.83	2.56	1.43	0.40	0.22	0.20	0.20	0.20
1.50	18.81	12.99	11.28	10.03	9.06	7.44	5.88	3.91	2.58	1.41	0.37	0.22	0.20	0.20	0.20
（五）$C_s = 3C_v$															
0.05	1.20	1.17	1.15	1.14	1.14	1.12	1.11	1.08	1.07	1.04	1.00	0.97	0.91	0.92	0.89
0.10	1.44	1.35	1.32	1.30	1.29	1.25	1.22	1.17	1.13	1.08	0.99	0.93	0.88	0.85	0.79
0.15	1.71	1.56	1.51	1.48	1.45	1.40	1.35	1.26	1.20	1.12	0.99	0.89	0.82	0.78	0.70
0.20	2.02	1.79	1.72	1.67	1.63	1.55	1.47	1.36	1.27	1.16	0.98	0.86	0.76	0.71	0.62
0.25	2.35	2.05	1.95	1.88	1.82	1.72	1.61	1.46	1.34	1.20	0.97	0.82	0.71	0.65	0.56
0.30	2.72	2.32	2.19	2.10	2.02	1.89	1.75	1.56	1.40	1.23	0.96	0.78	0.66	0.60	0.50
0.35	3.12	2.61	2.46	2.33	2.24	2.07	1.90	1.66	1.47	1.26	0.94	0.74	0.61	0.55	0.46

C_v	$P/\%$														
	0.01	0.1	0.2	0.33	0.5	1	2	5	10	20	50	75	90	95	99
0.40	3.56	2.92	2.73	2.58	2.46	2.26	2.05	1.76	1.54	1.29	0.92	0.70	0.57	0.50	0.42
0.45	4.04	3.26	3.03	2.85	2.70	2.46	2.21	1.87	1.60	1.32	0.90	0.67	0.53	0.47	0.39
0.50	4.55	3.62	3.34	3.12	2.96	2.67	2.37	1.98	1.67	1.35	0.88	0.64	0.49	0.44	0.37
0.55	5.09	3.99	3.66	3.42	3.21	2.88	2.54	2.08	1.73	1.36	0.86	0.60	0.46	0.41	0.36
0.60	5.66	4.38	4.01	3.71	3.49	3.10	2.71	2.19	1.79	1.38	0.83	0.57	0.44	0.39	0.35
0.65	6.26	4.81	4.36	4.03	3.77	3.33	2.88	2.29	1.85	1.40	0.80	0.53	0.41	0.37	0.34
0.70	6.90	5.23	4.73	4.35	4.06	3.56	3.05	2.40	1.90	1.41	0.78	0.50	0.39	0.36	0.34
0.75	7.57	5.68	5.12	4.69	4.36	3.80	3.24	2.50	1.96	1.42	0.76	0.48	0.38	0.35	0.34
0.80	8.26	6.14	5.50	5.04	4.66	4.05	3.42	2.61	2.01	1.43	0.72	0.46	0.36	0.34	0.34
0.85	9.00	6.62	5.92	5.40	4.98	4.29	3.59	2.71	2.06	1.43	0.69	0.44	0.35	0.34	0.34
0.90	9.75	7.11	6.33	5.75	5.30	4.54	3.78	2.81	2.10	1.43	0.67	0.42	0.35	0.34	0.33
0.95	10.54	7.62	6.76	6.13	5.62	4.80	3.96	2.91	2.14	1.43	0.64	0.39	0.34	0.34	0.33
1.00	11.35	8.15	7.20	6.51	5.96	5.05	4.15	3.00	2.18	1.42	0.61	0.38	0.34	0.34	0.33
1.05	12.20	8.68	7.66	6.90	6.31	5.32	4.34	3.00	2.21	1.41	0.58	0.37	0.34	0.33	0.33
1.10	13.07	9.24	8.13	7.31	6.65	5.57	4.53	3.19	2.23	1.40	0.56	0.36	0.34	0.33	0.33
1.15	13.96	9.81	8.59	7.70	7.00	5.83	4.70	3.26	2.26	1.38	0.54	0.35	0.34	0.33	0.33
1.20	14.88	10.40	9.08	8.12	7.36	6.10	4.89	3.35	2.30	1.36	0.51	0.35	0.33	0.33	0.33
1.25	15.84	11.00	9.57	8.53	7.72	6.36	5.07	3.43	2.31	1.34	0.49	0.35	0.33	0.33	0.33
1.30	16.81	11.60	10.06	8.94	8.09	6.64	5.25	3.51	2.33	1.31	0.47	0.34	0.33	0.33	0.33
1.35	17.80	12.21	10.57	9.38	8.45	6.91	5.42	3.59	2.34	1.30	0.45	0.34	0.33	0.33	0.33
1.40	18.84	12.83	11.09	9.82	8.83	7.17	5.61	3.66	2.34	1.27	0.43	0.34	0.33	0.33	0.33
1.45	19.88	13.47	11.62	10.26	9.20	7.45	5.77	3.72	2.35	1.23	0.42	0.34	0.33	0.33	0.33
1.50	20.95	14.13	12.15	10.69	9.58	7.72	5.95	3.78	2.35	1.21	0.40	0.33	0.33	0.33	0.33
（六）$C_s=3.5C_v$															
0.05	1.20	1.17	1.16	1.15	1.14	1.12	1.11	1.09	1.07	1.04	1.00	0.97	0.94	0.92	0.89
0.10	1.45	1.36	1.33	1.31	1.29	1.26	1.22	1.17	1.13	1.08	0.99	0.93	0.88	0.85	0.79
0.15	1.73	1.58	1.52	1.49	1.46	1.41	1.35	1.27	1.20	1.12	0.99	0.89	0.82	0.78	0.71
0.20	2.06	1.82	1.74	1.69	1.64	1.56	1.48	1.36	1.27	1.16	0.98	0.86	0.76	0.72	0.64
0.25	2.42	2.09	1.99	1.91	1.85	1.74	1.62	1.46	1.34	1.19	0.96	0.82	0.71	0.66	0.58
0.30	2.82	2.38	2.24	2.14	2.06	1.92	1.77	1.57	1.40	1.22	0.95	0.78	0.67	0.61	0.53
0.35	3.26	2.70	2.52	2.39	2.29	2.11	1.92	1.67	1.47	1.26	0.93	0.74	0.62	0.57	0.50
0.40	3.75	3.04	2.82	2.66	2.53	2.31	2.08	1.78	1.53	1.28	0.91	0.71	0.58	0.53	0.47
0.45	4.27	3.40	3.14	2.94	2.79	2.52	2.25	1.88	1.60	1.31	0.89	0.67	0.55	0.50	0.45
0.50	4.82	3.78	3.48	3.24	3.06	2.74	2.42	1.99	1.66	1.33	0.86	0.64	0.52	0.48	0.44

C_v	$P/\%$														
	0.01	0.1	0.2	0.33	0.5	1	2	5	10	20	50	75	90	95	99
0.55	5.41	4.20	3.83	3.55	3.34	2.96	2.58	2.10	1.72	1.34	0.84	0.60	0.50	0.46	0.44
0.60	6.06	4.62	4.20	3.87	3.62	3.20	2.76	2.20	1.77	1.35	0.81	0.57	0.48	0.45	0.43
0.65	6.73	5.08	4.58	4.22	3.92	3.44	2.94	2.30	1.83	1.36	0.78	0.55	0.46	0.44	0.43
0.70	7.43	5.54	4.98	4.56	4.23	3.68	3.12	2.41	1.88	1.37	0.75	0.53	0.45	0.44	0.43
0.75	8.16	6.02	5.38	4.92	4.55	3.92	3.30	2.51	1.92	1.38	0.72	0.50	0.44	0.43	0.43
0.80	8.94	6.53	5.81	5.29	4.87	4.18	3.49	2.61	1.97	1.37	0.70	0.49	0.44	0.43	0.43
0.85	9.75	7.05	6.25	5.67	5.20	4.43	3.67	2.70	2.00	1.36	0.67	0.47	0.44	0.43	0.43
0.90	10.60	7.59	6.71	6.06	5.54	4.69	3.86	2.80	2.04	1.35	0.64	0.46	0.43	0.43	0.43
0.95	11.46	8.15	7.18	6.47	5.89	4.95	4.05	2.89	2.06	1.34	0.61	0.45	0.43	0.43	0.43
1.00	12.37	8.72	7.65	6.86	6.25	5.22	4.23	2.97	2.09	1.32	0.59	0.45	0.43	0.43	0.43
1.05	13.31	9.31	8.13	7.27	6.60	5.49	4.41	3.05	2.11	1.29	0.56	0.44	0.43	0.43	0.43
1.10	14.28	9.91	8.62	7.69	6.97	5.76	4.59	3.13	2.13	1.28	0.54	0.44	0.43	0.43	0.43
1.15	15.26	10.51	9.13	8.12	7.33	6.03	4.76	3.20	2.14	1.26	0.53	0.43	0.43	0.43	0.43
1.20	16.29	11.14	9.65	8.56	7.71	6.29	4.95	3.28	2.15	1.23	0.51	0.43	0.43	0.43	0.43
1.25	17.33	11.78	10.18	8.99	8.10	6.56	5.12	3.34	2.16	1.20	0.50	0.43	0.43	0.43	0.43
1.30	18.41	12.44	10.70	9.44	8.46	6.84	5.29	3.40	2.16	1.18	0.48	0.43	0.43	0.43	0.43
1.35	19.50	13.11	11.24	9.89	8.84	7.11	5.45	3.44	2.16	1.14	0.47	0.43	0.43	0.43	0.43
1.40	20.66	13.78	11.78	10.35	9.23	7.37	5.62	3.49	2.15	1.11	0.47	0.43	0.43	0.43	0.43
1.45	21.80	14.46	12.34	10.81	9.61	7.64	5.78	3.55	2.14	1.07	0.46	0.43	0.43	0.43	0.43
1.50	23.00	15.17	12.90	11.28	10.01	7.89	5.95	3.59	2.12	1.04	0.45	0.43	0.43	0.43	0.43
（七）$C_s = 4C_v$															
0.05	1.21	1.17	1.16	1.15	1.14	1.12	1.11	1.08	1.06	1.04	1.00	0.97	0.94	0.92	0.89
0.10	1.46	1.37	1.34	1.31	1.30	1.26	1.23	1.18	1.13	1.08	0.99	0.93	0.88	0.85	0.80
0.15	1.76	1.59	1.54	1.50	1.47	1.41	1.35	0.27	1.20	1.12	0.98	0.89	0.82	0.78	0.72
0.20	2.10	1.85	1.77	1.71	1.66	1.58	1.49	1.37	1.27	1.16	0.97	0.85	0.77	0.72	0.65
0.25	2.49	2.13	2.02	1.94	1.87	1.76	1.64	1.47	1.34	1.19	0.96	0.82	0.72	0.67	0.60
0.30	2.92	2.44	2.30	2.18	2.10	1.94	1.79	1.57	1.40	1.22	0.94	0.78	0.68	0.63	0.56
0.35	3.40	2.78	2.60	2.45	2.34	2.14	1.95	1.68	1.47	1.25	0.92	0.74	0.64	0.59	0.54
0.40	3.92	3.15	2.92	2.74	2.60	2.36	2.11	1.78	1.53	1.27	0.90	0.71	0.60	0.56	0.52
0.45	4.49	3.54	3.25	3.03	2.87	2.58	2.28	1.89	1.59	1.29	0.87	0.68	0.58	0.54	0.51
0.50	5.10	3.96	3.61	3.35	3.15	2.80	2.46	2.00	1.65	1.30	0.84	0.64	0.55	0.53	0.51
0.55	5.76	4.39	3.99	3.68	3.44	3.04	2.63	2.10	1.70	1.31	0.82	0.62	0.54	0.52	0.50
0.60	6.45	4.85	4.38	4.03	3.75	3.29	2.81	2.21	1.76	1.32	0.79	0.59	0.52	0.51	0.50
0.65	7.18	5.34	4.78	4.38	4.07	3.53	2.99	2.31	1.80	1.32	0.76	0.57	0.51	0.50	0.50

C_v	P/%														
	0.01	0.1	0.2	0.33	0.5	1	2	5	10	20	50	75	90	95	99
0.70	7.95	5.84	5.21	4.75	4.39	3.78	3.18	2.41	1.85	1.32	0.73	0.55	0.51	0.50	0.50
0.75	8.76	6.36	5.65	5.13	4.72	4.04	3.36	2.50	1.88	1.32	0.71	0.54	0.51	0.50	0.50
0.80	9.62	6.90	6.11	5.53	5.06	4.30	3.55	2.60	1.91	1.30	0.68	0.53	0.50	0.50	0.50
0.85	10.49	7.46	6.58	5.93	5.42	4.55	3.74	2.68	1.94	1.29	0.65	0.52	0.50	0.50	0.50
0.90	11.41	8.05	7.06	6.34	5.77	4.82	3.92	2.76	1.97	1.27	0.63	0.51	0.50	0.50	0.50
0.95	12.37	8.65	7.55	6.75	6.13	5.09	4.10	2.84	1.99	1.25	0.60	0.51	0.50	0.50	0.50
1.00	13.36	9.25	8.05	7.18	6.50	5.37	4.27	2.92	2.00	1.23	0.59	0.50	0.50	0.50	0.50
1.05	14.38	9.87	8.57	7.62	6.87	5.63	4.46	3.00	2.01	1.20	0.57	0.50	0.50	0.50	0.50
1.10	15.43	10.52	9.10	8.05	7.25	5.91	4.63	3.06	2.01	1.18	0.56	0.50	0.50	0.50	0.50
1.15	16.51	11.18	9.62	8.50	7.62	6.18	4.80	3.12	2.01	1.15	0.54	0.50	0.50	0.50	0.50
1.20	17.62	11.85	10.17	8.96	8.01	6.45	4.96	3.16	2.01	1.11	0.53	0.50	0.50	0.50	0.50
1.25	18.78	12.52	10.71	9.41	8.40	6.71	5.12	3.21	2.00	1.07	0.53	0.50	0.50	0.50	0.50
1.30	19.94	13.22	11.27	9.88	8.79	6.96	5.29	3.25	1.99	1.04	0.52	0.50	0.50	0.50	0.50
1.35	21.14	13.92	11.83	10.33	9.17	7.24	5.44	3.30	1.97	1.00	0.52	0.50	0.50	0.50	0.50
1.40	22.38	14.64	12.40	10.80	9.55	7.50	5.59	3.32	1.94	0.96	0.51	0.50	0.50	0.50	0.50
1.45	23.65	15.37	12.99	11.27	9.95	7.77	5.74	3.36	1.91	0.93	0.51	0.50	0.50	0.50	0.50
1.50	24.91	16.10	13.57	11.72	10.34	8.02	5.88	3.38	1.88	0.90	0.51	0.50	0.50	0.50	0.50
（八）$C_s = 5C_v$															
0.05	1.21	1.17	1.16	1.15	1.14	1.13	1.11	1.09	1.07	1.04	1.00	0.97	0.94	0.92	0.89
0.10	1.48	1.38	1.35	1.33	1.30	1.27	1.23	1.18	1.13	1.08	0.99	0.93	0.88	0.85	0.80
0.15	1.81	1.63	1.57	1.53	1.49	1.43	1.36	1.27	1.20	1.12	0.98	0.89	0.82	0.79	0.73
0.20	2.19	1.91	1.82	1.75	1.70	1.60	1.51	1.38	1.27	1.15	0.97	0.85	0.77	0.74	0.68
0.25	2.63	2.22	2.10	2.00	1.93	1.80	1.66	1.48	1.34	1.18	0.95	0.81	0.74	0.69	0.65
0.30	3.13	2.57	2.40	2.27	2.17	2.00	1.82	1.58	1.40	1.21	0.93	0.78	0.69	0.66	0.62
0.35	3.68	2.95	2.74	2.57	2.44	2.21	1.99	1.69	1.46	1.23	0.90	0.75	0.67	0.64	0.61
0.40	4.28	3.36	3.09	2.88	2.72	2.44	2.16	1.80	1.52	1.24	0.88	0.72	0.64	0.62	0.60
0.45	4.94	3.81	3.47	3.22	3.01	2.68	2.34	1.90	1.56	1.25	0.85	0.69	0.63	0.61	0.60
0.50	5.65	4.28	3.87	3.57	3.32	2.92	2.52	2.00	1.62	1.26	0.82	0.67	0.61	0.60	0.60
0.55	6.40	4.77	4.28	3.93	3.65	3.17	2.71	2.11	1.67	1.26	0.79	0.65	0.61	0.60	0.60
0.60	7.21	5.29	4.72	4.31	3.98	3.43	2.89	2.20	1.71	1.25	0.77	0.63	0.61	0.60	0.60
0.65	8.07	5.83	5.18	4.71	4.32	3.69	3.08	2.30	1.73	1.24	0.74	0.62	0.60	0.60	0.60
0.70	8.96	6.40	5.66	5.10	4.68	3.95	3.26	2.38	1.76	1.22	0.71	0.62	0.60	0.60	0.60
0.75	9.90	7.00	6.14	5.52	5.03	4.22	3.44	2.46	1.79	1.20	0.68	0.61	0.60	0.60	0.60

C_v	P/%														
	0.01	0.1	0.2	0.33	0.5	1	2	5	10	20	50	75	90	95	99
0.80	10.89	7.60	6.64	5.94	5.40	4.50	3.61	2.54	1.80	1.18	0.67	0.61	0.60	0.60	0.60
0.85	11.91	8.23	7.16	6.48	5.77	4.76	3.80	2.61	1.81	1.15	0.65	0.60	0.60	0.60	0.60
0.90	12.97	8.88	7.69	6.81	6.15	5.03	3.97	2.66	1.81	1.13	0.64	0.60	0.60	0.60	0.60
0.95	14.07	9.55	8.22	7.27	6.53	5.30	4.14	2.72	1.81	1.10	0.63	0.60	0.60	0.60	0.60
1.00	15.22	10.20	8.77	7.73	6.92	5.57	4.30	2.77	1.80	1.06	0.62	0.60	0.60	0.60	0.60
1.05	16.39	10.92	9.33	8.19	7.31	5.82	4.47	2.81	1.79	1.03	0.62	0.60	0.60	0.60	0.60
1.10	17.61	11.63	9.89	8.66	7.69	6.09	4.61	2.85	1.77	0.99	0.61	0.60	0.60	0.60	0.60
1.15	18.87	12.34	10.48	9.12	8.08	6.36	4.76	2.89	1.74	0.95	0.61	0.60	0.60	0.60	0.60
1.20	20.13	13.08	11.06	9.58	8.46	6.62	4.90	2.91	1.71	0.92	0.61	0.60	0.60	0.60	0.60
1.25	21.46	13.83	11.64	10.06	8.86	6.88	5.03	2.93	1.68	0.88	0.60	0.60	0.60	0.60	0.60
（九）$C_s = 6C_v$															
0.05	1.22	1.18	1.16	1.15	1.14	1.13	1.11	1.09	1.06	1.04	1.00	0.97	0.94	0.93	0.91
0.10	1.51	1.40	1.36	1.34	1.31	1.28	1.24	1.18	1.13	1.08	0.99	0.93	0.88	0.86	0.81
0.15	1.86	1.66	1.60	1.55	1.51	1.45	1.38	1.28	1.20	1.12	0.98	0.89	0.83	0.81	0.76
0.20	2.28	1.96	1.86	1.79	1.73	1.63	1.52	1.38	1.27	1.15	0.96	0.85	0.78	0.75	0.71
0.25	2.77	2.31	2.16	2.06	1.98	1.83	1.69	1.48	1.33	1.17	0.94	0.82	0.75	0.72	0.69
0.30	3.33	2.69	2.50	2.36	2.24	2.05	1.86	1.59	1.40	1.19	0.92	0.78	0.72	0.69	0.67
0.35	3.95	3.11	2.87	2.68	2.53	2.28	2.03	1.69	1.45	1.21	0.89	0.76	0.70	0.63	0.67
0.40	4.63	3.57	3.25	3.02	2.83	2.52	2.21	1.80	1.50	1.22	0.86	0.73	0.68	0.67	0.67
0.45	5.39	4.06	3.66	3.38	3.15	2.77	2.39	1.90	1.54	1.22	0.83	0.71	0.68	0.67	0.67
0.50	6.10	4.58	4.10	3.76	3.48	3.02	2.58	2.00	1.59	1.21	0.80	0.69	0.67	0.67	0.67
0.55	7.03	5.12	4.56	4.16	3.83	3.28	2.76	2.09	1.62	1.20	0.78	0.69	0.67	0.67	0.67
0.60	7.94	5.70	5.04	4.56	4.18	3.55	2.94	2.18	1.65	1.18	0.75	0.68	0.67	0.67	0.67
0.65	8.90	6.30	5.53	4.97	4.54	3.82	3.12	2.25	1.66	1.16	0.73	0.68	0.67	0.67	0.67
0.70	9.92	6.92	6.05	5.41	4.91	4.09	3.30	2.33	1.67	1.13	0.71	0.67	0.67	0.67	0.67
0.75	10.98	7.56	6.57	5.85	5.29	4.36	3.47	2.39	1.68	1.10	0.70	0.67	0.67	0.67	0.67
0.80	12.08	8.23	7.11	6.30	5.67	4.63	3.64	2.44	1.67	1.07	0.69	0.67	0.67	0.67	0.67
0.85	13.24	8.91	7.66	6.76	6.06	4.89	3.80	2.49	1.66	1.08	0.68	0.67	0.67	0.67	0.67
0.90	14.43	9.61	8.22	7.22	6.45	5.16	3.96	2.53	1.65	1.00	0.68	0.67	0.67	0.67	0.67
0.95	15.68	10.33	8.80	7.68	6.83	5.42	4.10	2.56	1.62	0.96	0.67	0.67	0.67	0.67	0.67
1.00	16.94	11.07	9.38	8.15	7.22	5.68	4.25	2.59	1.59	0.93	0.67	0.67	0.67	0.67	0.67
1.05	18.27	11.82	9.97	8.62	7.62	5.94	4.38	2.61	1.56	0.89	0.67	0.67	0.67	0.67	0.67

附表 3　　　　　　　　　　　　　　频率格纸的横坐标分格表

P/%	至 P=50%处的水平距离	P/%	至 P=50%处的水平距离	P/%	至 P=50%处的水平距离
0.01	3.720	1.2	2.257	18	0.915
0.02	3.540	1.4	2.197	19	0.878
0.03	3.432	1.6	2.144	20	0.842
0.04	4.353	1.8	2.097	22	0.774
0.05	3.290	2	2.053	24	0.706
0.06	3.239	3	1.881	26	0.643
0.07	3.195	4	1.751	28	0.583
0.08	3.156	5	1.645	30	0.524
0.09	3.122	6	1.555	32	0.468
0.10	3.090	7	1.476	34	0.412
0.15	2.967	8	1.405	36	0.358
0.2	2.878	9	1.341	38	0.305
0.3	2.748	10	1.282	40	0.253
0.4	2.652	11	1.227	42	0.202
0.5	2.576	12	1.175	44	0.151
0.6	2.512	13	1.126	46	0.100
0.7	2.457	14	1.080	48	0.050
0.8	2.409	15	1.036	50	0.000
0.9	2.366	16	0.994		
1.0	2.326	17	0.954		

附表 4　瞬时单位线 S 曲线查用表

t/K	n																				
	1.0	1.1	1.2	1.3	1.4	1.5	1.6	1.7	1.8	1.9	2.0	2.1	2.2	2.3	2.4	2.5	2.6	2.7	2.8	2.9	3.0
0	0	0	0	0	0	0	0	0	0	0	0	0	0	0	0	0	0	0	0	0	0
0.1	0.095	0.072	0.054	0.041	0.030	0.022	0.017	0.012	0.009	0.007	0.005	0.003	0.002	0.002	0.001	0.001	0.001	0	0	0	0
0.2	0.181	0.147	0.118	0.095	0.075	0.060	0.047	0.036	0.029	0.022	0.018	0.014	0.010	0.008	0.006	0.004	0.003	0.002	0.002	0.001	0.001
0.3	0.259	0.218	0.182	0.152	0.126	0.104	0.086	0.069	0.057	0.045	0.037	0.030	0.024	0.019	0.015	0.012	0.010	0.007	0.006	0.005	0.004
0.4	0.330	0.285	0.244	0.209	0.178	0.150	0.127	0.107	0.089	0.074	0.061	0.051	0.042	0.034	0.028	0.023	0.019	0.015	0.012	0.010	0.008
0.5	0.393	0.346	0.305	0.266	0.230	0.198	0.171	0.146	0.126	0.106	0.090	0.076	0.065	0.054	0.045	0.037	0.031	0.025	0.022	0.018	0.014
0.6	0.451	0.403	0.360	0.318	0.281	0.247	0.216	0.188	0.164	0.142	0.122	0.104	0.090	0.076	0.065	0.055	0.046	0.039	0.033	0.028	0.023
0.7	0.503	0.456	0.411	0.369	0.331	0.294	0.261	0.231	0.200	0.178	0.156	0.136	0.117	0.101	0.088	0.075	0.065	0.056	0.047	0.039	0.034
0.8	0.551	0.505	0.461	0.418	0.378	0.340	0.306	0.273	0.243	0.216	0.191	0.169	0.149	0.130	0.113	0.098	0.086	0.074	0.064	0.056	0.047
0.9	0.593	0.549	0.505	0.464	0.423	0.385	0.349	0.315	0.285	0.255	0.228	0.202	0.180	0.160	0.141	0.124	0.109	0.096	0.084	0.073	0.063
1.0	0.632	0.589	0.547	0.506	0.466	0.428	0.392	0.356	0.324	0.293	0.264	0.238	0.213	0.190	0.170	0.151	0.134	0.118	0.104	0.092	0.080
1.1	0.667	0.626	0.585	0.545	0.506	0.468	0.431	0.396	0.363	0.331	0.301	0.273	0.247	0.222	0.200	0.179	0.160	0.143	0.127	0.113	0.100
1.2	0.699	0.660	0.621	0.582	0.544	0.506	0.470	0.436	0.400	0.368	0.337	0.308	0.281	0.255	0.231	0.209	0.188	0.169	0.151	0.135	0.121
1.3	0.728	0.691	0.654	0.616	0.579	0.543	0.506	0.471	0.437	0.405	0.373	0.343	0.315	0.288	0.262	0.239	0.216	0.196	0.178	0.159	0.143
1.4	0.753	0.719	0.684	0.648	0.612	0.577	0.541	0.507	0.473	0.440	0.408	0.378	0.348	0.321	0.294	0.269	0.246	0.224	0.203	0.184	0.167
1.5	0.777	0.744	0.711	0.677	0.643	0.608	0.574	0.540	0.507	0.474	0.442	0.411	0.382	0.353	0.326	0.300	0.275	0.252	0.231	0.210	0.191
1.6	0.798	0.768	0.736	0.704	0.671	0.638	0.605	0.572	0.539	0.507	0.475	0.444	0.414	0.385	0.357	0.331	0.305	0.281	0.258	0.237	0.217
1.7	0.817	0.789	0.759	0.729	0.698	0.666	0.634	0.602	0.570	0.538	0.507	0.476	0.446	0.417	0.389	0.361	0.335	0.310	0.287	0.264	0.243
1.8	0.835	0.808	0.781	0.752	0.722	0.692	0.661	0.630	0.599	0.568	0.537	0.507	0.477	0.448	0.419	0.392	0.365	0.339	0.315	0.292	0.269
1.9	0.850	0.826	0.800	0.773	0.745	0.716	0.687	0.657	0.627	0.596	0.566	0.536	0.507	0.478	0.449	0.421	0.395	0.368	0.343	0.319	0.296
2.0	0.865	0.842	0.818	0.792	0.766	0.739	0.710	0.682	0.653	0.623	0.594	0.565	0.536	0.507	0.478	0.451	0.423	0.397	0.372	0.347	0.323
2.1	0.878	0.856	0.834	0.810	0.785	0.759	0.733	0.706	0.679	0.649	0.620	0.592	0.565	0.535	0.507	0.479	0.452	0.425	0.400	0.375	0.350
2.2	0.890	0.870	0.849	0.826	0.803	0.778	0.753	0.727	0.700	0.673	0.645	0.618	0.590	0.562	0.534	0.507	0.480	0.453	0.427	0.402	0.377
2.3	0.900	0.882	0.862	0.841	0.819	0.796	0.772	0.748	0.722	0.696	0.669	0.642	0.615	0.588	0.560	0.533	0.507	0.480	0.454	0.429	0.404
2.4	0.909	0.895	0.875	0.855	0.835	0.813	0.790	0.767	0.742	0.717	0.692	0.665	0.639	0.613	0.586	0.559	0.533	0.507	0.481	0.455	0.430

续表

t/K	\ n = 1.0	1.1	1.2	1.3	1.4	1.5	1.6	1.7	1.8	1.9	2.0	2.1	2.2	2.3	2.4	2.5	2.6	2.7	2.8	2.9	3.0
2.5	0.918	0.902	0.886	0.868	0.849	0.828	0.807	0.784	0.761	0.737	0.713	0.688	0.662	0.636	0.610	0.584	0.558	0.532	0.506	0.481	0.456
2.6	0.926	0.912	0.896	0.879	0.861	0.842	0.822	0.801	0.779	0.756	0.733	0.708	0.684	0.659	0.634	0.608	0.582	0.557	0.532	0.506	0.482
2.7	0.933	0.920	0.905	0.890	0.873	0.855	0.836	0.816	0.796	0.774	0.751	0.728	0.704	0.680	0.656	0.631	0.606	0.581	0.556	0.531	0.506
2.8	0.939	0.928	0.914	0.899	0.884	0.867	0.849	0.831	0.811	0.790	0.769	0.747	0.724	0.701	0.677	0.653	0.629	0.604	0.579	0.555	0.531
2.9	0.945	0.934	0.922	0.908	0.894	0.878	0.862	0.844	0.825	0.806	0.785	0.764	0.742	0.720	0.697	0.674	0.650	0.626	0.602	0.578	0.554
3.0	0.950	0.940	0.929	0.916	0.903	0.888	0.873	0.856	0.839	0.820	0.801	0.781	0.760	0.738	0.716	0.694	0.671	0.648	0.624	0.600	0.577
3.1	0.955	0.946	0.935	0.924	0.911	0.898	0.883	0.868	0.851	0.834	0.815	0.796	0.776	0.756	0.734	0.713	0.691	0.668	0.645	0.622	0.599
3.2	0.959	0.951	0.941	0.930	0.919	0.906	0.893	0.878	0.863	0.846	0.829	0.811	0.792	0.772	0.752	0.731	0.709	0.688	0.665	0.643	0.620
3.3	0.963	0.955	0.946	0.936	0.926	0.914	0.902	0.888	0.873	0.858	0.841	0.824	0.806	0.787	0.768	0.748	0.727	0.706	0.685	0.663	0.641
3.4	0.967	0.959	0.951	0.942	0.932	0.921	0.910	0.897	0.883	0.869	0.853	0.837	0.820	0.802	0.783	0.764	0.744	0.724	0.703	0.682	0.660
3.5	0.970	0.963	0.956	0.947	0.938	0.928	0.917	0.905	0.892	0.879	0.864	0.849	0.832	0.815	0.798	0.779	0.760	0.741	0.721	0.700	0.679
3.6	0.973	0.967	0.960	0.952	0.944	0.934	0.924	0.913	0.901	0.888	0.874	0.860	0.844	0.828	0.811	0.794	0.776	0.757	0.738	0.718	0.697
3.7	0.975	0.970	0.963	0.956	0.948	0.940	0.930	0.920	0.909	0.897	0.884	0.870	0.856	0.840	0.824	0.807	0.790	0.772	0.753	0.734	0.715
3.8	0.978	0.973	0.967	0.960	0.953	0.945	0.936	0.926	0.916	0.905	0.893	0.880	0.866	0.851	0.836	0.820	0.804	0.786	0.768	0.750	0.731
3.9	0.980	0.975	0.970	0.964	0.957	0.950	0.941	0.932	0.923	0.912	0.901	0.889	0.876	0.862	0.848	0.834	0.817	0.800	0.783	0.765	0.747
4.0	0.982	0.977	0.973	0.967	0.961	0.954	0.946	0.938	0.929	0.919	0.908	0.897	0.885	0.872	0.858	0.844	0.829	0.813	0.796	0.779	0.762
4.2	0.985	0.981	0.977	0.973	0.967	0.962	0.955	0.948	0.940	0.931	0.922	0.912	0.901	0.890	0.877	0.864	0.851	0.837	0.822	0.806	0.790
4.4	0.988	0.985	0.981	0.977	0.973	0.968	0.962	0.956	0.949	0.942	0.934	0.925	0.915	0.905	0.894	0.883	0.870	0.857	0.844	0.830	0.815
4.6	0.990	0.987	0.985	0.981	0.975	0.973	0.968	0.963	0.957	0.951	0.944	0.936	0.928	0.919	0.909	0.899	0.888	0.876	0.864	0.851	0.837
4.8	0.992	0.990	0.987	0.985	0.981	0.978	0.974	0.969	0.964	0.958	0.952	0.946	0.938	0.930	0.922	0.913	0.903	0.892	0.881	0.870	0.857
5.0	0.993	0.992	0.990	0.987	0.984	0.981	0.978	0.974	0.970	0.965	0.960	0.954	0.947	0.940	0.933	0.925	0.916	0.907	0.897	0.886	0.875
5.5	0.996	0.995	0.994	0.992	0.990	0.988	0.986	0.983	0.980	0.977	0.973	0.969	0.965	0.960	0.955	0.949	0.942	0.935	0.928	0.920	0.912
6.0	0.998	0.997	0.996	0.995	0.994	0.993	0.991	0.989	0.987	0.985	0.983	0.980	0.977	0.973	0.969	0.965	0.961	0.956	0.950	0.944	0.938
7.0	0.999	0.999	0.998	0.998	0.998	0.997	0.996	0.996	0.995	0.994	0.993	0.991	0.990	0.988	0.986	0.984	0.982	0.980	0.977	0.974	0.970
8.0			0.999	0.999	0.999	0.999	0.999	0.998	0.998	0.997	0.997	0.996	0.996	0.995	0.994	0.993	0.992	0.991	0.989	0.988	0.986
9.0								0.999	0.999	0.999	0.999	0.999	0.998	0.998	0.997	0.997	0.997	0.996	0.995	0.995	0.994

续表

n

t/K	3.0	3.1	3.2	3.3	3.4	3.5	3.6	3.7	3.8	3.9	4.0	4.1	4.2	4.3	4.4	4.5	4.6	4.7	4.8	4.9	5.0
0	0	0	0	0	0	0	0	0	0	0	0	0	0	0	0	0	0	0	0	0	0
0.5	0.014	0.012	0.010	0.008	0.006	0.005	0.004	0.003	0.003	0.002	0.002	0.001	0.001	0.001	0.001	0.001	0	0	0	0	0
1.0	0.080	0.070	0.061	0.053	0.046	0.040	0.035	0.030	0.026	0.022	0.019	0.016	0.014	0.012	0.010	0.009	0.007	0.006	0.005	0.004	0.004
1.1	0.100	0.088	0.077	0.068	0.060	0.052	0.045	0.040	0.034	0.030	0.026	0.022	0.019	0.016	0.014	0.012	0.010	0.009	0.008	0.006	0.005
1.2	0.121	0.107	0.095	0.084	0.074	0.066	0.058	0.051	0.044	0.039	0.034	0.029	0.026	0.022	0.019	0.017	0.014	0.012	0.011	0.009	0.008
1.3	0.143	0.128	0.114	0.102	0.091	0.081	0.071	0.063	0.056	0.049	0.043	0.038	0.033	0.029	0.025	0.022	0.019	0.017	0.014	0.012	0.011
1.4	0.167	0.150	0.135	0.121	0.109	0.097	0.087	0.077	0.069	0.061	0.054	0.047	0.042	0.037	0.032	0.028	0.025	0.022	0.019	0.016	0.014
1.5	0.191	0.173	0.157	0.142	0.128	0.115	0.103	0.092	0.083	0.074	0.066	0.058	0.052	0.046	0.040	0.036	0.031	0.028	0.024	0.021	0.019
1.6	0.217	0.198	0.180	0.164	0.148	0.134	0.121	0.109	0.098	0.088	0.079	0.070	0.063	0.056	0.050	0.044	0.039	0.035	0.031	0.027	0.024
1.7	0.243	0.223	0.204	0.186	0.170	0.154	0.140	0.127	0.115	0.103	0.093	0.084	0.075	0.067	0.060	0.054	0.048	0.043	0.038	0.033	0.030
1.8	0.269	0.248	0.228	0.210	0.192	0.175	0.160	0.146	0.132	0.120	0.109	0.098	0.089	0.080	0.072	0.064	0.058	0.051	0.046	0.041	0.036
1.9	0.296	0.274	0.253	0.234	0.215	0.197	0.181	0.166	0.151	0.138	0.125	0.114	0.103	0.093	0.084	0.076	0.068	0.061	0.055	0.049	0.044
2.0	0.323	0.301	0.279	0.258	0.239	0.220	0.203	0.186	0.171	0.156	0.143	0.130	0.119	0.108	0.098	0.089	0.080	0.072	0.065	0.059	0.053
2.1	0.350	0.327	0.305	0.283	0.263	0.244	0.225	0.208	0.191	0.176	0.161	0.148	0.135	0.123	0.112	0.102	0.093	0.084	0.076	0.069	0.062
2.2	0.377	0.354	0.331	0.309	0.287	0.267	0.248	0.230	0.212	0.196	0.181	0.166	0.153	0.140	0.128	0.117	0.107	0.097	0.088	0.080	0.072
2.3	0.404	0.380	0.356	0.334	0.312	0.291	0.271	0.252	0.234	0.217	0.201	0.185	0.171	0.157	0.144	0.132	0.121	0.111	0.101	0.092	0.084
2.4	0.430	0.406	0.382	0.359	0.337	0.316	0.295	0.275	0.256	0.238	0.221	0.205	0.190	0.175	0.161	0.149	0.137	0.125	0.115	0.105	0.096
2.5	0.456	0.432	0.408	0.385	0.362	0.340	0.319	0.299	0.279	0.260	0.242	0.225	0.209	0.194	0.179	0.166	0.153	0.141	0.129	0.119	0.109
2.6	0.482	0.457	0.433	0.410	0.387	0.364	0.343	0.322	0.302	0.283	0.264	0.246	0.229	0.213	0.198	0.183	0.170	0.157	0.145	0.133	0.123
2.7	0.506	0.482	0.458	0.434	0.411	0.389	0.367	0.346	0.325	0.305	0.286	0.268	0.250	0.233	0.217	0.202	0.187	0.174	0.161	0.149	0.137
2.8	0.531	0.506	0.482	0.459	0.436	0.413	0.391	0.369	0.348	0.328	0.308	0.289	0.271	0.253	0.237	0.221	0.206	0.191	0.178	0.165	0.152
2.9	0.554	0.530	0.506	0.483	0.460	0.437	0.414	0.392	0.371	0.350	0.330	0.311	0.292	0.274	0.257	0.240	0.224	0.209	0.195	0.181	0.168
3.0	0.577	0.553	0.530	0.506	0.483	0.460	0.438	0.416	0.394	0.373	0.353	0.333	0.314	0.295	0.277	0.260	0.244	0.228	0.213	0.198	0.185
3.1	0.599	0.576	0.552	0.529	0.506	0.483	0.461	0.439	0.417	0.396	0.375	0.355	0.335	0.316	0.298	0.280	0.263	0.246	0.231	0.216	0.202
3.2	0.620	0.603	0.574	0.552	0.528	0.506	0.484	0.462	0.440	0.418	0.397	0.377	0.357	0.338	0.319	0.301	0.283	0.266	0.250	0.234	0.219
3.3	0.641	0.618	0.596	0.573	0.551	0.528	0.506	0.484	0.462	0.441	0.420	0.399	0.379	0.359	0.340	0.321	0.304	0.286	0.269	0.253	0.237

续表

t/K	n																				
	3.0	3.1	3.2	3.3	3.4	3.5	3.6	3.7	3.8	3.9	4.0	4.1	4.2	4.3	4.4	4.5	4.6	4.7	4.8	4.9	5.0
3.4	0.660	0.638	0.616	0.594	0.572	0.550	0.528	0.506	0.484	0.463	0.442	0.421	0.400	0.380	0.361	0.342	0.324	0.306	0.289	0.272	0.256
3.5	0.679	0.658	0.636	0.615	0.593	0.571	0.549	0.528	0.506	0.485	0.462	0.442	0.422	0.404	0.382	0.363	0.344	0.326	0.308	0.291	0.275
3.6	0.697	0.677	0.656	0.634	0.613	0.592	0.570	0.549	0.527	0.506	0.484	0.464	0.443	0.423	0.403	0.384	0.365	0.346	0.328	0.311	0.293
3.7	0.715	0.695	0.674	0.653	0.633	0.612	0.590	0.569	0.548	0.527	0.506	0.485	0.464	0.444	0.424	0.404	0.385	0.366	0.348	0.330	0.313
3.8	0.731	0.712	0.692	0.672	0.651	0.631	0.610	0.589	0.568	0.547	0.527	0.506	0.485	0.465	0.445	0.425	0.406	0.387	0.368	0.350	0.332
3.9	0.747	0.728	0.709	0.689	0.670	0.649	0.629	0.609	0.588	0.567	0.548	0.526	0.506	0.485	0.465	0.446	0.426	0.407	0.388	0.370	0.352
4.0	0.762	0.744	0.725	0.706	0.687	0.667	0.647	0.627	0.607	0.587	0.567	0.546	0.526	0.506	0.486	0.466	0.446	0.427	0.403	0.389	0.371
4.2	0.790	0.773	0.756	0.738	0.720	0.701	0.682	0.663	0.644	0.624	0.605	0.585	0.565	0.545	0.525	0.506	0.486	0.467	0.448	0.429	0.410
4.4	0.815	0.799	0.783	0.767	0.750	0.733	0.715	0.697	0.678	0.660	0.641	0.621	0.602	0.582	0.563	0.544	0.525	0.506	0.486	0.468	0.449
4.6	0.837	0.823	0.809	0.793	0.778	0.761	0.745	0.728	0.710	0.692	0.674	0.656	0.637	0.619	0.600	0.581	0.562	0.543	0.524	0.505	0.487
4.8	0.857	0.845	0.831	0.817	0.803	0.788	0.772	0.756	0.740	0.723	0.706	0.688	0.671	0.653	0.634	0.616	0.598	0.579	0.560	0.542	0.524
5.0	0.875	0.864	0.851	0.838	0.825	0.811	0.797	0.782	0.767	0.751	0.735	0.718	0.702	0.683	0.667	0.650	0.632	0.614	0.596	0.578	0.560
5.2	0.891	0.881	0.870	0.858	0.846	0.833	0.820	0.806	0.792	0.777	0.762	0.746	0.731	0.714	0.698	0.681	0.664	0.647	0.629	0.612	0.594
5.4	0.905	0.896	0.886	0.875	0.864	0.852	0.840	0.828	0.814	0.801	0.787	0.772	0.757	0.742	0.726	0.710	0.694	0.678	0.661	0.644	0.627
5.6	0.918	0.909	0.900	0.891	0.880	0.870	0.859	0.847	0.835	0.822	0.809	0.796	0.782	0.768	0.753	0.738	0.722	0.707	0.691	0.671	0.658
5.8	0.928	0.921	0.913	0.904	0.895	0.885	0.875	0.865	0.854	0.842	0.830	0.818	0.805	0.791	0.777	0.763	0.749	0.734	0.719	0.706	0.687
6.0	0.938	0.930	0.924	0.916	0.908	0.899	0.890	0.881	0.870	0.860	0.849	0.837	0.825	0.813	0.800	0.787	0.773	0.759	0.745	0.730	0.715
6.5	0.957	0.952	0.947	0.941	0.935	0.927	0.921	0.913	0.905	0.897	0.888	0.879	0.869	0.859	0.848	0.837	0.826	0.814	0.802	0.789	0.776
7.0	0.970	0.967	0.963	0.958	0.954	0.949	0.943	0.938	0.932	0.925	0.918	0.911	0.903	0.895	0.887	0.878	0.868	0.859	0.848	0.838	0.827
7.5	0.980	0.977	0.974	0.971	0.968	0.964	0.960	0.956	0.951	0.946	0.941	0.935	0.929	0.923	0.916	0.911	0.902	0.894	0.886	0.877	0.868
8.0	0.986	0.984	0.982	0.980	0.978	0.975	0.972	0.969	0.965	0.962	0.958	0.953	0.949	0.944	0.939	0.933	0.927	0.921	0.915	0.908	0.900
9.0	0.994	0.993	0.991	0.990	0.989	0.988	0.986	0.985	0.983	0.981	0.979	0.976	0.974	0.971	0.968	0.965	0.961	0.958	0.954	0.950	0.945
10.0	0.997	0.997	0.996	0.996	0.995	0.994	0.994	0.993	0.992	0.991	0.990	0.988	0.987	0.985	0.984	0.982	0.980	0.978	0.976	0.973	0.971
11.0	0.999	0.999	0.998	0.998	0.998	0.997	0.997	0.997	0.996	0.996	0.995	0.994	0.994	0.993	0.992	0.991	0.990	0.989	0.988	0.986	0.985
12.0			0.999	0.999	0.999	0.999	0.999	0.998	0.998	0.998	0.998	0.997	0.997	0.997	0.996	0.996	0.995	0.994	0.994	0.993	0.992

续表

n

t/K	5.0	5.1	5.2	5.3	5.4	5.5	5.6	5.7	5.8	5.9	6.0	6.1	6.2	6.3	6.4	6.5	6.6	6.7	6.8	6.9	7.0
0	0	0	0	0	0	0	0	0	0	0	0	0	0	0	0	0	0	0	0	0	0
0.5																					
1.0	0.004	0.003	0.003	0.002	0.002	0.002	0.001	0.001	0.001	0.001	0.001	0	0	0	0	0	0	0	0	0	0
1.5	0.019	0.016	0.014	0.012	0.011	0.009	0.008	0.007	0.006	0.005	0.004	0.004	0.003	0.003	0.002	0.002	0.002	0.001	0.001	0.001	0.001
2.0	0.053	0.047	0.042	0.038	0.034	0.030	0.027	0.024	0.021	0.019	0.017	0.015	0.013	0.011	0.010	0.009	0.008	0.007	0.006	0.005	0.004
2.5	0.109	0.100	0.091	0.083	0.076	0.069	0.063	0.057	0.051	0.047	0.042	0.038	0.034	0.031	0.028	0.025	0.022	0.020	0.018	0.016	0.014
3.0	0.185	0.172	0.160	0.148	0.137	0.127	0.117	0.108	0.099	0.091	0.084	0.077	0.071	0.065	0.059	0.054	0.049	0.045	0.041	0.037	0.034
3.2	0.219	0.205	0.192	0.179	0.166	0.155	0.144	0.133	0.123	0.114	0.105	0.098	0.090	0.083	0.076	0.070	0.064	0.059	0.053	0.049	0.045
3.4	0.256	0.240	0.226	0.211	0.198	0.185	0.173	0.161	0.150	0.139	0.129	0.120	0.111	0.103	0.095	0.088	0.081	0.075	0.069	0.063	0.058
3.6	0.294	0.277	0.261	0.246	0.231	0.217	0.204	0.191	0.179	0.167	0.156	0.146	0.135	0.126	0.117	0.109	0.100	0.093	0.086	0.080	0.073
3.8	0.332	0.315	0.298	0.282	0.266	0.251	0.237	0.223	0.210	0.197	0.184	0.173	0.162	0.151	0.141	0.132	0.122	0.114	0.106	0.098	0.091
4.0	0.371	0.353	0.336	0.319	0.303	0.287	0.271	0.256	0.242	0.228	0.215	0.202	0.190	0.178	0.167	0.157	0.146	0.137	0.128	0.119	0.111
4.1	0.391	0.373	0.355	0.338	0.321	0.305	0.289	0.274	0.259	0.244	0.231	0.218	0.205	0.193	0.181	0.170	0.159	0.149	0.139	0.130	0.121
4.2	0.410	0.392	0.374	0.357	0.340	0.323	0.307	0.291	0.276	0.261	0.247	0.233	0.220	0.208	0.195	0.184	0.172	0.162	0.151	0.142	0.133
4.3	0.430	0.411	0.393	0.375	0.358	0.341	0.325	0.309	0.293	0.278	0.263	0.249	0.236	0.223	0.210	0.198	0.186	0.175	0.164	0.154	0.144
4.4	0.449	0.430	0.412	0.394	0.377	0.360	0.343	0.327	0.311	0.295	0.280	0.266	0.251	0.238	0.225	0.212	0.200	0.189	0.177	0.167	0.156
4.5	0.468	0.449	0.431	0.413	0.395	0.378	0.361	0.345	0.328	0.312	0.297	0.282	0.268	0.254	0.240	0.227	0.214	0.203	0.191	0.180	0.169
4.6	0.487	0.469	0.450	0.432	0.414	0.397	0.379	0.363	0.346	0.330	0.314	0.299	0.284	0.270	0.256	0.243	0.229	0.217	0.205	0.193	0.182
4.7	0.505	0.487	0.469	0.451	0.433	0.415	0.398	0.381	0.364	0.348	0.332	0.316	0.301	0.286	0.272	0.258	0.244	0.232	0.219	0.207	0.195
4.8	0.524	0.505	0.487	0.469	0.451	0.433	0.416	0.399	0.382	0.365	0.349	0.333	0.318	0.303	0.288	0.274	0.260	0.247	0.234	0.221	0.209
4.9	0.542	0.524	0.505	0.487	0.469	0.452	0.434	0.417	0.400	0.383	0.366	0.350	0.335	0.320	0.304	0.290	0.276	0.262	0.249	0.236	0.223
5.0	0.560	0.541	0.523	0.505	0.487	0.470	0.452	0.435	0.418	0.401	0.384	0.368	0.352	0.336	0.321	0.306	0.292	0.278	0.264	0.251	0.238
5.1	0.577	0.559	0.541	0.523	0.505	0.488	0.470	0.453	0.435	0.418	0.402	0.385	0.369	0.353	0.338	0.323	0.308	0.294	0.279	0.266	0.253
5.2	0.594	0.576	0.558	0.541	0.523	0.505	0.488	0.470	0.453	0.436	0.419	0.403	0.386	0.370	0.354	0.339	0.324	0.310	0.295	0.281	0.268
5.3	0.610	0.593	0.575	0.558	0.540	0.523	0.505	0.488	0.471	0.453	0.437	0.420	0.403	0.387	0.371	0.356	0.340	0.326	0.311	0.297	0.283

续表

t/K	5.0	5.1	5.2	5.3	5.4	5.5	5.6	5.7	5.8	5.9	6.0	6.1	6.2	6.3	6.4	6.5	6.6	6.7	6.8	6.9	7.0
											n										
5.4	0.627	0.609	0.592	0.575	0.557	0.540	0.522	0.505	0.488	0.471	0.454	0.437	0.421	0.404	0.388	0.373	0.357	0.342	0.327	0.313	0.298
5.5	0.642	0.626	0.608	0.591	0.574	0.557	0.539	0.522	0.505	0.488	0.471	0.454	0.438	0.421	0.405	0.389	0.374	0.358	0.343	0.328	0.314
5.6	0.658	0.641	0.624	0.607	0.590	0.573	0.556	0.539	0.522	0.505	0.488	0.471	0.455	0.438	0.422	0.406	0.390	0.375	0.359	0.345	0.330
5.7	0.673	0.656	0.640	0.623	0.606	0.590	0.573	0.556	0.539	0.522	0.505	0.488	0.472	0.455	0.439	0.423	0.407	0.391	0.376	0.361	0.346
5.8	0.687	0.671	0.655	0.639	0.622	0.606	0.589	0.572	0.555	0.538	0.522	0.505	0.488	0.472	0.456	0.439	0.423	0.408	0.392	0.377	0.362
5.9	0.701	0.686	0.670	0.654	0.638	0.621	0.605	0.588	0.571	0.555	0.538	0.522	0.505	0.489	0.472	0.456	0.440	0.424	0.408	0.393	0.378
6.0	0.715	0.700	0.684	0.668	0.652	0.636	0.620	0.604	0.587	0.571	0.554	0.538	0.521	0.505	0.489	0.472	0.456	0.440	0.425	0.409	0.394
6.2	0.741	0.726	0.712	0.696	0.681	0.666	0.650	0.634	0.618	0.602	0.586	0.570	0.553	0.537	0.521	0.505	0.489	0.473	0.457	0.441	0.426
6.4	0.765	0.751	0.737	0.723	0.708	0.693	0.678	0.663	0.648	0.632	0.616	0.600	0.585	0.568	0.553	0.537	0.521	0.505	0.489	0.473	0.458
6.6	0.787	0.774	0.761	0.748	0.734	0.720	0.705	0.690	0.676	0.661	0.645	0.630	0.614	0.597	0.583	0.568	0.552	0.536	0.520	0.505	0.489
6.8	0.808	0.796	0.783	0.771	0.758	0.744	0.730	0.716	0.702	0.688	0.673	0.658	0.643	0.628	0.613	0.597	0.582	0.566	0.551	0.536	0.520
7.0	0.827	0.816	0.804	0.792	0.780	0.767	0.754	0.741	0.727	0.713	0.699	0.685	0.671	0.656	0.641	0.626	0.611	0.596	0.581	0.566	0.550
7.2	0.844	0.834	0.823	0.812	0.800	0.788	0.776	0.764	0.751	0.738	0.724	0.710	0.697	0.682	0.668	0.654	0.639	0.627	0.610	0.595	0.580
7.4	0.860	0.851	0.841	0.830	0.819	0.808	0.797	0.785	0.773	0.760	0.747	0.734	0.721	0.708	0.694	0.680	0.666	0.652	0.637	0.623	0.608
7.6	0.875	0.866	0.857	0.845	0.837	0.826	0.816	0.805	0.793	0.781	0.769	0.757	0.744	0.732	0.718	0.705	0.691	0.678	0.664	0.650	0.635
7.8	0.888	0.880	0.871	0.862	0.853	0.843	0.833	0.823	0.812	0.801	0.790	0.778	0.766	0.754	0.741	0.729	0.716	0.702	0.689	0.675	0.662
8.0	0.900	0.893	0.885	0.877	0.868	0.859	0.850	0.840	0.830	0.819	0.809	0.798	0.786	0.775	0.763	0.751	0.738	0.725	0.713	0.700	0.687
8.5	0.926	0.920	0.913	0.907	0.899	0.892	0.884	0.876	0.868	0.859	0.850	0.841	0.831	0.821	0.811	0.800	0.790	0.778	0.767	0.755	0.744
9.0	0.945	0.940	0.935	0.930	0.924	0.918	0.912	0.906	0.899	0.892	0.884	0.876	0.869	0.860	0.851	0.842	0.833	0.823	0.814	0.804	0.793
9.5	0.960	0.956	0.952	0.948	0.943	0.938	0.933	0.928	0.923	0.917	0.911	0.905	0.898	0.891	0.884	0.877	0.869	0.861	0.853	0.844	0.835
10.0	0.971	0.968	0.965	0.962	0.958	0.955	0.951	0.946	0.942	0.938	0.933	0.928	0.922	0.917	0.911	0.905	0.898	0.892	0.885	0.877	0.870
11.0	0.985	0.983	0.982	0.979	0.978	0.975	0.973	0.971	0.968	0.965	0.962	0.959	0.956	0.952	0.949	0.945	0.940	0.936	0.931	0.926	0.921
12.0	0.992	0.992	0.991	0.990	0.988	0.987	0.986	0.985	0.983	0.981	0.980	0.978	0.976	0.974	0.971	0.969	0.966	0.963	0.961	0.957	0.954
13.0	0.996	0.995	0.995	0.995	0.994	0.993	0.993	0.992	0.991	0.990	0.989	0.988	0.987	0.986	0.984	0.983	0.981	0.980	0.978	0.976	0.974
14.0	0.998	0.998	0.998	0.997	0.997	0.997	0.996	0.996	0.996	0.995	0.994	0.994	0.993	0.993	0.992	0.991	0.990	0.989	0.988	0.987	0.986
15.0	0.999	0.999	0.999	0.999	0.999	0.998	0.998	0.998	0.998	0.997	0.997	0.997	0.997	0.996	0.996	0.995	0.995	0.994	0.994	0.993	0.992

参 考 文 献

［1］ 詹道江，徐向阳，陈元芳. 工程水文学. 北京：中国水利水电出版社，2010.

［2］ 梅锦山，侯传河，司富安. 水工设计手册（第 2 卷）：规划、水文、地质. 北京：中国水利水电出版社，2014.

［3］ 中华人民共和国水利部. GB/T 50095—2014 水文基本术语和符号标准. 北京：中国计划出版社，2014.

［4］ 梁忠民，钟平安，华家鹏. 水文水利计算（第 2 版）. 北京：中国水利水电出版社，2008.

［5］ 王继辉，郭履维，鹿坤. 贵州特小流域暴雨洪水计算. 贵州水力发电，1995（3）.

［6］ 王继辉，等. 贵州省暴雨洪水计算实用手册（小汇水流域部分）. 贵州水力发电，1988（修订本）.

［7］ 詹道江，叶守泽. 工程水文学. 北京：中国水利水电出版社，2000.

［8］ SL 252—2017 水利水电工程等级划分及洪水标准. 北京：中国水利水电出版社，2017.

［9］ SL 44—2006 水利水电工程设计洪水计算规范. 北京：中国水利水电出版社，2006.

［10］ SL 278—2002 水利水电工程水文计算规范. 北京：中国水利水电出版社，2002.

［11］ SL 104—2015 水利工程水利计算规范. 北京：中国水利水电出版社，2015.

［12］ 叶秉如. 水利计算. 北京：水利电力出版社，1991.

［13］ 范世香. 工程水文与水利计算. 北京：中国水利水电出版社，2013.

［14］ 张子贤. 工程水文及水利计算（第二版）. 北京：中国水利水电出版社，2000.

［15］ 朱伯俊. 水利水电规划. 北京：中国水利水电出版社，1992.

［16］ 朱岐武，拜有存. 水文与水利水电规划. 郑州：黄河水利出版社，2003.

［17］ 丁炳坤. 工程水文学. 北京：水利电力出版社，1994.

［18］ 耿洪江. 工程水文及水利计算. 北京：中国水利水电出版社，2001.

［19］ 周之豪，沈曾源，施熙灿，等. 水利水能计算. 北京：中国水利水电出版社，1997.